应用型本科院校"十二五"规划教材/数学

主　编　金宝胜　王学祥
副主编　高　剑　付吉丽

高等数学学习指导

（上册）

A Guide to the Study of Higher Mathematics

哈尔滨工业大学出版社

内 容 简 介

本书是根据应用型本科院校规划教材之一《高等数学(上)》的教学内容,选编了例题进行分析讲解,并配有一定数量的习题,是应用型本科院校学生学习高等数学及期末阶段性复习的参考书。

图书在版编目(CIP)数据

高等数学学习指导.上/金宝胜,王学祥主编.—哈尔滨:哈尔滨工业大学出版社,2012.8(2015.8重印)

应用型本科院校"十二五"规划教材

ISBN 978-7-5603-3698-5

Ⅰ.①高… Ⅱ.①金…②王… Ⅲ.①高等数学-高等学校-教学参考资料 Ⅳ.①O13

中国版本图书馆 CIP 数据核字(2012)第 167409 号

策划编辑 杜 燕 赵文斌
责任编辑 刘 瑶
出版发行 哈尔滨工业大学出版社
社 址 哈尔滨市南岗区复华四道街 10 号 邮编150006
传 真 0451-86414749
网 址 http://hitpress.hit.edu.cn
印 刷 肇东市一兴印刷有限公司
开 本 787mm×1092mm 1/16 印张 12.25 字数 280 千字
版 次 2012 年 8 月第 1 版 2015 年 8 月第 3 次印刷
书 号 ISBN 978-7-5603-3698-5
定 价 22.00 元

序

哈尔滨工业大学出版社策划的《应用型本科院校"十二五"规划教材》即将付梓,诚可贺也。

该系列教材卷帙浩繁,凡百余种,涉及众多学科门类,定位准确,内容新颖,体系完整,实用性强,突出实践能力培养。不仅便于教师教学和学生学习,而且满足就业市场对应用型人才的迫切需求。

应用型本科院校的人才培养目标是面对现代社会生产、建设、管理、服务等一线岗位,培养能直接从事实际工作、解决具体问题、维持工作有效运行的高等应用型人才。应用型本科与研究型本科和高职高专院校在人才培养上有着明显的区别,其培养的人才特征是:①就业导向与社会需求高度吻合;②扎实的理论基础和过硬的实践能力紧密结合;③具备良好的人文素质和科学技术素质;④富于面对职业应用的创新精神。因此,应用型本科院校只有着力培养"进入角色快、业务水平高、动手能力强、综合素质好"的人才,才能在激烈的就业市场竞争中站稳脚跟。

目前国内应用型本科院校所采用的教材往往只是对理论性较强的本科院校教材的简单删减,针对性、应用性不够突出,因材施教的目的难以达到。因此亟须既有一定的理论深度又注重实践能力培养的系列教材,以满足应用型本科院校教学目标、培养方向和办学特色的需要。

哈尔滨工业大学出版社出版的《应用型本科院校"十二五"规划教材》,在选题设计思路上认真贯彻教育部关于培养适应地方、区域经济和社会发展需要的"本科应用型高级专门人才"精神,根据黑龙江省委书记吉炳轩同志提出的关于加强应用型本科院校建设的意见,在应用型本科试点院校成功经验总结的基础上,特邀请黑龙江省9所知名的应用型本科院校的专家、学者联合编写。

本系列教材突出与办学定位、教学目标的一致性和适应性,既严格遵照学科体系的知识构成和教材编写的一般规律,又针对应用型本科人才培养目标及与之相适应的教学特点,精心设计写作体例,科学安排知识内容,围绕应用讲授理论,做到"基础知识够用、实践技能实用、专业理论管用"。同时注意适当融入新理论、新技术、新工艺、新成果,并且制作了与本书配套的PPT多媒体教学课件,形成立体化教材,供教师参考使用。

《应用型本科院校"十二五"规划教材》的编辑出版,是适应"科教兴国"战略对复合型、应用型人才的需求,是推动相对滞后的应用型本科院校教材建设的一种有益尝试,在应用型创新人才培养方面是一件具有开创意义的工作,为应用型人才的培养提供了及时、可靠、坚实的保证。

希望本系列教材在使用过程中,通过编者、作者和读者的共同努力,厚积薄发、推陈出新、细上加细、精益求精,不断丰富、不断完善、不断创新,力争成为同类教材中的精品。

前　言

本书是为学生学习《高等数学(上)》而编写的学习辅导书。

《高等数学(上)》课程是工科类各专业学生必修的一门重要基础理论课程。它对培养和提高学生的思维素质、创新能力、科学精神、治学态度以及用数学解决实际问题的能力具有非常重要的作用,对学生后续专业课程的学习及应用型人才的培养具有重要的意义。

为提高教学质量,培养学生学习高等数学的兴趣,以及为学生学习后续课程打下坚实的理论基础,哈尔滨石油学院数学教研室的老师结合自身教学经验,经3年多的酝酿,针对应用型本科院校学生的特点,梳理该课程基本理论及基础知识,总结其关键点和疑难点,精选有代表性例题及习题汇成本书。本书共分8章,每章含5部分:基本要求、知识考点概述、常用解题技巧、典型题解、单元测试。

本书由金宝胜、王学祥主编,具体分工如下:第1、2章由金宝胜编写,第3、4章由王学祥编写,第5、6章由高剑编写,第7、8章由付吉丽编写。汪永娟对本书习题给出全部解答或证明。

本书是与教学同步的学习辅导书,也是阶段复习的指导书,可作为该课程考试命题的来源。

由于水平有限,书中难免存在疏漏或不足,恳请同仁和读者批评指正。

编　者

2012 年 7 月

目　　录

第1章　函数 ………………………………………………………………… 1

1.1　函数 …………………………………………………………………… 1

　1.1.1　基本要求 ………………………………………………………… 1

　1.1.2　知识考点概述 …………………………………………………… 1

　1.1.3　常用解题技巧 …………………………………………………… 2

　1.1.4　典型题解 ………………………………………………………… 2

1.2　函数的性质 …………………………………………………………… 3

　1.2.1　基本要求 ………………………………………………………… 3

　1.2.2　知识考点概述 …………………………………………………… 3

　1.2.3　常用解题技巧 …………………………………………………… 4

　1.2.4　典型题解 ………………………………………………………… 4

单元测试题 …………………………………………………………………… 6

单元测试题答案 ……………………………………………………………… 8

第2章　极限与连续 ……………………………………………………… 10

2.1　数列的极限 …………………………………………………………… 10

　2.1.1　基本要求 ………………………………………………………… 10

　2.1.2　知识考点概述 …………………………………………………… 10

　2.1.3　常用解题技巧 …………………………………………………… 11

　2.1.4　典型题解 ………………………………………………………… 13

2.2　函数的极限 …………………………………………………………… 14

　2.2.1　基本要求 ………………………………………………………… 14

　2.2.2　知识考点概述 …………………………………………………… 14

　2.2.3　常用解题技巧 …………………………………………………… 15

　2.2.4　典型题解 ………………………………………………………… 15

2.3　无穷大与无穷小 ……………………………………………………… 18

　2.3.1　基本要求 ………………………………………………………… 18

　2.3.2　知识考点概述 …………………………………………………… 18

　2.3.3　常用解题技巧 …………………………………………………… 19

　2.3.4　典型题解 ………………………………………………………… 20

2.4　两个重要极限 ………………………………………………………… 21

2.4.1 基本要求 ·· 21

2.4.2 知识考点概述 ·· 21

2.4.3 常用解题技巧 ·· 21

2.4.4 典型题解 ·· 24

2.5 函数的连续性 ··· 25

2.5.1 基本要求 ·· 25

2.5.2 知识考点概述 ·· 25

2.5.3 常用解题技巧 ·· 26

2.5.4 典型题解 ·· 26

单元测试题 2.1 ··· 27

单元测试题 2.2 ··· 29

单元测试题 2.1 答案 ··· 30

单元测试题 2.2 答案 ··· 32

第 3 章　导数与微分 ··· 34

3.1 导数 ··· 34

3.1.1 基本要求 ·· 34

3.1.2 知识考点概述 ·· 34

3.1.3 常用解题技巧 ·· 35

3.1.4 典型题解 ·· 38

3.2 求导法则与基本公式 ······································· 41

3.2.1 基本要求 ·· 41

3.2.2 知识考点概述 ·· 41

3.2.3 常用解题技巧 ·· 42

3.2.4 典型题解 ·· 42

3.3 复合函数求导 ··· 43

3.3.1 基本要求 ·· 43

3.3.2 知识考点概述 ·· 43

3.3.3 常用解题技巧 ·· 43

3.3.4 典型题解 ·· 44

3.4 隐函数求导及其他 ··· 45

3.4.1 基本要求 ·· 45

3.4.2 知识考点概述 ·· 45

3.4.3 典型题解 ·· 46

3.5 高阶导数 ··· 47

3.5.1 基本要求 ·· 47

3.5.2 知识考点概述 ·· 48

3.5.3 常用解题技巧 ·· 48

3.5.4 典型题解 ·· 49

3.6　微分 ··· 51

　3.6.1　基本要求 ·· 51

　3.6.2　知识考点概述 ·· 51

　3.6.3　常用解题技巧 ·· 53

　3.6.4　典型题解 ·· 53

单元测试题 3.1 ··· 54

单元测试题 3.2 ··· 57

单元测试题 3.1 答案 ·· 57

单元测试题 3.2 答案 ·· 59

第 4 章　导数的应用 ··· 60

4.1　微分中值定理 ·· 60

　4.1.1　基本要求 ·· 60

　4.1.2　知识考点概述 ·· 60

　4.1.3　常用解题技巧 ·· 61

　4.1.4　典型题解 ·· 66

4.2　洛必达法则 ·· 69

　4.2.1　基本要求 ·· 69

　4.2.2　知识考点概述 ·· 69

　4.2.3　常用解题技巧 ·· 70

　4.2.4　典型题解 ·· 70

4.3　函数的单调性及极值 ·· 72

　4.3.1　基本要求 ·· 72

　4.3.2　知识考点概述 ·· 72

　4.3.3　常用解题技巧 ·· 74

　4.3.4　典型题解 ·· 74

4.4　曲线的凸凹性、捌点及函数作图 ······························ 77

　4.4.1　基本要求 ·· 77

　4.4.2　知识考点概述 ·· 77

　4.4.3　常用解题技巧 ·· 79

　4.4.4　典型题解 ·· 79

4.5　曲率 ·· 80

　4.5.1　基本要求 ·· 80

　4.5.2　知识考点概述 ·· 80

　4.5.3　常用解题技巧 ·· 81

单元测试题 4.1 ··· 81

单元测试题 4.2 ··· 83

单元测试题 4.1 答案 ·· 84

单元测试题 4.2 答案 ·· 86

第 5 章 不定积分 ……………………………………………… 88

　5.1 不定积分 ……………………………………………… 88

　　5.1.1 基本要求 …………………………………………… 88

　　5.1.2 知识考点概述 ……………………………………… 88

　　5.1.3 常用解题技巧 ……………………………………… 90

　　5.1.4 典型题解 …………………………………………… 90

　5.2 不定积分的第一换元法 ………………………………… 90

　　5.2.1 基本要求 …………………………………………… 92

　　5.2.2 知识考点概述 ……………………………………… 92

　　5.2.3 常用解题技巧 ……………………………………… 93

　　5.2.4 典型题解 …………………………………………… 94

　5.3 不定积分的第二换元法 ………………………………… 97

　　5.3.1 基本要求 …………………………………………… 97

　　5.3.2 知识考点概述 ……………………………………… 97

　　5.3.3 常用解题技巧 ……………………………………… 98

　　5.3.4 典型题解 …………………………………………… 99

　5.4 分部积分法 ……………………………………………… 100

　　5.4.1 基本要求 …………………………………………… 100

　　5.4.2 知识考点概述 ……………………………………… 101

　　5.4.3 常用解题技巧 ……………………………………… 101

　　5.4.4 典型题解 …………………………………………… 101

　5.5 有理函数的积分 ………………………………………… 106

　　5.5.1 基本要求 …………………………………………… 106

　　5.5.2 知识考点概述 ……………………………………… 106

　　5.5.3 典型题解 …………………………………………… 106

　单元测试题 5.1 ……………………………………………… 108

　单元测试题 5.2 ……………………………………………… 111

　单元测试题 5.1 答案 ………………………………………… 113

　单元测试题 5.2 答案 ………………………………………… 114

第 6 章 定积分 ………………………………………………… 115

　6.1 定积分 …………………………………………………… 115

　　6.1.1 基本要求 …………………………………………… 115

　　6.1.2 知识考点概述 ……………………………………… 115

　　6.1.3 常用解题技巧 ……………………………………… 117

　　6.1.4 典型题解 …………………………………………… 118

　6.2 微积分的基本定理 ……………………………………… 120

　　6.2.1 基本要求 …………………………………………… 120

  6.2.2 知识考点概述 ……………………………………… 121

  6.2.3 常用解题技巧 ……………………………………… 121

  6.2.4 典型题解 …………………………………………… 122

 6.3 定积分的换元法与分部积分法 ……………………… 125

  6.3.1 基本要求 …………………………………………… 125

  6.3.2 知识考点概述 ……………………………………… 125

  6.3.3 常用解题技巧 ……………………………………… 125

  6.3.4 典型题解 …………………………………………… 126

 6.4 反常积分 ……………………………………………… 129

  6.4.1 基本要求 …………………………………………… 129

  6.4.2 知识考点概述 ……………………………………… 129

  6.4.3 常用解题技巧 ……………………………………… 131

  6.4.4 典型题解 …………………………………………… 131

 单元测试题 6.1 …………………………………………… 133

 单元测试题 6.2 …………………………………………… 137

 单元测试题 6.1 答案 ……………………………………… 137

 单元测试题 6.2 答案 ……………………………………… 140

第 7 章 定积分的应用 ……………………………………… 143

 7.1 平面图形的面积 ……………………………………… 143

  7.1.1 基本要求 …………………………………………… 143

  7.1.2 知识考点概述 ……………………………………… 143

  7.1.3 常用解题技巧 ……………………………………… 145

  7.1.4 典型题解 …………………………………………… 145

 7.2 体积与曲线的弧长 …………………………………… 147

  7.2.1 基本要求 …………………………………………… 147

  7.2.2 知识考点概述 ……………………………………… 147

  7.2.3 典型题解 …………………………………………… 148

 7.3 定积分在物理上的应用 ……………………………… 150

  7.3.1 基本要求 …………………………………………… 150

  7.3.2 知识考点概述 ……………………………………… 150

  7.3.3 常用解题技巧 ……………………………………… 150

  7.3.4 典型题解 …………………………………………… 151

 单元测试题 …………………………………………………… 152

 单元测试题答案 ……………………………………………… 155

第 8 章 微分方程 ………………………………………… 159

 8.1 微分方程的基本概念 ………………………………… 159

  8.1.1 基本要求 …………………………………………… 159

　　　8.1.2　知识考点概述 ……………………………………… 159

　　　8.1.3　典型题解 …………………………………………… 160

　8.2　可分离变量的一阶微分方程 …………………………… 160

　　　8.2.1　基本要求 …………………………………………… 160

　　　8.2.2　知识考点概述 ……………………………………… 160

　　　8.2.3　常用解题技巧 ……………………………………… 161

　　　8.2.4　典型题解 …………………………………………… 161

　8.3　一阶齐次微分方法 ……………………………………… 163

　　　8.3.1　基本要求 …………………………………………… 163

　　　8.3.2　知识考点概述 ……………………………………… 163

　　　8.3.3　常用解题技巧 ……………………………………… 163

　　　8.3.4　典型题解 …………………………………………… 164

　8.4　一阶线性微分方程 ……………………………………… 166

　　　8.4.1　基本要求 …………………………………………… 166

　　　8.4.2　知识考点概述 ……………………………………… 166

　　　8.4.3　常用解题技巧 ……………………………………… 167

　　　8.4.4　典型题解 …………………………………………… 167

　8.5　可降价的高阶微分方程 ………………………………… 168

　　　8.5.1　基本要求 …………………………………………… 168

　　　8.5.2　知识考点概述 ……………………………………… 168

　　　8.5.3　典型题解 …………………………………………… 169

　8.6　高阶线性微分方程 ……………………………………… 170

　　　8.6.1　基本要求 …………………………………………… 170

　　　8.6.2　知识考点概述 ……………………………………… 170

　　　8.6.3　典型题解 …………………………………………… 171

　8.7　常系数齐次线性微分方程 ……………………………… 172

　　　8.7.1　基本要求 …………………………………………… 172

　　　8.7.2　知识考点概述 ……………………………………… 172

　　　8.7.3　典型题解 …………………………………………… 172

　8.8　常系数非齐次线性微分方程 …………………………… 173

　　　8.8.1　基本要求 …………………………………………… 173

　　　8.8.2　知识考点概述 ……………………………………… 173

　　　8.8.3　典型题解 …………………………………………… 174

　单元测试题 8.1 …………………………………………………… 175

　单元测试题 8.2 …………………………………………………… 177

　单元测试题 8.1 答案 …………………………………………… 178

　单元测试题 8.2 答案 …………………………………………… 179

参考文献 …………………………………………………………… 180

第 **1** 章

函　数

1.1　函　数

1.1.1　基本要求

(1) 理解邻域的概念及函数的基本概念.

(2) 掌握函数的表示方法、基本初等函数、初等函数、分段函数.

1.1.2　知识考点概述

1. 邻域

$|x-x_0|<\delta$, 即 $(x_0-\delta,x_0+\delta)$ 开区间称为点 x_0 的 δ 邻域, 记作: $U(x_0,\delta)$ 或 $U(x_0)$.

把 x_0 去掉, 即 $0<|x-x_0|<\delta$, 称为去心邻域, 记作 $\mathring{U}(x_0,\delta)$ 或 $\mathring{U}(x_0)$.

2. 函数

设有两个变量 x 与 y, 变量 x 的变化范围为实数集合 D, 如果存在一个确定的法则(或对应规则) f, 使得对于每个 $x\in D$ 都有唯一一个实数 y 与之对应, 称 y 是 x 的函数, 记作 $y=f(x)$. 其中 x 称为自变量; y 称为因变量; f 表示 x 与 y 之间的对应规则.

3. 函数的表示方法

(1) 解析法(用显函数, 隐函数, 参数方程, 复合函数, 反函数等进行表示).

(2) 表格法.

(3) 图像法.

4. 常用函数

(1) 基本初等函数.

① 常数函数: $y=c$ (c 为常数).

② 幂函数: $y=x^{\mu}$ (μ 为常数).

③ 指数函数: $y=a^x$ ($a>0$ 且 $a\neq1$).

④ 对数函数: $y=\log_a x$ ($x>0$, $a>0$ 且 $a\neq1$).

⑤ 三角函数: $y=\sin x$, $y=\cos x$, $y=\tan x$, $y=\cot x$, $y=\sec x$, $y=\csc x$.

注: 自变量 x 一律采用弧度.

⑥ 反三角函数:$y = \arcsin x, y = \arccos x, y = \arctan x, y = \text{arccot } x$.

(2)初等函数. 由基本初等函数经过有限次的四则运算或有限次的复合,并用一个式子表示的函数称为初等函数.

(3)分段函数. 如 $y = \begin{cases} 1, & x \text{ 为有理数} \\ 0, & x \text{ 为无理数} \end{cases}$.

1.1.3 常用解题技巧

求函数的定义域

(1)若函数式含有分式,则分母不为零.

(2)若函数式含有开偶次方根式,则被开方数非负.

(3)若函数式含有对数,则真数大于零,底大于零且不等于1.

(4)若函数式含有反正弦或反余弦,则反正弦或反余弦符号下式子的绝对值要不大于1.

(5)若函数式含有正切记号,则正切记号下式子的值不能为 $k\pi + \dfrac{\pi}{2}$;若函数式含有余切记号,则余切记号下式子的值不为 $k\pi$(k 为整数).

(6)函数具有实际意义时,除了考虑上述要求外,还要根据实际意义来确认其定义域,如正方形边长为 x,面积为 y,则 $y = x^2, x \in (0, +\infty)$.

1.1.4 典型题解

例1 在下列各题中,函数 $f(x)$ 与 $g(x)$ 是否相同?

(1)$f(x) = (\sqrt{x})^2, g(x) = \sqrt{x^2}$;

(2)$f(x) = 1, g(x) = \sin^2 x + \cos^2 x$.

解 (1)不相同,因为定义域不同,$D_f = [0, +\infty)$,$D_g = (-\infty, +\infty)$.

(2)相同,因为定义域都是 **R**,且对应法则也相同.

例2 确定下列函数的定义域.

(1)$y = \sqrt{4 - x^2} + \lg(x - 1)$;(2)$y = \lg(1 - 2\cos x)$.

解 (1)由 $\begin{cases} 4 - x^2 \geqslant 0 \\ x - 1 > 0 \end{cases}$,有 $\begin{cases} -2 \leqslant x \leqslant 2 \\ x > 1 \end{cases}$,所以定义域为 $\{x \mid 1 < x \leqslant 2\}$.

(2)由 $1 - 2\cos x > 0$ 知 $x \in \left(2k\pi + \dfrac{\pi}{3}, 2k\pi + \dfrac{5\pi}{3}\right)$,$k = 0, \pm 1, \pm 2, \cdots$ 从而函数的定义域为 $\left\{x \mid x \in \left(2k\pi + \dfrac{\pi}{3}, 2k\pi + \dfrac{5\pi}{3}\right), k = 0, \pm 1, \pm 2, \cdots\right\}$.

例3 若 $f\left(x - \dfrac{1}{x}\right) = x^2 + \dfrac{1}{x^2}$,求 $f(x)$.

解 由 $f\left(x - \dfrac{1}{x}\right) = x^2 + \dfrac{1}{x^2} = \left(x - \dfrac{1}{x}\right)^2 + 2$,知 $f(x) = x^2 + 2$.

例4 $f(x) = \dfrac{1}{1 + x}$,求 $f(x - 1)$ 及 $f[f(x)]$.

解　$f(x-1)=\dfrac{1}{1+(x-1)}=\dfrac{1}{x}.$

$$f[f(x)]=\dfrac{1}{1+f(x)}=\dfrac{1}{1+\dfrac{1}{1+x}}=\dfrac{x+1}{x+2}.$$

例 5　设 $f(x)=\begin{cases} x^2, & x<0 \\ 1+x, & x\geqslant 0 \end{cases}$，求 $f[f(x)]$.

解　当 $x<0$ 时，$f(x)=x^2\geqslant 0$，故

$$f[f(x)]=1+x^2$$

当 $x\geqslant 0$ 时，$f(x)=1+x\geqslant 1>0$，故

$$f[f(x)]=1+(1+x)=2+x$$

所以

$$f(x)=\begin{cases} 1+x^2, & x<0 \\ 2+x, & x\geqslant 0 \end{cases}$$

1.2　函数的性质

1.2.1　基本要求

掌握函数的四个基本性质：有界性、单调性、周期性和奇偶性.

1.2.2　知识考点概述

1. 有界性

如果存在一个正常数 M，对任何 $x\in D$，都有 $|f(x)|\leqslant M$，则称 $f(x)$ 在 D 上有界；否则称 $f(x)$ 在 D 上无界.

2. 单调性

$y=f(x)$ 在 D 上有定义，任意两点 $x_1,x_2\in D$，$x_1<x_2$ 总有 $f(x_1)<f(x_2)$，称 $f(x)$ 在 D 上是单调增加的；当 $x_1<x_2$ 时，总有 $f(x_1)>f(x_2)$，称 $f(x)$ 在 D 上是单调减少的.

3. 周期性

$y=f(x)$ 在 D 上有定义，如果存在一个非零常数 T 及任意 $x\in D$，且 $x+T\in D$，总有 $f(x+T)=f(x)$，则称 $f(x)$ 是周期函数，如果存在最小正数 T，则称 T 为周期函数的周期.

4. 奇偶性

设函数 $y=f(x)$ 的定义域 D 关于原点对称，如果对任意 $x\in D$，总有 $f(-x)=f(x)$ 成立，称 $f(x)$ 为偶函数，如果对任意 $x\in D$，总有 $f(-x)=-f(x)$ 成立，称 $f(x)$ 为奇函数；否则称 $f(x)$ 非奇非偶.

1.2.3 常用解题技巧

1.单调性

(1) 两个增函数之和是增函数(两个减函数之和是减函数).

(2) 两个增函数之积为增函数(两个正减函数之积为减函数).

(3) $f[g(x)]$ 的增减性:同增异减.若 $f(x)$ 增,$g(x)$ 减,则 $f[g(x)]$ 为减函数.

2.奇偶性

(1) 若 $f(x)+f(-x)=0$,则 $f(x)$ 为奇函数;若 $f(x)-f(-x)=0$,则 $f(x)$ 为偶函数;若 $\dfrac{f(-x)}{f(x)}=-1$,则 $f(x)$ 为奇函数;若 $\dfrac{f(-x)}{f(x)}=1$,则 $f(x)$ 为偶函数.

(2) $f(x)$ 在 **R** 上有定义,则 $h(x)=f(x)-f(-x)$ 一定是奇函数,$g(x)=f(x)+f(-x)$ 一定是偶函数.

(3) 奇函数＋奇函数＝奇函数;偶函数＋偶函数＝偶函数;奇函数＋偶函数＝非奇非偶;奇函数×奇函数＝偶函数;偶函数×偶函数＝偶函数;奇函数×偶函数＝奇函数.

(4) 若 $f(x)$ 是偶函数,$g(x)$ 是奇函数,则 $f[g(x)]$ 是偶函数,$g[g(x)]$ 为奇函数.

1.2.4 典型题解

1.判断下列函数的奇偶性.

(1) $f(x)=(x-1)\sqrt{\dfrac{1+x}{1-x}}$　　　　　　　(2) $y=\sqrt{x^2-2}+\sqrt{2-x^2}$

(3) $f(x)=\dfrac{x(2^x+1)}{2^x-1}$　　　　　　　　(4) $y=\dfrac{e^x-e^{-x}}{2}$

解　(1) 定义域为 $\begin{cases}1+x\geqslant 0\\1-x>0\end{cases}$ 或 $\begin{cases}1+x\leqslant 0\\1-x<0\end{cases}$

得 $\{x\mid -1\leqslant x<1\}$ 定义域不关于原点对称.故 $f(x)=(x-1)\sqrt{\dfrac{1+x}{1-x}}$ 非奇非偶.

(2) 定义域为 $\begin{cases}x^2-2\geqslant 0\\2-x^2\geqslant 0\end{cases}\Rightarrow x=\pm\sqrt{2}$

且有　　　　　$f(x)=f(-x)=\sqrt{(-x)^2-2}+\sqrt{2-(-x)^2}$

故 $f(x)=\sqrt{x^2-2}+\sqrt{2-x^2}$ 为偶函数.

(3) 定义域为　　　$2^x-1\neq 0\Rightarrow\{x\mid x\neq 0,x\in\mathbf{R}\}$

$$f(-x) = -x \cdot \frac{2^{-x}+1}{2^{-x}-1} = -x \frac{\dfrac{1}{2^x}+1}{\dfrac{1}{2^x}-1} =$$

$$-x \cdot \frac{1+2^x}{1-2^x} = x \cdot \frac{2^x+1}{2^x-1} = f(x)$$

故 $f(x) = x\dfrac{2^x+1}{2^x-1}$ 为偶函数.

（4）定义域为 $x \in \mathrm{R}$，则

$$f(-x) = \frac{\mathrm{e}^{-x}-\mathrm{e}^x}{2} = -\frac{\mathrm{e}^x-\mathrm{e}^{-x}}{2} = -f(x)$$

故 $f(x) = \dfrac{\mathrm{e}^x-\mathrm{e}^{-x}}{2}$ 为奇函数.

2. $f(x)$ 为奇函数在 $x \in [0, +\infty)$ 的表达式是 $x(1-x)$，则当 $x \in (-\infty, 0]$ 时，$f(x)$ 的表达式为（　　）.

解　对 $\forall x \in (-\infty, 0]$，$-x \in [0, +\infty)$，有
$$f(-x) = -x(1+x)$$
由 $f(x)$ 为奇函数得
$$-f(x) = -x(1+x)$$
即
$$f(x) = x(1+x) \quad x \in (-\infty, 0]$$

3. 函数 $y = x^{\frac{2}{3}}$ 图象的大致形状是（　　）.

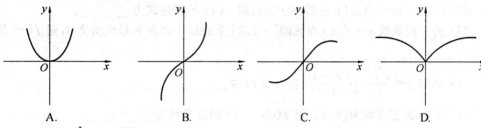

A.　　　　　　　B.　　　　　　　C.　　　　　　　D.

解　$y = x^{\frac{2}{3}} = 3\sqrt{x^2}$，故 $y \geqslant 0$，B、C 排除.

$y = x^{\frac{2}{3}} = \dfrac{x}{3\sqrt{x}}$，故当 $0 \leqslant x \leqslant 1$ 时，$y = x^{\frac{2}{3}}$ 在 $y = x$ 上方.

当 $x \geqslant$ 时，$y = x^{\frac{2}{3}}$ 在 $y = x$ 下方，故选 D.

4. 设 $f(x)$，$(x \in \mathrm{R})$ 是以 3 为周期的奇函数，且 $f(1) > 1$，$f(2) = a$，则（　　）.

A. $a > 2$ 　　　　　B. $a < -2$ 　　　　　C. $a > 1$ 　　　　　D. $a < -1$

解　　　　　　　$f(2) = f(-3+2) = f(-1) = -f(1)$

故 $a < -1$，选 D.

5. 设 $f(x)$ 是 $(-\infty, +\infty)$ 上的奇函数，$f(x+2) = -f(x)$，当 $0 \leqslant x \leqslant 1$ 时，$f(x) = x$，则 $f(7.5) = $（　　）.

A. 1.5 　　　　　B. -0.5 　　　　　C. 0.5 　　　　　D. -1.5

解 $f(x+2)=-f(x)\Rightarrow f(x+2+2)=-f(x+2)=f(x)$

故 $T=4$ 为 $f(x)$ 的周期,则

$$f(7.5)=f(-8+7.5)=f(-0.5)=-f(0.5)=-0.5$$

6. $f(x+1)=\dfrac{x}{x+1}$,求 $f^{-1}(x+1)$.

解 $f(x+1)=\dfrac{x+1-1}{x+1}=1-\dfrac{1}{x+1}$

故 $f(x)=1-\dfrac{1}{x},\ f^{-1}(x)=\dfrac{1}{1-x}$

故 $f^{-1}(1+x)=-\dfrac{1}{x}$

单元测试题

1. 填空题

(1) 已知 $f(x)=\ln x+1,g(x)=\mathrm{e}^x$,则 $f[g(x)]=$ _____.

(2) 已知 $f(x)=\ln x+1,g(x)=\sqrt{x}+1$,则 $f[g(x)]=$ _____.

(3) 函数 $y=\sqrt{x-1}+\dfrac{\ln x}{x-3}$ 的定义域是 _____.

(4) 函数 $y=2^{x-1}-2$ 的反函数为 $y=$ _____.

(5) 已知函数 $f(x)=\log_2 x,F(x,y)=x+y^2$,则 $F\left[f\left(\dfrac{1}{4},1\right)\right]=$ _____.

(6) $f(x)=2x+3,g(x+2)=f(x)$,则 $g(x)$ 的表达式为 _____.

(7) 若一次函数 $y=f(x)$ 在区间 $[-1,2]$ 上的最小值为1,最大值为3,则 $f(x)$ 的解析式为 _____.

(8) 函数 $y=\dfrac{\sqrt{x^2-2x-15}}{|x+3|-3}$ 的定义域为 _____.

(9) $f(x)$ 的定义域为 $[0,1]$,则 $f(\sqrt{x}-2)$ 的定义域为 _____.

(10) 已知函数 $f(x)$ 满足 $2f(x)+f(-x)=3x+4$,则 $f(x)=$ _____.

2. 选择题

(1) 设 $f(x)=\begin{cases}x-1, & x\leqslant 0\\ 2^x, & x>0\end{cases}$,则 $f(x^2)=$( ).

A. x^2-1 B. 2^{x^2}

C. $\begin{cases}x^2-1,x\leqslant 0\\ 2^{x^2}, & x>0\end{cases}$ D. $\begin{cases}x^2-1,x=0\\ 2^{x^2}, & x\neq 0\end{cases}$

(2) 下列函数中为偶函数的是( ).

A. $y=\ln\dfrac{1-x}{1+x}$ B. $y=x\cos x$

C. $y=(x^2+1)\tan x$ D. $y=\dfrac{\mathrm{e}^x-\mathrm{e}^{-x}}{2}\sin x$

(3) 已知 $f(x)=\ln x+1,g(x)=\sqrt{x}+1$，则 $f[g(x)]=($　　$)$.

A. $\ln\sqrt{x}+1$　　　　　　　　　　B. $\ln\sqrt{x}+2$

C. $\ln(\sqrt{x}+1)+1$　　　　　　　　D. $\sqrt{\ln(x+1)}+1$

(4) 判断下列各组中的两个函数是同一函数的为($　　$).

① $y=\dfrac{(x+3)(x-5)}{x+3},y=x-5$

② $y=\sqrt{x+1}\sqrt{x-1},y_2=\sqrt{(x+1)(x-1)}$

③ $y=x,y=\sqrt{x^2}$　　　　　　　④ $y=x,y=3\sqrt{x}$

⑤ $y=(\sqrt{2x-5})^5,y=2x-5$

A. ①②　　　B. ②③　　　C. ④　　　D. ③⑤

(5) 函数 $f(x)=\begin{cases}x+2 & x\leqslant-1\\ x^2 & -1<x<2\\ 2x & x\geqslant2\end{cases}$，若 $f(x)=3$，则 $x=$_____.

A. $\dfrac{3}{2}$　　　　B. 1　　　　C. $-\sqrt{3}$　　　　D. $\sqrt{3}$

(6) 函数 $f(x)=\sqrt{4-x^2}-\sqrt{x^2-4}$ 的定义域是($　　$).

A. $[-2,2]$　　B. $(-2,2)$　　C. $(-\infty,-2)\bigcup(2,+\infty)$　　　D. $\{-2,2\}$

(7) $f(x)=x+\dfrac{1}{x}(x\neq0)$ 是($　　$)

A. 奇函数，且在 $(0,1)$ 上是增函数

B. 奇函数，且在 $(0,1)$ 上是减函数

C. 偶函数，且在 $(0,1)$ 上是增函数

D. 偶函数，且在 $(0,1)$ 上是减函数

(8) $f(x)=\begin{cases}|x-1|-2 & |x|\leqslant1\\ \dfrac{1}{1+x^2} & |x|>1\end{cases}$，则 $f\left[f\left(\dfrac{1}{2}\right)\right]=($　　$)$.

A. $\dfrac{1}{2}$　　　　　B. $\dfrac{4}{13}$　　　　　C. $-\dfrac{9}{5}$　　　　　D. $\dfrac{25}{41}$

(9) 已知符号函数 $\mathrm{sgn}\,x=\begin{cases}1 & x>0\\ 0 & x=0\\ -1 & x<0\end{cases}$，则方程 $x+1=(2x-1)^{\mathrm{sgn}\,x}$ 的所有解之和

为($　　$).

A. 0　　　　B. 2　　　　C. $-\dfrac{1+\sqrt{7}}{4}$　　　　D. $\dfrac{7-\sqrt{17}}{4}$

(10) 函数 $y=f(x)$ 是单调函数，则方程 $f(x)=a($　　$)$.

A. 至少有一个解　　　　　　　B. 至多有一个解

C. 恰好有一个解　　　　　　　D. 无穷多个解

3.计算题

(1) 已知 $f(x) = \dfrac{x}{\sqrt{1+x^2}}$，求 $f[f(x)]$ 及 $f\{f[f(x)]\}$.

(2) $f\left(\dfrac{x+1}{x}\right) = \dfrac{x^2+1}{x^2} + \dfrac{1}{x}$，求 $f(x)$ 的解析式.

(3) 已知 $y = x^2 + x$ 与 $y = g(x)$ 的图象关于点 $(-2,3)$ 对称，求 $g(x)$ 的解析式.

(4) 设 $f(x)$ 为奇函数，$g(x)$ 为偶函数，且 $f(x) + g(x) = \mathrm{e}^x$，求 $f(x)g(x)$ 的解析式.

(5) 当 $x > 0$ 时，$f(x) < 0$，$f(x)$ 的定义域为 R，且 $f(x-y) = f(x) - f(y)$，求证：$f(x)$ 在 R 上是减函数.

单元测试题答案

1.填空题

(1) $f(g(x)) = x + 1$　　(2) $f(g(x)) = \ln(\sqrt{x} + 1) + 1$　　(3) $[1,3) \bigcup (3, +\infty)$

(4) $y = 1 + \log_2(x+2)$　　(5) -1　　(6) $2x - 1$　　(7) $\dfrac{2}{3}x + \dfrac{5}{3}$ 或 $-\dfrac{2}{3}x + \dfrac{7}{3}$

(8) $\{x \mid x \geqslant 5$ 或 $x \leqslant -3$，且 $x \neq -6\}$　　(9) $\{x \mid \sqrt{2} \leqslant x \leqslant \sqrt{3}\}$　　(10) $3x + \dfrac{4}{3}$

2.选择题

(1)D　(2)D　(3)C　(4)C　(5)D　(6)D　(7)B　(8)B　(9)D　(10)B

3.计算题

(1) $f[f(x)] = f\left(\dfrac{x}{\sqrt{1+x^2}}\right) = \dfrac{\dfrac{x}{\sqrt{1+x^2}}}{\sqrt{1+\left(\dfrac{x}{\sqrt{1+x^2}}\right)^2}} = \dfrac{x}{\sqrt{1+2x^2}}$.

$$f\{f[f(x)]\} = f\left(\frac{x}{\sqrt{1+2x^2}}\right) = \frac{\dfrac{x}{\sqrt{1+2x^2}}}{\sqrt{1+\left(\dfrac{x}{\sqrt{1+2x^2}}\right)^2}} = \frac{x}{\sqrt{1+3x^2}}.$$

(2) **解法一：换元法**　令 $\dfrac{x+1}{x} = t$，得

$$x = \frac{1}{t-1} \quad t \neq 1$$

$$f(t) = \frac{\dfrac{1}{(t-1)^2} + 1}{\dfrac{1}{(t-1)^2}} + \frac{1}{t-1} = t^2 - t + 1$$

即　　　　　　　　　　$f(x) = x^2 - x + 1 \quad x \neq 1$

解法二：配凑法

$$f\left(\frac{x+1}{x}\right) = \frac{x^2+1}{x^2} + \frac{1}{x} = \frac{x^2+x+1}{x^2}$$

$$= \frac{(x+1)^2 - x}{x^2} = \left(\frac{x+1}{x}\right)^2 - \frac{x+1}{x} + 1$$

故　　　　　　　　　　$f(x) = x^2 - x + 1 \quad (x \neq 1)$

(3) 设 (x_1, y_1) 是 $y = x^2 + x$ 上的点. (x, y) 为 $y = g(x)$ 上的点，且 (x_1, y_1) 与 (x, y) 关于 $(-2, 3)$ 对称，由已知，有

$$\begin{cases} y_1 = x_1^2 + x_1 \\ \dfrac{x_1 + x}{2} = -2 \\ \dfrac{y_1 + y}{2} = 3 \end{cases} \Rightarrow y = -x^2 - 7x - 6$$

即　　　　　　　　　　$g(x) = -x^2 - 7x - 6$

(4) 由 $f(x) + g(x) = e^x$，将 $x = -x$ 代入得

$$f(-x) + g(-x) = e^{-x}$$

由 $f(x)$ 为奇函数，$g(x)$ 为偶函数得

$$-f(x) + g(x) = e^{-x}$$

$$f(x) + g(x) = e^x$$

解得

$$g(x) = \frac{e^x + e^{-x}}{2}$$

$$f(x) = \frac{e^x - e^{-x}}{2}$$

(5) 证明：$\forall x_1, x_2 \in \mathbf{R}$，且 $x_1 < x_2$，则 $x_2 - x_1 > 0$

$$f(x_2 - x_1) = f(x_2) - f(x)_1 < 0$$

即　　　　　　　　　　$f(x_2) < f(x_1)$

故 $f(x)$ 在 $\mathbf{R}$ 上是减函数.

第2章

极限与连续

2.1　数列的极限

2.1.1　基本要求

(1) 理解数列极限的概念.

(2) 掌握数列极限的性质和运算律.

2.1.2　知识考点概述

1. 数列极限的定义

数列 $\{a_n\}$，当 n 无限增大时，如果其通项 a_n 与一个常数 a 无限接近，即 $|a_n - a|$ 趋于零，称数列 $\{a_n\}$ 收敛于 a，或称数列 $\{a_n\}$ 以 a 为极限，记作 $\lim\limits_{x \to \infty} a_n = a$ 或者 $a_n \to a\,(n \to \infty)$；否则称 $\{a_n\}$ 发散或没有极限.

2. 数列极限的运算性质

设 $\lim\limits_{n \to \infty} a_n = a$，$\lim\limits_{n \to \infty} b_n = b$，其中 c 为常数，则：

(1) $\lim\limits_{n \to \infty} (c a_n) = c \lim\limits_{n \to \infty} a_n = ca$；

(2) $\lim\limits_{n \to \infty} (a_n \pm b_n) = \lim\limits_{n \to \infty} a_n \pm \lim\limits_{n \to \infty} b_n = a \pm b$；

(3) $\lim\limits_{n \to \infty} (a_n b_n) = \lim\limits_{n \to \infty} a_n \cdot \lim\limits_{n \to \infty} b_n = ab$；

(4) $\lim\limits_{n \to \infty} \dfrac{a_n}{b_n} = \dfrac{\lim\limits_{n \to \infty} a_n}{\lim\limits_{n \to \infty} b_n} = \dfrac{a}{b}$，其中 $b \neq 0$；

3. 重要公式

$$\lim_{n \to \infty} \frac{a_0 n^k + a_1 n^{k-1} + \cdots + a_k}{b_0 n^m + b_1 n^{m-1} + \cdots + b_m} = \begin{cases} \dfrac{a_0}{b_0}, & k = m \\ 0, & k < m \\ \infty, & k > m \end{cases}，其中 a_0 b_0 \neq 0.$$

4. 收敛数列的性质

性质1（极限的唯一性）　如果数列 $\{a_n\}$ 收敛，那么它的极限是唯一的.

性质 2　收敛数列一定有界(反之未必).

性质 3(收敛数列的保号性)　如果 $\lim\limits_{n\to\infty}a_n=a$,且 $a>0$(或 $a<0$),那么存在正整数 $N>0$,当 $n>N$ 时,都有 $x_n>0$(或 $x_n<0$).

性质 4　$\lim\limits_{n\to\infty}a_n=a$ 的充要条件是 $\lim\limits_{n\to\infty}a_{2n}=a$ 且 $\lim\limits_{n\to\infty}a_{2n-1}=a$.

性质 5　$\lim\limits_{n\to\infty}a_n=a$ 的充要条件是 $\lim\limits_{n\to\infty}a_{n+k}=a,k\in\mathbf{N}$.

2.1.3　常用解题技巧

(1) 公式法: $\lim\limits_{n\to\infty}\dfrac{a_0n^k+a_1n^{k-1}+\cdots+a_k}{b_0n^m+b_1n^{m-1}+\cdots+b_m}=\begin{cases}\dfrac{a_0}{b_0}, & k=m \\ 0, & k<m \\ \infty, & k>m\end{cases}$,其中 $a_0b_0\neq0$.

例 1　已知 $\lim\limits_{n\to\infty}\left(\dfrac{n^2+2}{2n+1}+an+b\right)=3$,求 a,b 的值.

解　左 $=\lim\limits_{n\to\infty}\dfrac{n^2+2+2an^2+(a+2b)n+b}{2n+1}=$

$\lim\limits_{n\to\infty}\dfrac{(2a+1)n^2+(a+2b)n+b+2}{2n+1}=3.$

由 $n\to\infty$ 知,n^2 的系数为 0,n 系数之比为 3,有

$$\begin{cases}2a+1=0 \\ \dfrac{a+2b}{2}=3\end{cases}\Rightarrow\begin{cases}a=-\dfrac{1}{2} \\ b=\dfrac{13}{4}\end{cases}$$

(2) 对于分式类型求极限可以找到分子分母中变化最快的项(当 $n\to\infty$ 时),让分子分母同时除以这个变化最快的项.

例 2　求 $\lim\limits_{n\to\infty}\dfrac{3^{2n+1}+4^n}{9^n-2^n}$ 的极限.

解　原式 $\lim\limits_{n\to\infty}\dfrac{3\cdot9^n+4^n}{9^n-2^n}=\lim\limits_{n\to\infty}\dfrac{3+\left(\dfrac{4}{9}\right)^n}{1-\left(\dfrac{2}{9}\right)^n}=3.$

例 3　求 $\lim\limits_{n\to\infty}\sqrt[n]{1+x^n+\left(\dfrac{x^2}{2}\right)^n}$ $(x\geqslant0)$ 的极限.

分析　上述极限是参量 x 的函数,考虑 x 的变化范围,利用变化快的能把变化慢的变为 0 的思想,考虑 $1,x^n,\dfrac{x^2}{2}$ 的大小来给出力的变化范围.

解

$$f(x)=\lim\limits_{n\to\infty}\sqrt[n]{1+x^n+\left(\dfrac{x^2}{2}\right)^n}=\begin{cases}\sqrt[n]{1+x^n+\left(\dfrac{x^2}{2}\right)^n} & 0\leqslant x\leqslant1 \\ \sqrt[n]{x^n\left[\dfrac{1}{x^n}+1+\left(\dfrac{x}{2}\right)^n\right]} & 1\leqslant x<2 \\ \sqrt[n]{\left(\dfrac{x^2}{2}\right)^n\cdot\left[\left(\dfrac{2}{x^2}\right)^n+\left(\dfrac{2}{x}\right)^2+1\right]} & 2\leqslant x<+\infty\end{cases}=$$

$$\begin{cases} 1 & 0 \leqslant x \leqslant 1 \\ x & 1 \leqslant x < 2 \\ \dfrac{x^2}{2} & 2 \leqslant x < +\infty \end{cases}$$

例 4 求 $\lim\limits_{n \to \infty} n\sqrt{a^n + b^n}$ $(a > 0, b > 0, a \neq b)$ 的极限.

分析 考虑 a,b 大小.

解

$$\lim_{n \to \infty} n\sqrt{a^n + b^n} = \begin{cases} \lim\limits_{n \to \infty} n\sqrt{a^n \left[1 + \left(\dfrac{b}{a}\right)^n\right]} & a > b \\ \lim\limits_{n \to \infty} n\sqrt{b^n \left[1 + \left(\dfrac{a}{b}\right)^n\right]} & a < b \end{cases} = \begin{cases} a & a > b \\ b & a < b \end{cases}$$
$$= \max\{a, b\}$$

例 5 若 $a > 0, b > 0$,求 $\lim\limits_{n \to \infty} \dfrac{a^n - b^n}{a^n + b^n}$.

解 当 $a > b$ 时

$$\lim_{n \to \infty} \frac{a^n - b^n}{a^n + b^n} = \lim_{n \to \infty} \frac{1 - \left(\dfrac{b}{a}\right)^n}{1 + \left(\dfrac{b}{a}\right)^n} = 1$$

当 $a < b$ 时

$$\lim_{n \to \infty} \frac{a^n - b^n}{a^n + b^n} = \lim_{n \to \infty} \frac{\left(\dfrac{a}{b}\right)^n - 1}{\left(\dfrac{a}{b}\right)^n + 1} = -1$$

例 6 求 $\lim\limits_{x \to \infty} \dfrac{x + \cos x}{x + a}$ 的极限.

解
$$\lim_{x \to \infty} \frac{x + \cos x}{x + a} = \lim_{x \to \infty} \frac{1 + \dfrac{\cos x}{x}}{1 + \dfrac{a}{x}} = 1$$

(3) 含参数问题,应对参数进行分类讨论求极限.

例 7 求 $\lim\limits_{n \to \infty} \dfrac{\cos^n \theta - \sin^n \theta}{\cos^n \theta + \sin^n \theta}, \theta \in \left(0, \dfrac{\pi}{2}\right)$ 的极限.

解 原式 $= \lim\limits_{n \to \infty} \dfrac{1 - \tan^n \theta}{1 + \tan^n \theta} = \begin{cases} 1 & 0 < \theta < \dfrac{\pi}{4} \\ 0 & \theta = \dfrac{\pi}{4} \\ -1 & \dfrac{\pi}{4} < \theta < \dfrac{\pi}{2} \end{cases}$

2.1.4　典型题解

例 8　观察下列数列的变化趋势,判别哪些数列有极限. 如果有极限,指出它们的极限.

(1)$x_n = 1 + (-1)^n \dfrac{2}{n}$;　　　　　　　(2)$x_n = (-1)^n$;

(3)$x_n = 2^{(-1)^n}$;　　　　　　　　　　　(4)$x_n = (-1)^n \sin \dfrac{1}{n}$;

(5)$x_n = \dfrac{1+2+3+\cdots+n}{n^2}$.

解　(1) $(-1)^n \dfrac{2}{n}$ 随着 n 的增大, $\left|(-1)^n \dfrac{2}{n}\right| = \dfrac{2}{n}$ 无限趋于 0,因此

$$\lim_{n\to\infty} x_n = \lim_{n\to\infty}\left[1 + (-1)^n \dfrac{2}{n}\right] = 1$$

(2)$x_n = (-1)^n$,1 和 -1 交替出现,所以该数列的极限不存在.

(3)$x_{2k} = 2, x_{2k-1} = \dfrac{1}{2}$,所以数列 $x_n = 2^{(-1)^n}$ 的极限不存在.

(4)当 n 趋于无穷大时, $\dfrac{1}{n}$ 无限趋于 0, $\sin \dfrac{1}{n}$ 也无限趋于零,因此

$$\lim_{n\to\infty} x_n = \lim_{n\to\infty}\left[(-1)^n \sin \dfrac{1}{n}\right] = 0$$

(5)$\displaystyle\lim_{n\to\infty} \dfrac{1+2+3+\cdots+n}{n^2} = \lim_{n\to\infty} \dfrac{\frac{(n+1)n}{2}}{n^2} = \dfrac{1}{2}\lim_{n\to\infty}\dfrac{n+1}{n} = \dfrac{1}{2}$.

例 9　$\displaystyle\lim_{n\to\infty}\left[2 - \left(\dfrac{r}{r+1}\right)^n\right] = 2$,则 r 的取值范围是(　　　).

A.$-\dfrac{1}{2} < r < \dfrac{1}{2}$　　　　B.$r > -\dfrac{1}{2}$　　　　C.$r > \dfrac{1}{2}$　　　　D.$r < -1$

解　由已知有　　　$\displaystyle\lim_{n\to\infty}\left(\dfrac{r}{r+1}\right)^n = 0 \Rightarrow \left|\dfrac{r}{r+1}\right| < 1$

解得 $r > -\dfrac{1}{2}$,选 B.

例 10　求 $\displaystyle\lim_{n\to\infty}\left[\left(1-\dfrac{1}{2^2}\right)\left(1-\dfrac{1}{3^2}\right)\cdots\left(1-\dfrac{1}{n^2}\right)\right]$ 的极限.

$\left(1-\dfrac{1}{2^2}\right)\left(1-\dfrac{1}{3^2}\right)\cdots\left(1-\dfrac{1}{n^2}\right) =$

$\left(1+\dfrac{1}{2}\right)\left(1-\dfrac{1}{2}\right)\left(1+\dfrac{1}{3}\right)\left(1-\dfrac{1}{3}\right)\cdots\left(1+\dfrac{1}{n}\right)\left(1-\dfrac{1}{n}\right) =$

$\left(1+\dfrac{1}{2}\right)\left(1+\dfrac{1}{3}\right)\cdots\left(1+\dfrac{1}{n}\right)\left(1-\dfrac{1}{2}\right)\left(1-\dfrac{1}{3}\right)\cdots\left(1-\dfrac{1}{n}\right) =$

$\dfrac{3}{2}\cdot\dfrac{4}{3}\cdot\dfrac{5}{4}\cdot\cdots\cdot\dfrac{n+1}{n}\cdot\dfrac{1}{2}\cdot\dfrac{2}{3}\cdot\dfrac{3}{4}\cdot\cdots\cdot\dfrac{n-1}{n} =$

$\dfrac{n+1}{2}\cdot\dfrac{1}{n}$

故
$$\lim_{n\to\infty}\frac{n+1}{2n}=\frac{1}{2}$$

例 11 $\lim\limits_{n\to\infty}\dfrac{2^n+n+n\cdot 3^n}{4n-1-3(2n+1)\cdot 3^{n-1}}$

分析 找出分子、分母中变化最快的项为 $n\cdot 3^n$.

解
$$\lim_{n\to\infty}\frac{2^n+n+n\cdot 3^n}{4n-1-(2n+1)\cdot 3^n}=\lim_{n\to\infty}\frac{\dfrac{2^n}{n\cdot 3^n}+\dfrac{n}{n\cdot 3^n}+1}{\dfrac{4n-1}{n\cdot 3^n}-\dfrac{2n+1}{n}}=-\frac{1}{2}$$

例 12 数列 $\{a_n\}$ 是首项为 1，公比为 $\sin\alpha\left(0<\alpha<\dfrac{\pi}{2}\right)$ 的等比数列. 又 $b_n=(a_1a_2\cdots a_n)^{\frac{1}{n}}$，$S_n=b_1+b_2+\cdots+b_n$，求 $\lim\limits_{n\to\infty}S_n$.

解
$$a_n=(\sin\alpha)^{n-1}$$
$$b_n=(1\cdot\sin\alpha\cdot\sin^2\alpha\cdot\cdots\cdot\sin^{n-1}\alpha)^{\frac{1}{n}}=(\sin\alpha)^{\frac{n-1}{2}}$$
$$S_n=1+(\sin\alpha)^{\frac{1}{2}}+(\sin\alpha)^{\frac{2}{2}}+(\sin\alpha)^{\frac{3}{2}}+\cdots+(\sin\alpha)^{\frac{n-1}{2}}$$

由 $0<\alpha<\dfrac{\pi}{2}$ 知 $|\sin\alpha|<1$.

故
$$\lim_{n\to\infty}S_n=\frac{1}{1-(\sin\alpha)^{\frac{1}{2}}}$$

2.2 函数的极限

2.2.1 基本要求

(1) 理解函数极限的概念.
(2) 掌握函数极限的性质.

2.2.2 知识考点概述

1.函数极限

(1) 函数极限的定义.

函数 $y=f(x)$ 在 $\overset{\circ}{U}(a,\delta)$ 有定义，如果 $x\to a$ 时，$f(x)$ 无限趋于一个常数 A，即 $|f(x)-A|$ 趋于零，则称 $x\to a$ 时，$f(x)$ 收敛于 A，或称 A 是 $f(x)$ 在 $x\to a$ 时的极限，记作 $\lim\limits_{x\to a}f(x)=A$ 或 $f(x)\to A(x\to a)$，否则称 $f(x)$ 在 $x\to a$ 时发散，或 $\lim\limits_{x\to a}f(x)$ 不存在.

(2) 极限的符号.

$\lim\limits_{x\to x_0}f(x)$：$\lim\limits_{x\to x_0^+}f(x)\xlongequal{\Delta}f(x_0^+)$ 为右极限；$\lim\limits_{x\to x_0^-}f(x)\xlongequal{\Delta}f(x_0^-)$ 为左极限.

$\lim\limits_{x\to\infty}f(x)$：$\lim\limits_{x\to+\infty}f(x)$ 为右极限；$\lim\limits_{x\to-\infty}f(x)$ 为左极限.

2.充要条件

$\lim\limits_{x\to x_0}f(x)$ 存在的充要条件是 $f(x_0^-)=f(x_0^+)$.

3.函数极限的性质

性质 1(极限的唯一性)　如果 $\lim\limits_{x\to a} f(x)=A$，则极限是唯一的.

性质 2(局部有界性)　如果 $\lim\limits_{x\to a} f(x)=A$ 存在点 a 的某个空心邻域 $\overset{\circ}{U}(a,\delta)$，则 $f(x)$ 在 $\overset{\circ}{U}(a,\delta)$ 一定有界.

性质 3(局部保号性)　如果 $\lim\limits_{x\to a} f(x)=A$ 且 $A>0$(或 $A<0$)，那么存在常数 $\delta>0$，使得当 $0<|x-a|<\delta$ 时，有 $f(x)>0$(或 $f(x)<0$).

性质 4　如果 $\lim\limits_{x\to a} g(x)=A$($A$ 可以是无穷大)且 $g(x)\neq A$，$\lim\limits_{x\to A} f(x)=B$，则 $\lim\limits_{x\to a} f[g(x)]=B$.

4.函数极限的运算法则

如果 $\lim\limits_{x\to a} f(x)=A$，$\lim\limits_{x\to a} g(x)=B$，其中 c 为常数，则

(1) $\lim\limits_{x\to a}[cf(x)]=c\lim\limits_{x\to a} f(x)=cA$；

(2) $\lim\limits_{x\to a}[f(x)\pm g(x)]=\lim\limits_{x\to a} f(x)\pm\lim\limits_{x\to a} g(x)=A\pm B$；

(3) $\lim\limits_{x\to a}[f(x)g(x)]=\lim\limits_{x\to a} f(x)\lim\limits_{x\to a} g(x)=AB$；

(4) $\lim\limits_{x\to a}\dfrac{f(x)}{g(x)}=\dfrac{\lim\limits_{x\to a} f(x)}{\lim\limits_{x\to a} g(x)}=\dfrac{A}{B}$，其中 $B\neq 0$.

2.2.3　常用解题技巧

(1) 分解因式，通分，有理化.

(2) 公式法：$\lim\limits_{x\to\infty}\dfrac{a_0 x^k+a_1 x^{k-1}+\cdots+a_k}{b_0 x^m+b_1 x^{m-1}+\cdots+b_m}=\begin{cases}0, & k<m\\[2mm]\dfrac{a_0}{b_0}, & k=m\\[2mm]\infty, & k>m\end{cases}$.

(3) 分段函数分段点的极限采用左、右极限的方法.

求 $\lim\limits_{x\to x_0} f(x)$ 存在的充要条件是 $f(x_0{}^-)=f(x_0{}^+)$.

2.2.4　典型题解

例 1　设函数

$$f(x)=\begin{cases}x+1, & x<0\\ 2, & x=0\\ (x-1)^2, & 0<x<2\\ 0, & x=2\\ x-3, & x>2\end{cases}$$

求下列极限，如极限不存在，说明理由.

(1) $\lim\limits_{x\to-1} f(x)$；
(2) $\lim\limits_{x\to 0^+} f(x)$；

(3) $\lim\limits_{x \to 0^+} f(x)$;

(4) $\lim\limits_{x \to 2} f(x)$.

解 (1) $\lim\limits_{x \to -1} f(x) = \lim\limits_{x \to -1} (x+1) = 0$.

(2) $\lim\limits_{x \to 0^+} f(x) = \lim\limits_{x \to 0^+} (x-1)^2 = 1$.

(3) $\lim\limits_{x \to 1} f(x) = \lim\limits_{x \to 1} (x-1)^2 = 0$.

(4) $\lim\limits_{x \to 2^-} f(x) = \lim\limits_{x \to 2^-} (x-1)^2 = 1$, $\lim\limits_{x \to 2^+} f(x) = \lim\limits_{x \to 2^+} (x-3) = -1$.

因为 $\lim\limits_{x \to 2^-} f(x) \neq \lim\limits_{x \to 2^+} f(x)$，所以 $\lim\limits_{x \to 2} f(x)$ 不存在.

例 2 计算下列极限.

(1) $\lim\limits_{x \to 2} \dfrac{x^2+5}{x-3}$;

(2) $\lim\limits_{x \to \sqrt{2}} \dfrac{x^2-2}{x^2+3}$;

(3) $\lim\limits_{h \to 0} \dfrac{(x+2h)^2-x^2}{h}$;

(4) $\lim\limits_{x \to -1} \dfrac{x^2+2x+1}{x^2-1}$;

(5) $\lim\limits_{x \to \infty} \left(3 - \dfrac{1}{5x} + \dfrac{8}{x^2}\right)$;

(6) $\lim\limits_{x \to 0} \dfrac{5x^3-2x^2+x}{3x^2+2x}$;

(7) $\lim\limits_{x \to -1} \left(\dfrac{1}{1+x} - \dfrac{3}{1+x^3}\right)$.

解 (1) 因为分母的极限不为零，所以

$$\lim\limits_{x \to 2} \frac{x^2+5}{x-3} = \frac{\lim\limits_{x \to 2}(x^2+5)}{\lim\limits_{x \to 2}(x-3)} = \frac{9}{-1} = -9$$

(2) 因为分母的极限不为零，所以

$$\lim\limits_{x \to \sqrt{2}} \frac{x^2-2}{x^2+3} = \frac{\lim\limits_{x \to \sqrt{2}}(x^2-2)}{\lim\limits_{x \to \sqrt{2}}(x^2+3)} = \frac{0}{5} = 0$$

(3) $\lim\limits_{h \to 0} \dfrac{(x+2h)^2-x^2}{h} = \lim\limits_{h \to 0} \dfrac{4hx+4h^2}{h} = 4x$.

(4) 分子、分母的极限均为零，不能直接利用商的运算法则求，必须将分子、分母因式分解，分解出因子 $(x+1)$，再把它消去.

$$\lim\limits_{x \to -1} \frac{x^2+2x+1}{x^2-1} = \lim\limits_{x \to -1} \frac{(x+1)^2}{(x+1)(x-1)} = \lim\limits_{x \to -1} \frac{x+1}{x-1} = \frac{0}{-2} = 0$$

(5) $\lim\limits_{x \to \infty} \left(3 - \dfrac{1}{5x} + \dfrac{8}{x^2}\right) = \lim\limits_{x \to \infty} 3 - \lim\limits_{x \to \infty} \dfrac{1}{5x} + \lim\limits_{x \to \infty} \dfrac{8}{x^2} = 3$.

(6) 因为分子、分母的极限均为零，所以分子、分母因式分解消去分子、分母非零公因子，因此有

$$\lim\limits_{x \to 0} \frac{5x^3-2x^2+x}{3x^2+2x} = \lim\limits_{x \to 0} \frac{(5x^2-2x+1)x}{(3x+2)x} = \lim\limits_{x \to 0} \frac{5x^2-2x+1}{3x+2} = \frac{\lim\limits_{x \to 0}(5x^2-2x+1)}{\lim\limits_{x \to 0}(3x+2)} = \frac{1}{2}$$

(7) $\lim\limits_{x \to -1} \left(\dfrac{1}{1+x} - \dfrac{3}{1+x^3}\right) = \lim\limits_{x \to -1} \dfrac{x^2-x-2}{1+x^3} = \lim\limits_{x \to -1} \dfrac{(x-2)(x+1)}{1+x^3} =$

$$\lim\limits_{x \to -1} \frac{x-2}{x^2-x+1} = \frac{\lim\limits_{x \to -1}(x-2)}{\lim\limits_{x \to -1}(x^2-x+1)} = -1.$$

例 3　求 $\lim\limits_{x\to 0}\dfrac{1-e^{\frac{1}{x}}}{x+e^{\frac{1}{x}}}$

分析　$x=0$ 是间断点,因此需要讨论 0 的左右极限.

解　先求 $\lim\limits_{x\to 0^-}e^{\frac{1}{x}}=0$　$\lim\limits_{x\to 0^+}e^{\frac{1}{x}}=+\infty$

$$\lim\limits_{x\to 0^-}\dfrac{1-e^{\frac{1}{x}}}{x+e^{\frac{1}{x}}}=\dfrac{1}{0}=\infty$$

$$\lim\limits_{0\to 0^+}\dfrac{1-e^{\frac{1}{x}}}{x+e^{\frac{1}{x}}}=-1$$

故 $\lim\limits_{x\to 0}\dfrac{1-e^{\frac{1}{x}}}{1+e^{\frac{1}{x}}}$ 不存在极限.

例 4　设 $|x|<1$,求 $\lim\limits_{n\to\infty}(1+x)(1+x^2)(1+x^4)\cdots(1+x^{2^n})$.

解　原式 $=\dfrac{1}{1-x}(1-x)(1+x)(1+x^2)(1+x^4)\cdots(2+x^{2^n})=$

$$\dfrac{1}{1-x}(1-x^2)(1+x^2)(1+x^4)\cdots(1+x^{2^n})=$$

$$\dfrac{1}{1-x}(1-x^{2^{n+1}})$$

故
$$\lim\limits_{n\to\infty}\dfrac{1}{1-x}(1-x^{2^{n+1}})=\dfrac{1}{1-x}$$

例 5　$\lim\limits_{x\to+\infty}\dfrac{\sqrt{x+\sqrt{x+\sqrt{x}}}}{\sqrt{2x+1}}$

解　原式 $=\lim\limits_{x\to+\infty}\dfrac{\sqrt{1+\sqrt{\dfrac{1}{x}+\sqrt{\dfrac{1}{x^3}}}}}{\sqrt{2+\dfrac{1}{x}}}=\dfrac{1}{\sqrt{2}}=\dfrac{\sqrt{2}}{2}.$

例 6　求 $\lim\limits_{n\to\infty}\dfrac{1-e^{-nx}}{1+e^{-nx}}$ 的极限.

分析　指数函数的极限讨论指数的正负.

解　$(1)x=0$　原式 $=\lim\limits_{n\to\infty}\dfrac{1-e^0}{1+e^0}=1$

$(2)x>0$　$\lim\limits_{n\to\infty}\dfrac{1-e^{-nx}}{1+e^{-nx}}=\lim\limits_{n\to\infty}\dfrac{1-\dfrac{1}{e^{nx}}}{1+\dfrac{1}{e^{nx}}}=1$

$(3)x<0$　$\lim\limits_{n\to\infty}\dfrac{1-e^{-nx}}{1+e^{-nx}}=\lim\limits_{n\to\infty}\dfrac{e^{nx}-1}{e^{nx}+1}=-1$

例 7　$f(x)=\begin{cases}e^{\frac{1}{x}} & x<0\\ 1 & x=0\\ 1+x\cdot\sin\dfrac{1}{x} & x>0\end{cases}$,求 $\lim\limits_{x\to 0}f(x)$.

分析 $x=0$ 为 $f(x)$ 的间断点,需讨论左、右极限.

解
$$\lim_{x\to 0^-} f(x) = \lim_{x\to 0^-} e^{\frac{1}{x}} = 0$$

$$\lim_{x\to 0^+} f(x) = \lim_{x\to 0^+}\left(1+x\sin\frac{1}{x}\right) = 1$$

$f(0+0) \neq f(0-0)$,故 $\lim\limits_{x\to 0} f(x)$ 不存在.

例 8 设 $f(x) = \lim\limits_{n\to +\infty}\dfrac{1-x^{nx}}{1+x^{nx}}\cdot x$,求 $\lim\limits_{x\to 0} f(x)$.

解
$$f(x) = \lim_{n\to +\infty}\frac{1-x^{nx}}{1+x^{nx}}\cdot x = \begin{cases} -1 & x>0 \\ 0 & x=0 \\ 1 & x<0 \end{cases}$$

$$\lim_{x\to 0^+} f(x) = -1 \neq \lim_{x\to 0^-} f(x) = -1$$

故 $\lim\limits_{x\to 0} f(x)$ 不存在.

例 9 $\lim\limits_{x\to -1}\dfrac{x^3-ax^2-x+4}{x+1}=l$,求 a,l.

解 $x\to -1$ 分母 $\to 0$,极限存在,故分子 $\to 0$.

即
$$\lim_{x\to -1}(x^3-ax^2-x+4) = -1-a+1+4 = 0 \Rightarrow a=4$$

代入原式有

$$\lim_{x\to -1}\frac{x^3-4x^2-x+4}{x+1} = \lim_{x\to -1}\frac{(x+1)(x^2-5x+4)}{x+1} = \lim_{x\to -1}(x^2-5x+4) = 10$$

故 $a=4,l=10$.

2.3 无穷大与无穷小

2.3.1 基本要求

(1) 理解无穷大与无穷小的概念.

(2) 掌握无穷小的性质.

(3) 掌握无穷小阶的比较.

(4) 理解无穷大的性质.

2.3.2 知识考点概述

1. 无穷小

(1) 无穷小的定义.

如果 $\lim\limits_{x\to x_0} f(x)=0$,称 $f(x)$ 为当 $x\to x_0$ 时的无穷小,特别的 $\lim\limits_{x\to \infty} a_n=0$,称 a_n 为当 $n\to \infty$ 时的无穷小.

(2) 无穷小与极限的关系.

$\lim\limits_{x\to x_0} f(x)=A$ 的充要条件是 $f(x)=A+\alpha(x)$,其中 $\lim\limits_{x\to x_0}\alpha(x)=0$.

（3）无穷小的性质.

① 两个无穷小量的代数和仍是无穷小.

② 有限个无穷小量的代数和仍是无穷小.

③ 常数与无穷小量的积仍是无穷小.

④ 两个无穷小量的积仍是无穷小.

⑤ 有限个无穷小量的积仍是无穷小.

⑥ 有界变量与无穷小量的积仍是无穷小.

常用的有界变量：$(-1)^n$，$\sin x$，$\cos x$，$\arcsin x$，$\arccos x$，$\arctan x$，$\operatorname{arccot} x$，以及由三角函数、反三角函数复合得到的函数.

（4）无穷小阶的比较.

已知 $\lim\limits_{x \to x_0} \alpha = 0$，$\lim\limits_{x \to x_0} \beta = 0$，那么

① 如果 $\lim\limits_{x \to x_0} \dfrac{\alpha}{\beta} = 0$，则称 α 是 β 的高阶无穷小，记作 $\alpha = o(\beta)$.

② 如果 $\lim\limits_{x \to x_0} \dfrac{\alpha}{\beta} = C \neq 0$，则称 α 是 β 的同阶无穷小.

③ 如果 $\lim\limits_{x \to x_0} \dfrac{\alpha}{\beta^k} = C \neq 0$，$k > 0$，则称 α 是 β 的 k 阶无穷小.

④ 如果 $\lim\limits_{x \to x_0} \dfrac{\alpha}{\beta} = 1$，则称 α 与 β 是等价无穷小，记作 $\alpha \sim \beta$.

⑤ 如果 $\lim\limits_{x \to x_0} \dfrac{\alpha}{\beta} = \infty$，则称 α 是 β 的低阶无穷小.

（5）无穷小的等价替换定理：

设 $\alpha \sim \alpha'$，$\beta \sim \beta'$ 且 $\lim\limits_{x \to x_0} \dfrac{\beta'}{\alpha'}$ 存在，则 $\lim\limits_{x \to x_0} \dfrac{\alpha}{\beta} = \lim\limits_{x \to x_0} \dfrac{\alpha'}{\beta'}$.

2. 无穷大

（1）无穷大的定义.

无穷小 $\alpha(\neq 0)$ 的倒数，称为无穷大.

（2）无穷大的性质.

① 两个同号无穷大的和，仍是无穷大.

② 有限个同号无穷大的和，仍是无穷大.

③ 非零常数乘以无穷大，仍是无穷大.

④ 两个无穷大的积，仍是无穷大.

⑤ 有限个无穷大的积，仍是无穷大.

2.3.3　常用解题技巧

1. 无穷小与极限的关系

$\lim\limits_{x \to x_0} f(x) = A$ 的充要条件是 $f(x) = A + \alpha(x)$，其中 $\lim\limits_{x \to x_0} \alpha(x) = 0$.

注：利用无穷小可以将极限符号去掉，从而得到函数 $f(x)$ 的表达式.

例 1　设 $\lim\limits_{x \to 0} \dfrac{f(2x)}{x} = 3$，求 $\lim\limits_{x \to 0} \dfrac{x}{f(3x)}$.

解　由 $\lim\limits_{x \to 0} \dfrac{f(2x)}{x} = 3$，得

$$\frac{f(2x)}{x} = 3 + \alpha(x) \Rightarrow f(2x) = 3x + x\alpha(x) \Rightarrow f(3x) = \frac{9}{2}x + \frac{3}{2}x\alpha\left(\frac{3}{2}x\right)$$

其中 $\lim\limits_{x \to 0} \alpha(x) = 0$，即有

$$\lim_{x \to 0} \frac{x}{f(3x)} = \lim_{x \to 0} \frac{x}{\dfrac{9}{2}x + \dfrac{3}{2}x\alpha\left(\dfrac{3}{2}x\right)} = \lim_{x \to 0} \frac{1}{\dfrac{9}{2} + \dfrac{3}{2}\alpha\left(\dfrac{3}{2}x\right)} = \frac{2}{9}$$

2. 利用无穷小的性质

特别是，有界变量与无穷小量的积仍是无穷小.

例 2　求 $\lim\limits_{x \to \infty} \dfrac{\sin x}{x}$.

解　$\dfrac{1}{x} \to 0$，其中 $x \to \infty$，$\sin x$ 为有界变量，所以 $\lim\limits_{x \to \infty} \dfrac{\sin x}{x} = 0$.

3. 利用等价替换定理

设 $\alpha \sim \alpha'$，$\beta \sim \beta'$，且 $\lim\limits_{x \to x_0} \dfrac{\beta'}{\alpha}$ 存在，则

$$\lim_{x \to x_0} \frac{\alpha}{\beta} = \lim_{x \to x_0} \frac{\alpha'}{\beta'}$$

2.3.4　典型题解

例 3　当 $x \to 0$ 时，$2x - x^2$ 与 $x^2 - x^3$ 相比，哪一个是高阶无穷小？

解　因为

$$\lim_{x \to 0} \frac{x^2 - x^3}{2x - x^2} = \lim_{x \to 0} \frac{x - x^2}{2 - x} = \frac{\lim\limits_{x \to 0}(x - x^2)}{\lim\limits_{x \to 0}(2 - x)} = 0$$

所以当 $x \to 0$ 时，$x^2 - x^3$ 是 $2x - x^2$ 高阶无穷小，记为 $x^2 - x^3 = o(2x - x^2)$.

例 4　利用无穷小的性质，计算下列极限.

(1) $\lim\limits_{x \to 0} x^2 \sin \dfrac{1}{x}$；　　　　　　　　(2) $\lim\limits_{x \to \infty} \dfrac{\arctan x}{x^2}$.

解　(1) 因为当 $x \to 0$ 时，$\left| \sin \dfrac{1}{x} \right| \leqslant 1$，故 $\sin \dfrac{1}{x}$ 是有界函数，又 $\lim\limits_{x \to 0} x^2 = 0$，即当 $x \to 0$ 时，x^2 是无穷小，则由无穷小的性质知

$$\lim_{x \to 0} x^2 \sin \frac{1}{x} = 0$$

(2) 当 $x \to \infty$ 时，$|\arctan x| < \dfrac{\pi}{2}$，即 $\arctan x$ 是有界函数，又 $\lim\limits_{x \to \infty} \dfrac{1}{x^2} = 0$，即当 $x \to \infty$ 时，$\dfrac{1}{x^2}$ 是无穷小，则由无穷小的性质得

$$\lim_{x \to \infty} \frac{\arctan x}{x^2} = 0$$

2.4　两个重要极限

2.4.1　基本要求

(1) 掌握判别极限存在的两个定理.

(2) 掌握 $\lim\limits_{x \to 0} \dfrac{\sin x}{x} = 1$ 和 $\lim\limits_{x \to \infty} \left(1 + \dfrac{1}{x}\right)^x = e$ 两个重要极限.

2.4.2　知识考点概述

1. 两边夹定理

当 $x \in \overset{0}{U}(x_0, \delta)$（或 $|x| > M$）时，$g(x) \leqslant f(x) \leqslant h(x)$，且 $\lim\limits_{x \to x_0} g(x) = \lim\limits_{x \to x_0} h(x) = A$，那么

$$\lim_{x \to x_0} f(x) = A$$

特别是数列 $\{a_n\}$，$\{b_n\}$，$\{c_n\}$ 满足从某项开始，当 $n > n_0$ 时，有 $a_n \leqslant b_n \leqslant c_n$，且 $\lim\limits_{x \to \infty} a_n = \lim\limits_{x \to \infty} c_n = A$，那么

$$\lim_{x \to \infty} b_n = A$$

2. 由两边夹定理得出的重要极限

$$\lim_{x \to 0} \frac{\sin x}{x} = 1$$

它的本质：$\lim\limits_{x \to x_0} \dfrac{\sin \Delta}{\Delta} = 1$，其中 $\lim\limits_{x \to x_0} \Delta = 0$.

3. 单调有界数列一定有极限

由单调有界定理得出的另一个重要极限.

$$\lim_{x \to \infty} \left(1 + \frac{1}{x}\right)^x = e$$

它的本质是：$\lim\limits_{x \to x_0} (1 + \Delta)^{\frac{1}{\Delta}} = e$，其中 $\lim\limits_{x \to x_0} \Delta = 0$.

2.4.3　常用解题技巧

(1) 两个判别极限存在的定理：两边夹和单调有界定理.

例 1　求 $\lim\limits_{n \to \infty} (1^n + 2^n + 3^n)^{\frac{1}{n}}$.

解
$$3^n < 1 + 2^n + 3^n < 3 \cdot 3^n$$

故
$$3 < (1 + 2^n + 3^n)^{\frac{1}{n}} < 3^{\frac{1}{n}} \cdot 3$$

$\lim\limits_{n \to \infty} 3 \cdot 3^{\frac{1}{n}} = 3$，由两边夹可知 $\lim\limits_{n \to \infty} (1 + 2^n + 3^n)^{\frac{1}{n}} = 3$.

例 2 求 $\lim\limits_{n\to\infty}\left(\dfrac{1}{\sqrt{n^2+1}}+\dfrac{1}{\sqrt{n^2+2}}+\cdots+\dfrac{1}{\sqrt{n^2+n}}\right)$.

解
$$\left(\frac{1}{\sqrt{n^2+n}}+\frac{1}{\sqrt{n^2+n}}+\cdots+\frac{1}{\sqrt{n^2+n}}\right)<$$

$$\left(\frac{1}{\sqrt{n^2+1}}+\frac{1}{\sqrt{n^2+2}}+\cdots+\frac{1}{\sqrt{n^2+n}}\right)<$$

$$\left(\frac{1}{\sqrt{n^2+1}}+\frac{1}{\sqrt{n^2+1}}+\cdots+\frac{1}{\sqrt{n^2+1}}\right)$$

故
$$\lim_{n\to\infty}\frac{n}{\sqrt{n^2+n}}=1 \qquad \lim_{n\to\infty}\frac{n}{\sqrt{n^2+1}}=1$$

由两边夹可知

$$\lim_{n\to\infty}\left(\frac{1}{\sqrt{n^2+1}}+\frac{1}{\sqrt{n^2+2}}+\cdots+\frac{1}{\sqrt{n^2+n}}\right)=1$$

例 3 证明数列 $\{x_n\}$ 收敛,其中 $x_1=1$.
$$x_{n+1}=\frac{1}{2}\left(x_n+\frac{3}{x_n}\right) \qquad n=1,2,\cdots$$

并求极限 $\lim\limits_{n\to\infty}x_n$.

证明 由 $x_1=1,x_{n+1}=\dfrac{1}{2}\left(x_n+\dfrac{3}{x_n}\right)$ 可知 $x_n>0$.

$$x_{n+1}=\frac{1}{2}\left(x_n+\frac{3}{x_n}\right)\geqslant\frac{1}{2}\cdot 2\sqrt{x_n\cdot\frac{3}{x_n}}=\sqrt{3}$$

知 $\{x_{n+1}\}$ 有下界 $\sqrt{3}$.

$$\frac{x_{n+1}}{x_n}=\frac{1}{2}\left(1+\frac{3}{x_n^2}\right)\leqslant\frac{1}{2}\left(1+\frac{3}{3}\right)=1\Rightarrow\{x_n\}\text{ 单调递减}$$

由单调有界数列必有极限知 $\lim\limits_{n\to\infty}x_n=A$ 存在.

对 $x_{n+1}=\dfrac{1}{2}\left(x_n+\dfrac{3}{x_n}\right)$ 两边求极限,得

$$A=\frac{1}{2}\left(A+\frac{3}{A}\right)\Rightarrow A=\sqrt{3}$$

故 $\lim\limits_{n\to\infty}x_n=\sqrt{3}$.

(2) 利用两个重要极限.

例 4 求 $\lim\limits_{x\to1}x^{\frac{1}{1-x}}$.

解 $\lim\limits_{x\to1}x^{\frac{1}{1-x}}=\lim\limits_{x\to1}(1+x-1)^{\frac{1}{x-1}(x-1)\frac{1}{1-x}}=\mathrm{e}^{-1}$.

例 5 求 $\lim\limits_{x\to1}\left(\dfrac{2x}{x+1}\right)^{\frac{4x}{x-1}}$.

解 $\lim\limits_{x\to1}\left(\dfrac{2x}{x+1}\right)^{\frac{4x}{x-1}}=\lim\limits_{x\to1}\left(1+\dfrac{x-1}{x+1}\right)^{\frac{x+1}{x-1}\cdot\frac{x-1}{x+1}\cdot\frac{4x}{x-1}}=\mathrm{e}^2$.

例 6 求 $\lim\limits_{n\to\infty}\left(1+\dfrac{1}{n}+\dfrac{1}{n^2}\right)^n$.

解　$\lim\limits_{n\to\infty}\left(1+\dfrac{n+1}{n^2}\right)^{\frac{n^2}{n+1}\cdot\frac{n+1}{n^2}\cdot n}=\mathrm{e}.$

例 7　已知 $\lim\limits_{x\to\infty}\left(\dfrac{x+a}{x-a}\right)^2=9$，求 a.

解　$\lim\limits_{x\to\infty}\left(\dfrac{x+a}{x-a}\right)^x=\lim\limits_{x\to\infty}\left(1+\dfrac{2a}{x-a}\right)^{\frac{x-a}{2a}\cdot\frac{2a}{x-a}\cdot x}=\mathrm{e}^{2a}=9.$

故 $a=\ln 3.$

例 8　求 $\lim\limits_{x\to0}\dfrac{\ln(1+\sin x)}{\sin 4x}.$

解　$\lim\limits_{x\to0}\dfrac{\ln(1+\sin x)}{\sin 4x}=\lim\limits_{x\to0}\dfrac{\sin x}{\sin 4x}=\lim\limits_{x\to0}\dfrac{x}{4x}=\dfrac{1}{4}.$

（3）利用等价替换定理.

常用的等价无穷小：

① 当 $x\to0$ 时.

a. $x\sim\sin x\sim\tan x\sim\arcsin x\sim\arctan x\sim\ln(1+x)\sim\mathrm{e}^x-1.$

b. $1-\cos x\sim\dfrac{1}{2}x^2.$

c. $a^x-1\sim x\ln a.$

d. $(1+x)^\alpha-1\sim\alpha x.$

e. $(1+\beta x)^\alpha-1\sim\alpha\beta x.$

② 当 $x\to x_0$ 时，$\Delta\to0$，其中 a 为常数.

$a\Delta\sim\sin(a\Delta)\sim\tan(a\Delta)\sim\arcsin(a\Delta)\sim\arctan(a\Delta)\sim\ln(1+a\Delta)\sim\mathrm{e}^{a\Delta}-1$，同理，其他四个等价无穷小也用相应的变形.

注意：分子、分母都是乘积时，才可将一个因子用等价无穷小来代替；分子、分母是和差时，绝对不允许用等价无穷小来代替.

例 9　求 $\lim\limits_{x\to0}\dfrac{\mathrm{e}^{\tan x}-\mathrm{e}^x}{x^3}.$

解　原式 $=\lim\limits_{x\to0}\dfrac{\mathrm{e}^x(\mathrm{e}^{\tan x-x}-1)}{x^3}=$

$\lim\limits_{x\to0}\dfrac{\tan x-x}{x^3}=$

$\lim\limits_{x\to0}\dfrac{\frac{1}{3}x^3}{x^3}$（注 $x\to0,\tan x-x\sim\dfrac{1}{3}x^3$，利用泰勒公式即得）$=$

$\dfrac{1}{3}.$

例 10　求极限 $\lim\limits_{x\to0}\dfrac{\sqrt{1+\tan x}-\sqrt{1-\tan x}}{\mathrm{e}^x-1}.$

解　原式 $=\lim\limits_{x\to0}\dfrac{2\tan x}{(\sqrt{1+\tan x}+\sqrt{1-\tan x})\mathrm{e}^x-1}=$

$$\lim_{x \to 0} \frac{\tan x}{e^x - 1} = \lim_{x \to 0} \frac{x}{x} = 1.$$

例 11 求极限 $\lim\limits_{x \to 0} \dfrac{x(1 - \cos x)}{(1 - e^x) \cdot \sin x^2}$.

解 原式 $= \lim\limits_{x \to 0} \dfrac{x \cdot \dfrac{1}{2}x^2}{x \cdot x^2} = \dfrac{1}{2}$.

2.4.4 典型题解

例 12 计算下列极限.

(1) $\lim\limits_{x \to 0} \dfrac{\sin kx}{x}$($k$ 为非零常数);

(2) $\lim\limits_{x \to 0} \dfrac{\tan 4x}{x}$;

(3) $\lim\limits_{x \to 0} x \cdot \cot x$;

(4) $\lim\limits_{x \to 0} \dfrac{1 - \cos 2x}{x \sin x}$;

(5) $\lim\limits_{x \to 0} \dfrac{\tan x - \sin x}{\sin^2 x}$;

(6) $\lim\limits_{x \to 0} \dfrac{\sqrt[3]{1 - x} - 1}{x}$.

解 (1) $\lim\limits_{x \to 0} \dfrac{\sin kx}{x} = \lim\limits_{x \to 0} \dfrac{\sin kx}{kx} \cdot k = k$.

(2) $\lim\limits_{x \to 0} \dfrac{\tan 4x}{x} = \lim\limits_{x \to 0} \dfrac{\sin 4x}{4x} \cdot \dfrac{4}{\cos 4x} = 4$.

(3) $\lim\limits_{x \to 0} x \cdot \cot x = \lim\limits_{x \to 0} \dfrac{x}{\sin x} \cdot \cos x = 1$.

(4) $\lim\limits_{x \to 0} \dfrac{1 - \cos 2x}{x \sin x} = \lim\limits_{x \to 0} \dfrac{2 \sin^2 x}{x \sin x} = \lim\limits_{x \to 0} \dfrac{2 \sin x}{x} = 2$.

(5) $\lim\limits_{x \to 0} \dfrac{\tan x - \sin x}{\sin^2 x} = \lim\limits_{x \to 0} \dfrac{\tan x(1 - \cos x)}{x^2} = \lim\limits_{x \to 0} \dfrac{x \cdot \dfrac{x^2}{2}}{x^2} = 0$.

(6) $\lim\limits_{x \to 0} \dfrac{\sqrt[3]{1 - x} - 1}{x} = \lim\limits_{x \to 0} \dfrac{-\dfrac{1}{3}x}{x} = -\dfrac{1}{3}$.

例 13 计算下列极限.

(1) $\lim\limits_{x \to 0} (1 - 2x)^{\frac{1}{x}}$;

(2) $\lim\limits_{x \to 0} (1 + 3x)^{\frac{1}{x}}$;

(3) $\lim\limits_{x \to \infty} \left(\dfrac{1 + x}{x}\right)^{3x}$;

(4) $\lim\limits_{x \to \infty} \left(\dfrac{2x + 3}{2x + 1}\right)^{x+1}$.

解 (1) $\lim\limits_{x \to 0} (1 - 2x)^{\frac{1}{x}} = \lim\limits_{x \to 0} \left[1 + (-2x)^{\frac{1}{-2x}}\right]^{-2} = \dfrac{1}{e^2}$.

(2) $\lim\limits_{x \to 0} (1 + 3x)^{\frac{1}{x}} = \lim\limits_{x \to 0} \left[(1 + 3x)^{\frac{1}{3x}}\right]^3 = e^3$.

(3) $\lim\limits_{x \to \infty} \left(\dfrac{1 + x}{x}\right)^{3x} = \lim\limits_{x \to \infty} \left[\left(1 + \dfrac{1}{x}\right)^x\right]^3 = e^3$.

(4) $\lim\limits_{x \to \infty} \left(\dfrac{2x + 3}{2x + 1}\right)^{x+1} = \lim\limits_{x \to \infty} \left(1 + \dfrac{2}{2x + 1}\right)^{\frac{2x+1}{2} \cdot \frac{2}{2x+1}(x+1)} = \lim\limits_{x \to \infty} e^{\frac{2(x+1)}{2x+1}} = e$.

2.5　函数的连续性

2.5.1　基本要求

(1) 掌握连续的定义及其性质.

(2) 掌握函数的间断点及其分类.

2.5.2　知识考点概述

1. 函数的连续性

(1) 函数的连续性的定义.

设函数 $y = f(x)$ 在 $U(x_0)$ 内有定义:

如果 $\lim\limits_{x \to x_0} f(x) = f(x_0)$,则称函数 $f(x)$ 在点 x_0 连续,或者称 x_0 是 $f(x)$ 的一个连续点;

如果 $\lim\limits_{x \to x^-} f(x) = f(x_0)$,则称 $f(x)$ 在 x_0 左连续;

如果 $\lim\limits_{x \to x^+} f(x) = f(x_0)$,则称 $f(x)$ 在 x_0 右连续.

显然,$f(x)$ 在 x_0 连续的充要条件是:$f(x)$ 在 x_0 既左连续,又右连续.

(2) 连续函数的性质.

① 四则运算的性质.

若 $f(x)$,$g(x)$ 在点 x_0 连续,且 c 为常数,则

a. $cf(x)$ 在点 x_0 连续;

b. $f(x) \pm g(x)$ 在点 x_0 连续;

c. $f(x)g(x)$ 在点 x_0 连续;

d. 当 $g(x_0) \neq 0$ 时,$\dfrac{f(x)}{g(x)}$ 在点 x_0 连续.

② 复合函数的连续性.

若 $y = f(u)$ 在点 u_0 连续,$u = g(x)$ 在点 x_0 连续,且 $u_0 = g(x_0)$,则 $y = f[g(x)]$ 在点 x_0 连续.

2. 常用的连续函数

基本初等函数在其定义域内都是连续的;初等函数在其定义区间内都是连续的;单调连续函数的反函数是单调连续函数.

3. 函数的间断点

(1) 函数的间断点的定义.

设 $y = f(x)$ 在 x_0 的某邻域内(点 x_0 可除外)有定义,则:

① $f(x)$ 在 x_0 无定义.

② 在 x_0 有定义,但 $\begin{cases} \lim\limits_{x \to x_0} f(x) \text{ 不存在} \\ \lim\limits_{x \to x_0} f(x) = A \neq f(x_0) \end{cases}$,这时称点 x_0 为间断点.

(2) 间断点的分类.

设 x_0 是 $y=f(x)$ 的间断点,则:

① 若 $f(x_0{}^-),f(x_0{}^+)$ 存在,则称点 x_0 是第一类间断点;

若 $f(x_0{}^-)=f(x_0{}^+)$,则称点 x_0 是第一类可去间断点(或可补间断点);

若 $f(x_0{}^-)\neq f(x_0{}^+)$,则称点 x_0 是第一类跳跃间断点.

② $f(x_0{}^-)$ 与 $f(x_0{}^+)$ 至少有一个不存在,称 x_0 是第二类间断点.

2.5.3 常用解题技巧

(1) 连续与极限的关系:$\lim\limits_{x\to x_0}f(x)=f(x_0)\Leftrightarrow$ 称函数 $f(x)$ 在点 x_0 连续.

(2) 利用函数连续定义及常用的连续函数求一个函数的连续区间.

2.5.4 典型题解

例 1 下列函数在指出的点处间断,请说明这些间断点属于哪一类间断点. 如果是可去间断点,则补充定义或改变函数的定义使它连续.

(1)$y=x\cdot\sin\dfrac{1}{x},x=0$;   (2)$y=\sin^2\dfrac{1}{x},x=0$;

(3)$y=\begin{cases}2x+1,&x<2\\4-2x,&x\geqslant 2\end{cases},x=2$.

解 (1)$x=0$ 是可去间断点,属于第一类间断点.

当 $x\to 0$ 时,$\left|\sin\dfrac{1}{x}\right|\leqslant 1$,即 $\sin\dfrac{1}{x}$ 是有界函数,x 为无穷小量,从而 $\lim\limits_{x\to 0}x\cdot\sin\dfrac{1}{x}=0$,补充定义当 $x=0$ 时,$y=0$. 从而

$$y=\begin{cases}x\cdot\sin\dfrac{1}{x},&x\neq 0\\[2mm]0,&x=0\end{cases}$$

是连续函数.

(2)$\lim\limits_{x\to 0}\sin^2\dfrac{1}{x}$ 不存在,从而是第二类间断点.

(3)$\begin{cases}\lim\limits_{x\to 2^-}y=\lim\limits_{x\to 2^-}(2x+1)=5\\[2mm]\lim\limits_{x\to 2^+}y=\lim\limits_{x\to 2^+}(4-2x)=0\end{cases}$. 而 $\lim\limits_{x\to 2^-}y\neq\lim\limits_{x\to 2^+}y$,故 $x=2$ 是第一类间断点.

例 2 求下列极限.

(1)$\lim\limits_{x\to 0}\sqrt{2x^3+8}$;   (2)$\lim\limits_{\alpha\to\frac{\pi}{6}}(\sin 3\alpha)^3$.

解(1)$\lim\limits_{x\to 0}\sqrt{2x^3+8}=\sqrt{\lim\limits_{x\to 0}(2x^3+8)}=2\sqrt{2}$.

(2)$\lim\limits_{\alpha\to\frac{\pi}{6}}(\sin 3\alpha)^3=\left[\lim\limits_{\alpha\to\frac{\pi}{6}}(\sin 3\alpha)\right]^3=1$.

例 3 设 $f(x) = \begin{cases} \dfrac{e^x}{2}, & x < 0 \\ a + x^2, & x \geqslant 0 \end{cases}$,怎样选取数 a,使得 $f(x)$ 成为在 $(-\infty, +\infty)$ 内的连续函数?

解 当 $\lim\limits_{x \to 0^-} f(x) = \lim\limits_{x \to 0^+} f(x)$ 时,$f(x)$ 成为在 $(-\infty, +\infty)$ 内的连续函数.

$$\lim_{x \to 0^-} f(x) = \lim_{x \to 0^-} \frac{e^x}{2} = \frac{1}{2} \lim_{x \to 0^-} e^x = \frac{1}{2}.$$

$$\lim_{x \to 0^+} f(x) = \lim_{x \to 0^+} (a + x^2) = a + \lim_{x \to 0^+} x^2 = a.$$

即当 $a = \dfrac{1}{2}$ 时,$f(x)$ 成为在 $(-\infty, +\infty)$ 内的连续函数.

例 4 证明:方程 $x^6 - 2x - 1 = 0$ 至少有一个根介于 1 与 2 之间.

证明 函数 $f(x) = x^6 - 2x - 1$ 在 $[1, 2]$ 上连续,又

$$f(1) = -2 < 0, \quad f(2) = 2^6 - 4 - 1 = 59 > 0$$

根据零点定理,在 $(1, 2)$ 内至少有一点 ξ,使得 $f(\xi) = 0$ 即

$$\xi^6 - 2\xi - 1 = 0 \quad (1 < \xi < 2)$$

这个等式说明方程 $x^6 - 2x - 1 = 0$ 在区间 $(1, 2)$ 内至少有一个根介于 1 与 2 之间.

例 5 证明:方程 $\sin x + x + 1 = 0$ 在开区间 $\left(-\dfrac{\pi}{2}, \dfrac{\pi}{2}\right)$ 内至少有一个根.

证明 函数 $f(x) = \sin x + x + 1$ 在 $\left[-\dfrac{\pi}{2}, \dfrac{\pi}{2}\right]$ 上连续,又

$$f\left(-\frac{\pi}{2}\right) = -\frac{\pi}{2} < 0, \quad f\left(\frac{\pi}{2}\right) = 2 + \frac{\pi}{2} > 0$$

根据零点定理,在 $\left(-\dfrac{\pi}{2}, \dfrac{\pi}{2}\right)$ 内至少有一点 ξ,使得 $f(\xi) = 0$,即

$$\sin \xi + \xi + 1 = 0 \quad \left(-\frac{\pi}{2} < \xi < \frac{\pi}{2}\right)$$

这个等式说明方程 $\sin x + x + 1 = 0$ 在开区间 $\left(-\dfrac{\pi}{2}, \dfrac{\pi}{2}\right)$ 内至少有一个根.

单元测试题 2.1

1. 填空题

(1) $\lim\limits_{n \to \infty} \left(\dfrac{n+3}{n}\right)^n = \underline{\hspace{2cm}}$.

(2) $\lim\limits_{n \to \infty} \left(\dfrac{n}{n-1}\right)^n = \underline{\hspace{2cm}}$.

(3) $\lim\limits_{n \to \infty} \left(\dfrac{n-3}{n+2}\right)^n = \underline{\hspace{2cm}}$.

(4) $\lim\limits_{x \to \infty} \left(\dfrac{x+1}{x}\right)^x = \underline{\hspace{2cm}}$.

(5) $\lim\limits_{x \to 0}(1+\sin x)^{\cot x} = $ _____.

(6) $\lim\limits_{x \to 0} \dfrac{\sin x \cdot \ln(1+x)}{x^2} = $ _____.

(7) $\lim\limits_{x \to \infty}(\sqrt{x^2+1} - \sqrt{x^2-1}) = $ _____.

(8) $\lim\limits_{x \to 1} \dfrac{x^3-1}{x-1} = $ _____.

(9) $\lim\limits_{x \to \infty}\left(\dfrac{3x+1}{3x-2}\right)^x = $ _____.

(10) $\lim\limits_{x \to 0}\left(x\sin\dfrac{2}{x} + \dfrac{\sin 3x}{x}\right) = $ _____.

(11) $\lim\limits_{x \to \infty}\left(x\sin\dfrac{2}{x} + \dfrac{\sin 3x}{x}\right) = $ _____.

2.选择题

(1) 若 $\lim\limits_{x \to 3} \dfrac{x^2-2x-a}{3-x} = b$,则 a,b 为(   ).

A. $a=-3, b=4$ B. $a=-3, b=-4$ C. $a=3, b=4$ D. $a=3, b=-4$

(2) 当 $n \to \infty$ 时,与 $\sin^2\dfrac{1}{n}$ 等价的无穷小为(   ).

A. $\dfrac{1}{\sqrt{n}}$ B. $\dfrac{1}{n}$ C. $\dfrac{1}{n^2}$ D. $\dfrac{2}{n}$

(3) 设 $f(x)=2^x+5^x-2$,则当 $x \to 0$ 时,有(   ).

A. $f(x)$ 与 x 是等价无穷小   B. $f(x)$ 与 x 同阶但非等价无穷小

C. $f(x)$ 是 x 高阶的无穷小   D. $f(x)$ 是 x 低阶的无穷小

(4) 设 $\lim\limits_{n \to \infty}\left(\dfrac{n+2}{n}\right)^{kn} = e^{-3}$,则 $k=$(   ).

A. $\dfrac{3}{2}$ B. $\dfrac{2}{3}$ C. $-\dfrac{3}{2}$ D. $-\dfrac{2}{3}$

(5) $\lim\limits_{x \to 0} \dfrac{\tan 3x}{2x} = $(   )

A. $\dfrac{1}{3}$ B. 1   C. 3   D. 不存在

3.计算题

1. 求下列极限.

(1) $\lim\limits_{x \to 0} \dfrac{\ln(1+3x^2)}{\tan^2 x}$;

(2) $\lim\limits_{x \to \infty}\left(\dfrac{x+2}{x}\right)^{x-1}$;

(3) $\lim\limits_{x \to 0} \dfrac{\sin x^m}{\sin^n x}$($m,n$ 为正整数);

(4) $\lim\limits_{x \to 0} \dfrac{\tan x - \sin x}{\sin^3 x}$;

(5) $\lim\limits_{x \to 0} \dfrac{\sin x - \tan x}{(3\sqrt{1+x^2}-1)(\sqrt{1+\sin x}-1)}$.

2. 证明:方程 $x=a\sin x + b(a>0, b>0)$ 至少有一个正根,且根的值不超过 $a+b$.

3. 求函数 $f(x) = \dfrac{x^2 - 1}{|x|(x+1)}$ 的间断点,并判别其类型.

4. 设 $f(x)$ 在闭区间 $[0,1]$ 上连续,且 $f(0) = f(1)$. 证明:必有一点 $\xi \in [0,1]$,使得 $f\left(\xi + \dfrac{1}{2}\right) = f(\xi)$.

5. 指出下列函数的间断点,并判断该间断点是哪一类?

(1) $y = \dfrac{x^2 - 1}{x^2 - 3x + 2}$

(2) $y = \cos^2 \dfrac{1}{x}$

(3) $y = \begin{cases} x - 1 & x \leqslant 1 \\ 3 - x & x > 1 \end{cases}$

(4) $y = \dfrac{x}{\tan x}$

单元测试题 2.2

1. 填空题

(1) 已知 $\lim\limits_{x \to \infty} \left(\dfrac{2x^2 + 5}{x - 1} + ax + b \right) = 3$,则 $a = \underline{\hspace{1.5cm}}$,$b = \underline{\hspace{1.5cm}}$.

(2) 当 $x \to 0$ 时,无穷小 $1 - \cos x$ 与 mx^2 是等价无穷小,则 $m = \underline{\hspace{1.5cm}}$.

(3) 设 $f(x) = \dfrac{x^2}{1 - \cos x}$,则 $x = 0$ 是 $f(x)$ 的第 $\underline{\hspace{1.5cm}}$ 类间断点,$x = 2\pi$ 是 $f(x)$ 的第 $\underline{\hspace{1.5cm}}$ 类间断点.

(4) 若使 $f(x) = \begin{cases} \dfrac{\tan 2x + \ln(1 + 2ax)}{x}, & x \neq 0 \\ a, & x = 0 \end{cases}$ 在 $x = 0$ 上连续,则 $a = \underline{\hspace{1.5cm}}$.

2. 选择题

(1) 设 $f(x) = \begin{cases} x - 1, & x \leqslant 0 \\ 2^x, & x > 0 \end{cases}$,则 $\lim\limits_{x \to 0} f(x) = ($ $)$.

A. -1

B. 1

C. 0

D. 不存在

(2) $\lim\limits_{x \to 1}(1 - x)\sin\dfrac{1}{1 - x} = ($ $)$.

A. 1 B. -1 C. 0 D. 不存在

(3) 当 $x \to 0$ 时,$(1 + ax^2)^{\frac{1}{3}} - 1$ 与 $\cos x - 1$ 是等价无穷小,则常数 $a = ($ $)$.

A. $\dfrac{3}{2}$ B. $\dfrac{2}{3}$ C. $-\dfrac{3}{2}$ D. $-\dfrac{2}{3}$

(4) 设 $F(x) = \begin{cases} \dfrac{f(x)}{x}, & x \neq 0 \\ f(0), & x = 0 \end{cases}$,其中 $f(x)$ 在 $x = 0$ 处可导,且 $f'(0) \neq 0$,$f(0) = 0$,则 $x = 0$ 是 $F(x)$ 的 $($ $)$.

A. 连续点   B. 第一类间断点

C. 第二类间断点   D. 以上都不正确

(5) 假设当 $x \to +\infty$ 时, $f(x)$, $g(x)$ 都是无穷大量, 则当 $x \to +\infty$ 时, 下列结论正确的是( ).

A. $f(x) + g(x)$ 是无穷大量

B. $\dfrac{f(x) + g(x)}{f(x) g(x)} \to 0$

C. $\dfrac{f(x)}{g(x)}$

D. $f(x) - g(x) \to 0$

3. 计算题

1. 已知 $f(x) = \dfrac{x}{\sqrt{1+x^2}}$, 求 $f[f(x)]$ 及 $f\{f[f(x)]\}$

2. 求下列极限.

(1) $\displaystyle\lim_{x \to 1}\left(\dfrac{4}{1-x^4} - \dfrac{2}{1-x^2}\right)$;

(2) $\displaystyle\lim_{x \to 0}\dfrac{\sqrt{1+x} - \mathrm{e}^x}{\ln(1+x)}$.

3. 证明: 方程 $x \cdot 2^x = 1$ 至少有一个小于 1 的正根.

4. 设 $f(x)$ 在 $[a,b]$ 上连续, 且 $a \leqslant f(x) \leqslant b$, 证明: 存在 $x_0 \in [a,b]$, 使 $f(x_0) = x_0$.

5. 如何修改 $f(x) = \begin{cases} \dfrac{1}{x}\ln(1+x), & x > 0 \\ 0, & x = 0 \\ \dfrac{\sqrt{1+x} - \sqrt{1-x}}{x}, & x < 0 \end{cases}$ 的定义, 使函数 $f(x)$ 在 $x = 0$ 处连续.

单元测试题 2.1 答案

1. 填空题

(1)e^3 (2)e (3)e^{-5} (4)e (5)e (6)1 (7)0 (8)3 (9)e (10)3 (11)2

2. 选择题

(1)D (2)C (3)B (4)D (5)C

3. 计算题

1. (1) $\displaystyle\lim_{x \to 0}\dfrac{\ln(1+3x^2)}{\tan^2 x} = \lim_{x \to 0}\dfrac{3x^2}{x^2} = 3$.

(2) $\displaystyle\lim_{x \to \infty}\left(\dfrac{x+2}{x}\right)^{x-1} = \lim_{x \to \infty}\left(1 + \dfrac{2}{x}\right)^{\frac{x}{2} \cdot \frac{2(x-1)}{x}} = \mathrm{e}^{\lim\limits_{x \to \infty}\frac{2(x-1)}{x}} = \mathrm{e}^2$.

(3) $\displaystyle\lim_{x \to 0}\dfrac{\sin x^m}{\sin^n x} = \lim_{x \to 0}\dfrac{x^m}{x^n} = \lim_{x \to 0}x^{m-n} = \begin{cases} 0 & m > n \\ 1 & m = n \\ \text{不存在} & m < n \end{cases}$.

(4) $\displaystyle\lim_{x \to 0}\dfrac{\tan x - \sin x}{\sin^3 x} = \lim_{x \to 0}\dfrac{\dfrac{\sin x}{\cos x} - \sin x}{\sin^3 x} =$

$\displaystyle\lim_{x \to 0}\dfrac{\sin x - \sin x \cdot \cos x}{\cos x \cdot \sin^3 x} = \lim_{x \to 0}\dfrac{\sin x(1 - \cos x)}{x^3} = \lim_{x \to 0}\dfrac{x \cdot \dfrac{1}{2}x^2}{x^3} = \dfrac{1}{2}$.

(5) $\lim\limits_{x \to 0} \dfrac{\sin x - \tan x}{(3\sqrt{1+x^2}-1)(\sqrt{1+\sin x}-1)} = \lim\limits_{x \to 0} \dfrac{\sin x - \tan x}{\frac{1}{3}x^2 \cdot \sin x} =$

$$\lim\limits_{x \to 0} \dfrac{\sin x - \dfrac{\sin x}{\cos x}}{\frac{1}{3}x^3} = \lim\limits_{x \to 0} \dfrac{\sin x(\cos x - 1)}{\frac{1}{3}x^3\cos x} = \lim\limits_{x \to 0} \dfrac{x\left(-\frac{1}{2}x^2\right)}{\frac{1}{3}x^3} = -\dfrac{3}{2}.$$

2. 令 $f(x) = x - a\sin x - b$，则

$$f(a+b) = a + b - a\sin(a+b) - b = a[1 - \sin(a+b)] \geqslant 0$$

(1) 若 $f(a+b) = 0$，则 $a+b$ 就是 $x = a\sin x + b$ 的一个正根，且不超过 $a+b$.

(2) 若 $f(a+b) > 0, f(0) = -b < 0$，且 $f(x)$ 在 $[0, a+b]$ 上连续. 根据零点定理，至少存在一点 $\xi \in (0, a+b)$，使得 $f(\xi) = 0$，即 $\xi - a\sin \xi - b = 0, \xi \in (0, a+b)$.

由 (1)、(2) 知，至少存在 $\xi \in (0, a+b)$，它是方程 $x = a\sin x + b$ 的一个不超过 $a+b$ 的正根.

3. $f(x)$ 的间断点是 $x = -1$ 和 $x = 0$. 因为 $\lim\limits_{x \to -1} \dfrac{x^2-1}{|x|(x+1)} = \lim\limits_{x \to -1} \dfrac{x-1}{|x|} = -2$，所以 $x = -1$ 是可去间断点.

因为
$$\lim\limits_{x \to 0^+} \dfrac{x^2-1}{|x|(x+1)} = \lim\limits_{x \to 0^+} \dfrac{x-1}{x} = -\infty$$
$$\lim\limits_{x \to 0^-} \dfrac{x^2-1}{|x|(x+1)} = \lim\limits_{x \to 0^-} \dfrac{x-1}{-x} = -\infty$$

所以 $x = 0$ 是第二类间断点.

4. 证明 令 $F(x) = f\left(x+\dfrac{1}{2}\right) - f(x)$，则 $F(x)$ 在 $\left[0, \dfrac{1}{2}\right]$ 上连续.

$$F(0) = f\left(\dfrac{1}{2}\right) - f(0), \quad F\left(\dfrac{1}{2}\right) = f(1) - f\left(\dfrac{1}{2}\right)$$

若 $F(0) = 0$，则 ξ 取 0，$f\left(0+\dfrac{1}{2}\right) = f(0)$.

若 $F\left(\dfrac{1}{2}\right) = 0$，则 ξ 取 $\dfrac{1}{2}$，$f\left(\dfrac{1}{2}+\dfrac{1}{2}\right) = f\left(\dfrac{1}{2}\right)$.

若 $F(0) \neq 0, F\left(\dfrac{1}{2}\right) \neq 0$，则 $F(0) \cdot F\left(\dfrac{1}{2}\right) = -\left[f\left(\dfrac{1}{2}\right) - f(0)\right]^2 < 0$.

由零点定理知，$\exists \xi \in \left(0, \dfrac{1}{2}\right)$，使 $F(\xi) = 0$.

即 $f\left(\xi+\dfrac{1}{2}\right) = f(\xi)$ 成立.

综上，必 $\exists \xi \in \left[0, \dfrac{1}{2}\right] \subset [0, 1]$，使 $f\left(\xi+\dfrac{1}{2}\right) = f(\xi)$ 成立.

5. (1) 间断点为 $x = 1, x = 2$.

$$\lim\limits_{x \to 1} \dfrac{x^2-1}{x^2-3x+2} = \lim\limits_{x \to 1} \dfrac{(x+1)(x-1)}{(x-1)(x-2)} = -2$$

故 $x = 1$ 是第一类可去间断点.

$$\lim_{x \to 2} \frac{x^2-1}{x^2-3x+2} = \lim_{x \to 2} \frac{(x+1)(x-1)}{(x-1)(x-2)} = \infty$$

故 $x=2$ 是第二类无穷间断点.

（2）间断点为 $x=0$.

$\lim\limits_{x \to 0} \cos^2 \dfrac{1}{x}$ 不存在. 介于 -1 和 1 之间, 故 $x=0$ 是第二类振荡间断点.

（3）间断点为 $x=1$.

$$\lim_{x \to 1^-}(x-1)=0 \quad \lim_{x \to 1^+}(3-x)=2 \Rightarrow f(1-0) \neq f(1+0)$$

故 $x=1$ 是第一类跳跃间断点.

（4）间断点为 $x=k\pi, x=k\pi+\dfrac{\pi}{2}, k=0, \pm 1, \pm 2$.

$$\lim_{x \to k\pi} \frac{x}{\tan x} = \infty \quad k \neq 0, 故 x=k\pi, k \neq 0 是第二类间断点.$$

当 $k=0$ 时, $\lim\limits_{x \to 0} \dfrac{x}{\tan x}=1$, 故 $x=0$ 是第一类可去间断点.

$$\lim_{x \to k\pi+\frac{\pi}{2}} \frac{x}{\tan x} = 0, 故 x=k\pi+\frac{\pi}{2}, k \in \mathbb{Z} 是第一类间断点.$$

单元测试题 2.2 答案

1. 填空题

（1）$-2, 1$　（2）$\dfrac{1}{2}$　（3）第一类中的可去间断点, 第二类中的无穷间断点　（4）-2

2. 选择题

（1）D　（2）C　（3）C　（4）B　（5）B

3. 计算题

1. $f[f(x)] = f\left(\dfrac{x}{\sqrt{1+x^2}}\right) = \dfrac{\dfrac{x}{\sqrt{1+x^2}}}{\sqrt{1+\left(\dfrac{x}{\sqrt{1+x^2}}\right)^2}} = \dfrac{x}{\sqrt{1+2x^2}}.$

$f\{f[f(x)]\} = f\left(\dfrac{x}{\sqrt{1+2x^2}}\right) = \dfrac{\dfrac{x}{\sqrt{1+2x^2}}}{\sqrt{1+\left(\dfrac{x}{\sqrt{1+2x^2}}\right)^2}} = \dfrac{x}{\sqrt{1+3x^2}}.$

2. $\lim\limits_{x \to 1}\left(\dfrac{4}{1-x^4} - \dfrac{2}{1-x^2}\right) = \lim\limits_{x \to 1}\left(\dfrac{4-2(1+x^2)}{1-x^4}\right) = \lim\limits_{x \to 1}\dfrac{2(1-x^2)}{(1-x^2)(1+x^2)} =$

$$\lim_{x \to 1} \frac{2}{1+x^2} = 1.$$

3. 作辅助函数 $f(x) = x \cdot 2^x - 1$, 显然 $f(x)$ 在 $[0,1]$ 上连续. 又 $f(0)=-1, f(1)=1$. 所以至少存在一个 $\xi \in (0,1)$, 使 $f(\xi)=0$. 即

$$\xi \cdot 2^{\xi} - 1 = 0, \quad \xi \cdot 2^{\xi} = 1$$

所以 ξ 为方程小于 1 的正根.

4. 令 $F(x) = f(x) - x$, 由 $f(x)$ 在 $[a,b]$ 上连续, 知 $F(x)$ 在 $[a,b]$ 上连续, 又 $F(a) = f(a) - a$, $F(b) = f(b) - b$, 若 $f(a) = a$ 或 $f(b) = b$, 则结论成立. 若 $a < f(x) < b$, 则 $F(a)F(b) < 0$, 由零点定理知, 在 (a,b) 内至少存在一点 x_0, 使 $F(x_0) = 0$, 即 $f(x_0) = x_0$. 综上所述, 存在 $x_0 \in [a,b]$, 使 $f(x_0) = x_0$.

5. 因为
$$\lim_{x \to 0^+} f(x) = \lim_{x \to 0^+} \frac{1}{x} \ln(1+x) = \lim_{x \to 0^+} \ln(1+x)^{\frac{1}{x}} = 1$$
$$\lim_{x \to 0^-} f(x) = \lim_{x \to 0^-} \frac{\sqrt{1+x} - \sqrt{1-x}}{x} = \lim_{x \to 0^-} \frac{2}{\sqrt{1+x} + \sqrt{1-x}} = 1$$

而 $f(0) = 0$, 所以 $x = 0$ 是 $f(x)$ 的可去间断点, 修改 $f(x)$ 在 $x = 0$ 处的定义, 令 $f(0) = 1$, 从而使 $f(x)$ 在 $x = 0$ 处连续.

第 **3** 章

导数与微分

3.1　导　　数

3.1.1　基本要求

(1) 掌握导数的定义及其物理意义和几何意义.

(2) 掌握可导的充要条件.

3.1.2　考点知识概述

1. 导数

(1) 导数的定义.

设函数 $y = f(x)$ 在点 x_0 的某邻域 $U(x_0, \delta)$ 有定义. 如果 $\lim\limits_{\Delta x \to 0} \dfrac{f(x_0 + \Delta x) - f(x_0)}{\Delta x}$ 存在, 称函数 $y = f(x)$ 在点 x_0 处可导, 而称这个极限值为函数 $y = f(x)$ 在点 x_0 处的导数, 记作 $f'(x_0)$ 或 $y' \big|_{x=x_0}$ 或 $\dfrac{\mathrm{d}y}{\mathrm{d}x} \big|_{x=x_0}$, $\dfrac{\mathrm{d}f}{\mathrm{d}x} \big|_{x=x_0}$, 即

$$f'(x_0) = \lim_{\Delta x \to 0} \frac{f(x_0 + \Delta x) - f(x_0)}{\Delta x}$$

(2) 导数的几何意义.

$f'(x_0)$ 是曲线 $y = f(x)$ 过点 $(x_0, f(x_0))$ 的切线斜率, 因此曲线 $y = f(x)$ 过点 $(x_0, f(x_0))$ 的切线方程为

$$y - f(x_0) = f'(x_0)(x - x_0)$$

法线方程为

$$y - f(x_0) = -\frac{1}{f'(x_0)}(x - x_0)$$

(3) 导数的物理意义.

路程 $s = s(t)$ 对时间 t 的导数, $s'(t)$ 是速度.

速度 $v = v(t)$ 对时间 t 的导数, $v'(t)$ 是加速度.

速度 $v = v(x)$ 对位移的导数, $v'(x)$ 是速度的变化率.

（4）可导与连续的关系.

可导 $\Rightarrow$ 连续；反之，未必.

例如：$f(x) = |x|$，且 $f(x)$ 在 $x = 0$ 处连续，下面讨论它在 $x = 0$ 处的导数.

$\lim\limits_{\Delta x \to 0} \dfrac{f(0 + \Delta x) - f(0)}{\Delta x} = \lim\limits_{\Delta x \to 0} \dfrac{|\Delta x|}{\Delta x}$ 不存在，所以 $f(x) = |x|$ 在 $x = 0$ 处连续，但在 $x = 0$ 处不可导.

（5）左、右导数.

如果 $\lim\limits_{\Delta x \to 0^-} \dfrac{f(x_0 + \Delta x) - f(x_0)}{\Delta x}$ 存在，称该极限值为函数 $y = f(x)$ 在点 x_0 处的左导数，记作

$$f'_-(x_0) = \lim\limits_{\Delta x \to 0^-} \dfrac{f(x_0 + \Delta x) - f(x_0)}{\Delta x}$$

如果 $\lim\limits_{\Delta x \to 0^+} \dfrac{f(x_0 + \Delta x) - f(x_0)}{\Delta x}$ 存在，称该极限值为函数 $y = f(x)$ 在点 x_0 处的右导数，记作

$$f'_+(x_0) = \lim\limits_{\Delta x \to 0^+} \dfrac{f(x_0 + \Delta x) - f(x_0)}{\Delta x}$$

函数的左导数与右导数统称为单侧导数.

2. 函数可导的充要条件

函数 $f(x)$ 在点 x_0 处可导的充要条件是

$$f'_-(x_0) = f'_+(x_0)$$

3. 导数的其他定义形式

$$f'(x_0) = \lim\limits_{x \to x_0} \dfrac{f(x) - f(x_0)}{x - x_0}, \quad f'(x_0) = \lim\limits_{\Delta x \to 0} \dfrac{\Delta y}{\Delta x}$$

3.1.3　常用解题技巧

1. 定义法

如果 $f'(x_0)$ 存在，则

$$\lim\limits_{\Delta x \to 0} \dfrac{f(x_0 + a\Delta x) - f(x_0)}{\Delta x} = af'(x_0)$$

$$\lim\limits_{\Delta x \to 0} \dfrac{f(x_0 + a\Delta x) - f(x_0 + b\Delta x)}{\Delta x} = (a - b)f'(x_0)$$

例 1　若 $f(x)$ 连续，$\lim\limits_{x \to 0} \dfrac{f(x)}{x} = 5$，求 $f(0)$，$f'(0)$.

解　当 $x \to 0$ 时，分母 $x \to 0$，此极限存在. 则 $\lim\limits_{x \to 0} f(x) = 0 = f(0)$ 连续.

$$\lim\limits_{x \to 0} \dfrac{f(x)}{x} = \lim\limits_{x \to 0} \dfrac{f(x) - f(0)}{x - 0} = f'(0) = 5$$

例 2　如果 $\forall x, y$ 均有 $f(xy) + \ln a = f(x) + f(g)$，$f'(1) = 1$，求 $f'(x)$.

解　先求 $f(1)$，$f(xy) + \ln a = f(x) + f(y)$.

令 $x = y = 1$，有

$$f(1) = \ln a$$

$$f'(x) = \lim\limits_{h \to 0} \dfrac{f(x + h) - f(x)}{h}$$

$$f(x+h) = f\left[x\left(1+\frac{h}{x}\right)\right] = f(x) + f\left(1+\frac{h}{x}\right) - \ln a$$

$$f'(x) = \lim_{h \to 0} \frac{f(x) + f\left(1+\frac{h}{x}\right) - \ln a - f(x)}{h} =$$

$$\lim_{h \to 0} \frac{f\left(1+\frac{h}{x}\right) - f(1)}{h} =$$

$$\lim_{h \to 0} \frac{f\left(1+\frac{h}{x}\right) - f(1)}{x \cdot \frac{h}{x}} = \frac{f'(1)}{x} = \frac{1}{x}$$

例 3 $f(x) = x^n$ 过 $(1,1)$ 点的切线与 x 轴的交点为 $(\xi_n, 0)$,则 $\lim_{n \to \infty} f(\xi_n) = $ _____.

解 点 $(1,1)$ 的切线的斜率 $k = f'(1) = n \cdot x^{n-1}\big|_{x=1} = n$

$L_{切}: y = n(x-1) + 1$ 与 x 轴交点坐标 $\xi_n = 1 - \frac{1}{n}$

$$f(\xi_n) = \left(1 - \frac{1}{n}\right)^n$$

$$\lim_{n \to \infty} f(\xi_n) = \lim_{n \to \infty} \left(1 - \frac{1}{n}\right)^n = \lim_{n \to \infty} \left(1 + \frac{-1}{n}\right)^{\frac{n}{-1} \cdot -1} = \frac{1}{e}$$

例 4 $f(x) = (x-a)\varphi(x)$,其中 $\varphi(x)$ 连续,求 $f'(a)$.

分析 此题不能直接求 $f'(x)$,再代入 $x=a$,因为 $\varphi(x)$ 的导数不一定存在,故此题用定义法解.

解
$$f'(a) = \lim_{x \to a} \frac{f(x) - f(a)}{x - a} =$$

$$\lim_{x \to a} \frac{(x-a)\varphi(x) - 0}{x - a} =$$

$$\lim_{x \to a} \varphi(x) = \varphi(a)$$

例 5 下列极限是正确的( ).

A. $\lim\limits_{h \to 0} \dfrac{f(x_0 - h) - f(x_0)}{h} = f'(x_0)$

B. $\lim\limits_{h \to 0} \dfrac{f(x_0 + h) - f(x_0)}{h} = f'(x_0)$

C. $\lim\limits_{h \to 0} \dfrac{f(x_0 + h) - f(x_0 - h)}{h} = 2f'(x_0)$

D. 以上都不对

解 A. $\lim\limits_{h \to 0} \dfrac{f(x_0 - h) - f(x_0)}{h} = \lim\limits_{h \to 0} \dfrac{f(x_0 - h) - f(x_0)}{-(-h)} = -f'(x_0)$

B. 正确.

C. $f'(x_0)$ 存在.

$$\lim_{h \to 0} \frac{f(x_0 + h) - f(x_0 - h)}{h} =$$

$$\lim_{h \to 0} \frac{f(x_0 + h) - f(x_0) - [f(x_0 - h) - f(x_0)]}{h} =$$

$$2f'(x_0)$$

$f'(x_0)$ 存在性不确定,故 C 不正确,此题选 B.

2. 分段点导数的求法

(1) 函数 $f(x)$ 在点 x_0 处可导的充要条件是

$$f'_-(x_0) = f'_+(x_0)$$

(2) 导数的极限定理.

定理:设函数 $f(x)$ 满足下列条件:

① 在 $U(x_0)$ 内连续;

② 在 $\overset{\circ}{U}(x_0)$ 为可导;

③ $\lim\limits_{x \to x_0} f'(x) = A$(存在).

则函数 $f(x)$ 在 x_0 可导,且 $f'(x_0) = \lim\limits_{x \to x_0} f'(x) = A$(可推广到左、右导数极限定理).

例 6 $f(x) = \begin{cases} \sin x & x > 0 \\ x + \sin x^2 & x \leqslant 0 \end{cases}$,判断 $f(x)$ 在 $x = 0$ 处是否存在.

解 验证 3 个条件

(1)$f(x)$ 在 $x = 0$ 连续.

$$\lim_{x \to 0^-} f(x) = \lim_{x \to 0^-} (x + \sin x^2) = 0 = f(0 - 0)$$

$$\lim_{x \to 0^+} f(x) = \lim_{x \to 0^+} \sin x = 0 = f(0 + 0)$$

$$f(0 - 0) = f(0 + 0) \Rightarrow f(x) \text{ 在 } x = 0 \text{ 处连续}$$

(2)$\overset{\circ}{U}(0)$ 内可导显然.

(3)$f'(x) = \begin{cases} \cos x & x > 0 \\ 1 + 2x \cdot \cos x^2 & x \leqslant 0 \end{cases}.$

$\left. \begin{array}{l} \lim\limits_{x \to 0^-} f'(x) = \lim\limits_{x \to 0^-} (1 + 2x \cdot \cos x^2) = 1 = f'_-(0) \\ \lim\limits_{x \to 0^+} f'(x) = \lim\limits_{x \to 0} \cos x = 1 = f'_+(0) \end{array} \right\} \Rightarrow f'(0) = 1$,故 $f'(0)$ 存在.

例 7 已知函数 $f(x) = \begin{cases} \dfrac{1}{2}(x^2 + 1) & x \leqslant 1 \\ \dfrac{1}{2}(x + 1) & x > 1 \end{cases}$,判断 $f(x)$ 在 $x = 1$ 是否可导.

解 $f(x)$ 显然满足导数极限定理的前两个条件.

$$f'(x) = \begin{cases} x & x < 1 \\ \dfrac{1}{2} & x > 1 \end{cases}$$

根据导数极限定理有

$$\lim_{x \to 1^-} f'(x) = \lim_{x \to 1^-} x = 1 = f'_-(1)$$

$$\lim_{x \to 1^+} f'(x) = \lim_{x \to 1^+} \frac{1}{2} = \frac{1}{2} = f'_+(1)$$

$f'_-(1) \neq f'_+(1) = f'(1)$ 不存在.

3.1.4 典型题解

例 8 求函数 $f(x) = \cos x$ 的导数.

解 因为

$$\cos(x + \Delta x) - \cos x = -2\sin\frac{2x + \Delta x}{2}\sin\frac{\Delta x}{2}$$

所以

$$f'(x) = \lim_{\Delta x \to 0} \frac{\cos(x + \Delta x) - \cos x}{\Delta x} = \lim_{\Delta x \to 0} \frac{-2\sin\dfrac{2x + \Delta x}{2}\sin\dfrac{\Delta x}{2}}{\Delta x} =$$

$$-\lim_{\Delta x \to 0} 2\sin\frac{2x + \Delta x}{2} \cdot \frac{\sin\dfrac{\Delta x}{2}}{2 \cdot \dfrac{\Delta x}{2}} = -\sin x$$

即 $(\cos x)' = -\sin x$.

例 9 求函数 $f(x) = \begin{cases} \mathrm{e}^{2x} - 1, & x > 0 \\ x, & x \leqslant 0 \end{cases}$ 在 $x = 0$ 处的导数.

解 注意到 $f(0) = 0$,有

$$f'_+(0) = \lim_{\Delta x \to 0^+} \frac{f(0 + \Delta x) - f(0)}{\Delta x} = \lim_{\Delta x \to 0^+} \frac{\mathrm{e}^{2\Delta x} - 1}{\Delta x} = 2$$

$$f'_-(0) = \lim_{\Delta x \to 0^-} \frac{f(0 + \Delta x) - f(0)}{\Delta x} = \lim_{\Delta x \to 0^+} \frac{\Delta x}{\Delta x} = 1$$

因 $f'_+ \neq f'_-$,故 $f'(0)$ 不存在.

例 10 设 $f(x) = x^2 + 1$,按定义求 $f'(-1)$.

解
$$f'(x) = \lim_{\Delta x \to 0} \frac{f(x + \Delta x) - f(x)}{\Delta x} =$$

$$\lim_{\Delta x \to 0} \frac{(x + \Delta x)^2 + 1 - (x^2 + 1)}{\Delta x} =$$

$$\lim_{\Delta x \to 0} \frac{2x \cdot \Delta x + \Delta x^2}{\Delta x} = 2x$$

所以 $f(-1) = -2$.

例 11 求函数 $y = f(x) = 2x + 1$ 在 $(0,1)$ 处的切线方程.

解
$$f'(x) = \lim_{\Delta x \to 0} \frac{f(x + \Delta x) - f(x)}{\Delta x} = \lim_{\Delta x \to 0} \frac{2(x + \Delta x) + 1 - 2x - 1}{\Delta x} = 2$$

切线方程为
$$y - 1 = f'(0)(x - 0)$$

即 $y - 2x - 1 = 0$.

例 12　设函数 $f(x) = \begin{cases} 2x, & x \leqslant 1 \\ ax + b, & x > 1 \end{cases}$，为了使函数 $f(x)$ 在 $x = 1$ 处连续且可导，a，b 应取什么值？

解　因为 $f(x)$ 在 $x = 1$ 处连续，即

$$\lim_{x \to 1} f(x) = f(1) \Leftrightarrow \lim_{x \to 1^+} f(x) = \lim_{x \to 1^+}(ax + b) = a + b, \lim_{x \to 1^-} f(x) = \lim_{x \to 1^-} 2x = 2$$

且 $f(1) = 2$，故

$$\lim_{x \to 1^+} f(x) = \lim_{x \to 1^-} f(x) = f(1) = 2$$

故 $a + b = 2$.

$f(x)$ 在 $x = 1$ 处可导有

$$f'_+(1) = \lim_{\Delta x \to 0^+} \frac{f(1 + \Delta x) - f(1)}{\Delta x} = \lim_{\Delta x \to 0^+} \frac{a + a\Delta x - 2 + b}{\Delta x} = a$$

$$f'_-(1) = \lim_{\Delta x \to 0^-} \frac{f(1 + \Delta x) - f(1)}{\Delta x} = \lim_{\Delta x \to 0^-} \frac{2 + 2\Delta x - 2}{\Delta x} = 2$$

且 $f'_+(1) = f'_-(1) = 2$，则 $a = 2, b = 0$.

例 13　$y = f(x)$ 与 $y = \sin x$ 在原点相切，且 $f(x)$ 连续，求 $\lim\limits_{n \to +\infty} nf\left(\dfrac{2}{n}\right)$.

解　由 $y = f(x)$ 与 $y = \sin x$ 在原点相切，可得 $f(0) = 0$.

$$f'(0) = \sin(x)'|_{x=0} = \cos x|_{x=0} = 1$$

$$\lim_{n \to +\infty} nf\left(\frac{2}{n}\right) = \lim_{n \to +\infty} \frac{f\left(\frac{2}{n}\right) - f(0)}{\frac{1}{n}} = \lim_{n \to +\infty} 2 \frac{f\left(\frac{2}{n}\right) - f(0)}{\frac{2}{n}} = 2 \cdot f'(0)$$

例 14　设函数 $f(x) = \begin{cases} 2x & x \leqslant 1 \\ ax + b & x > 1 \end{cases}$，确定 a, b 的值，使 $f(x)$ 在 $x = 1$ 处连续且可导.

解　在 $x = 1$ 处连续.

$$\left. \begin{array}{l} \lim\limits_{x \to 1^-} f(x) = \lim\limits_{x \to 1^-} 2x = 2 \\ \lim\limits_{x \to 1^+} f(x) = \lim\limits_{x \to 1^+}(ax + b) = a + b \end{array} \right\} \Rightarrow a + b = 2$$

在 $x = 1$ 处可导.

$$f'(x) = \begin{cases} 2 & x < 1 \\ a & x > 1 \end{cases}$$

$$\left. \begin{array}{l} \lim\limits_{x \to 1^+} f'(x) = \lim\limits_{x \to 1^+} a = a = f'_+(1) \\ \lim\limits_{x \to 1^-} f'(x) = \lim\limits_{x \to 1^-} 2 = 2 = f'_-(1) \end{array} \right\} \Rightarrow a = 2$$

$$\left. \begin{array}{l} a + b = 2 \\ a = 2 \end{array} \right\} \Rightarrow a = 2, b = 0$$

例 15　已知函数 $f(x) = e^{2x} - 2x$，求 $\lim\limits_{x \to 0} \dfrac{f'(x)}{e^x - 1}$.

解　$\lim\limits_{x\to 0}\dfrac{f'(x)}{\mathrm{e}^x-1}=\lim\limits_{x\to 0}\dfrac{2\mathrm{e}^{2x}-2}{\mathrm{e}^x-1}=\lim\limits_{x\to 0}\dfrac{2(\mathrm{e}^x+1)(\mathrm{e}^x-1)}{\mathrm{e}^x-1}=4.$

例 16　若 $f(x)=\sin x$，求 $\lim\limits_{h\to 0}\dfrac{f\left[\dfrac{\pi}{2}-f\left(\dfrac{\pi}{2}+2h\right)\right]}{h}.$

解

$$\lim\limits_{h\to 0}\dfrac{f\left[\dfrac{\pi}{2}-f\left(\dfrac{\pi}{2}+2h\right)\right]}{h}=$$

$$\lim\limits_{h\to 0}\dfrac{-\left[f\left(\dfrac{\pi}{2}+2h\right)-f\left(\dfrac{\pi}{2}\right)\right]}{\dfrac{1}{2}2h}=$$

$$-\dfrac{1}{2}f'\left(\dfrac{\pi}{2}\right)$$

$$f'(x)=\cos x\qquad f'\left(\dfrac{\pi}{2}\right)=0$$

故

$$\lim\limits_{h\to 0}\dfrac{f\left(\dfrac{\pi}{2}\right)-f\left(\dfrac{\pi}{2}+2h\right)}{h}=0$$

例 17　$(1) f(x)=\mid x-a\mid$，证明：$f'(a)$ 不存在.

$(2) f(x)=\mid x-a\mid\varphi(x)$，$\varphi(x)$ 连续且 $\varphi(a)=0$，证明 $f'(a)$ 存在.

证明　$(1) f'(a)=\lim\limits_{x\to a}\dfrac{f(x)-f(a)}{x-a}=\lim\limits_{x\to a}\dfrac{\mid x-a\mid}{x-a}=\begin{cases}1 & x>a\\-1 & x<a\end{cases}.$

故 $f'(a)$ 不存在.

$(2) f'(a)=\lim\limits_{x\to a}\dfrac{f(x)-f(a)}{x-a}=\lim\limits_{x\to a}\dfrac{\mid x-a\mid\varphi(x)}{x-a}=$

$$\lim\limits_{x\to a}\dfrac{\varphi(a)\mid x-a\mid}{x-a}=0.$$

故 $f'(a)$ 存在.

例 16　判断 $(1) f(x)=\mid x^3-x\mid$ 的不可导点；$(2) f(x)=(x^2-x-2)(x^3-x)$ 的不可导点.

解　$(1)\mid x^3-x\mid$ 的不可导点为 $x^3-x=0$ 的点 $x=0,x=1,x=-1$.

$(2) f(x)=(x^2-x-2)\mid x^3-x\mid$ 的不可导点为 $x^3-x=0$ 的点去掉 $x^2-x-2=0$ 的点. 即 $x=0,x=1$.

例 19　若 $(1)=0.f'(1)$ 存在，求 $\lim\limits_{x\to 0}\dfrac{f(\sin^2 x+\cos x)}{(\mathrm{e}^x-1)\tan x}.$

解

$$\lim\limits_{x\to 0}\dfrac{f(\sin^2 x+\cos x)}{(\mathrm{e}^x-1)\tan x}=$$

$$\lim\limits_{x\to 0}\dfrac{f(1+\sin^2 x+\cos x-1)}{(\mathrm{e}^x-1)\tan x}（利用 f'(1),先造出 1)=$$

$$\lim\limits_{x\to 0}\dfrac{[f(1+\sin^2 x+\cos x-1)-f(1)]}{\sin^2 x+\cos x-1}\dfrac{\sin^2 x+\cos x-1}{x^2}=$$

$$f'(1)\left(1-\frac{1}{2}\right)=\frac{1}{2}f'(1)$$

例 20　$f(x)=\lim\limits_{n\to+\infty}\dfrac{x^2\mathrm{e}^{n(x-1)}+ax+b}{\mathrm{e}^{n(x-1)}+1}$，试确定常数 a,b，使 $f(x)$ 处处可导，并求 $f'(x)$.

解　$f(x)=\lim\limits_{n\to+\infty}\dfrac{x^2\mathrm{e}^{n(x-1)}+ax+b}{\mathrm{e}^{n(x-1)}+1}=\begin{cases}ax+b & x<1 \\ \dfrac{1}{2}(a+b+1) & x=1 \\ x^2 & x>1\end{cases}$

$f(x)$ 在 $x=1$ 可导 $\Rightarrow f(x)$ 在 $x=1$ 连续.

由 $f(x)$ 在 $x=1$ 连续，有

$$\lim_{x\to 1^-}f(x)=\lim_{x\to 1^-}(ax+b)=a+b=f(1-0)$$

$$\lim_{x\to 1^+}f(x)=\lim_{x\to 1^+}x^2=1=f(1+0)$$

$$f(1-0)=f(1)=f(1+0)\quad(f(x)\text{ 在 }x=1\text{ 处连续})$$

$$a+b=1=\frac{1}{2}(a+b+1)\Rightarrow a+b=1$$

由 $f(x)$ 在 $x=1$ 可导，有（利用导数极限定理）

$$f'(x)=\begin{cases}a & x<1 \\ 2x & x>1\end{cases}$$

$$\lim_{x\to 1^-}f'(x)=\lim_{x\to 1^-}a=a=f'_-(1)$$

$$\lim_{x\to 1^+}f'(x)=\lim_{x\to 1^+}2x=2=f'_+(1)$$

$$f'_-(1)=f'_+(1)(f(x)\text{ 在 }x=1\text{ 可导})$$

$$\left.\begin{array}{l}a=2 \\ a+b=1\end{array}\right\}\Rightarrow b=-1$$

3.2　求导法则与基本公式

3.2.1　基本要求

(1) 掌握 16 个基本公式.

(2) 掌握导数的四则运算法则.

3.2.2　知识考点概述

1. 导数的基本公式

(1) $(c)'=0c$ 为常数；

(2) $(x^\mu)'=\mu x^{\mu-1}$；

(3) $(a^x)'=a^x\ln a$；

(4) $(\mathrm{e}^x)'=\mathrm{e}^x$；

(5) $(\log_a x)' = \dfrac{1}{x}\log_a e = \dfrac{1}{x\ln a}$;　　(6) $(\ln x)' = \dfrac{1}{x}$;

(7) $(\sin x)' = \cos x$;　　(8) $(\cos x)' = -\sin x$;

(9) $(\tan x)' = \sec^2 x$;　　(10) $(\cot x)' = -\csc^2 x$;

(11) $(\sec x)' = \sec x\tan x$;　　(12) $(\csc x)' = -\csc x\cot x$;

(13) $(\arcsin x)' = \dfrac{1}{\sqrt{1-x^2}}$;　　(14) $(\arccos x)' = -\dfrac{1}{\sqrt{1-x^2}}$;

(15) $(\arctan x)' = \dfrac{1}{1+x^2}$;　　(16) $(\operatorname{arccot} x)' = -\dfrac{1}{1+x^2}$.

2. 导数的四则运算法则

设 $u(x)$，$v(x)$ 在点 x 处有导数，c 为常数，则

(1) $[cu(x)]' = cu'(x)$;

(2) $[u(x) \pm v(x)]' = u'(x) \pm v'(x)$;

(3) $[u(x)v(x)]' = u'(x)v(x) + u(x)v'(x)$;

(4) $\left[\dfrac{u(x)}{v(x)}\right]' = \dfrac{u'(x)v(x) - u(x)v'(x)}{v^2(x)}v$，其中 $v(x) \neq 0$.

3.2.3　常用解题技巧

(1) 要区分开 $f'(x_0)$ 与 $[f(x_0)]'$.

$f'(x_0)$ 是先求导再代数，$[f(x_0)]'$ 是先代数后求导，所以后者一定等于 0.

(2) 利用导数的四则运算.

3.2.4　典型题解

例 1　求函数 $y = 3x^2 + 2$ 的导数.

解　$y' = 3 \cdot 2x = 6x$.

例 2　设 $f(x) = x^3 + 5x^2 - 9x + \pi$，求 $f'(x)$.

解　$f'(x) = (x^3)' + 5(x^2)' - (9x)' + \pi' = 3x^2 + 10x - 9$.

例 3　设 $y = \cos x\ln x$，求 $y'|_{x=\pi}$.

解　$y' = (\cos x)'\ln x + \cos x(\ln x)' = -\sin x \cdot \ln x + \cos x \cdot \dfrac{1}{x}$，所以

$$y'|_{x=\pi} = -\dfrac{1}{\pi}$$

例 4　求 $y = \dfrac{\tan x}{x}$ 的导数.

解　$y' = \dfrac{(\tan x)' \cdot x - x' \cdot \tan x}{x^2} = \dfrac{\sec^2 x \cdot x - \tan x}{x^2}$.

例 5　求 $y = e^x\cos x$ 的导数.

解　$y' = (e^x)'\cos x + e^x \cdot (\cos x)' = e^x \cdot \cos x + e^x(-\sin x) = e^x(\cos x - \sin x)$.

3.3　复合函数求导

3.3.1　基本要求

掌握复合函数求导的链式法则.

3.3.2　知识考点概述

复合函数求导原理(链式法则):

如果 $u = g(x)$ 在点 x 处可导,而 $y = f(u)$ 在点 $u = g(x)$ 处可导,则复合函数 $y = f[g(x)]$ 在点 x 处可导,且其导数为

$$\frac{\mathrm{d}y}{\mathrm{d}x} = f'(u) g'(x) \quad \text{或} \quad \frac{\mathrm{d}y}{\mathrm{d}x} = \frac{\mathrm{d}y}{\mathrm{d}u} \cdot \frac{\mathrm{d}u}{\mathrm{d}x}$$

若 $y = y(u)$, $u = u(x)$, $x = x(t)$ 都可导,则

$$\frac{\mathrm{d}y}{\mathrm{d}t} = y'_u \cdot u'_x \cdot x'_t$$

3.3.3　常用解题技巧

1. $[f(x)]^{g(x)}$ 型函数求导

利用对数恒等式将其变形为 $[f(x)]^{g(x)} = \mathrm{e}^{\ln[f(x)]^{g(x)}} = \mathrm{e}^{g(x)\ln f(x)}$,然后利用复合函数求导.

例 1　$y = (\sin x)^{\cos x}$ 　$(\sin x > 0)$

解　$y = \mathrm{e}^{\ln(\sin x)^{\cos x}} = \mathrm{e}^{\cos x \cdot \ln \sin x}$

$$y' = (\mathrm{e}^{\cos x \ln \sin x})^1 = \mathrm{e}^{\cos x \cdot \ln \sin x} \cdot (\cos x \cdot \ln \sin x)'$$

$$= (\sin x)^{\cos x} \cdot \left(-\sin x \cdot \ln \sin x + \frac{\cos^2 x}{\sin x} \right)$$

2. $|f(x)|$ 型函数求导

利用其等价形式 $|f(x)| = \sqrt{f^2(x)}$,然后利用复合函数求导.

例 2　求 $f(x) = |x|$ 的导数

解　解法一　　　　　　$f(x) = |x| = \sqrt{x^2}$

$$f'(x) = \frac{2x}{2\sqrt{x^2}} = \frac{x}{\sqrt{x^2}} = \frac{x}{|x|} = \frac{|x|}{x}$$

解法二　　　　　　$f(x) = |x| = \begin{cases} x & x \geqslant 0 \\ -x & x < 0 \end{cases}$

$$f'(x) = \begin{cases} 1 & x > 0 \\ -1 & x < 0 \end{cases}$$

例 3　求 $f(x) = |(x-1)^2 (x+1)^3|$ 的导数.

解 $f'(x) = \dfrac{|(x-1)^2(x+1)^3|}{(x-1)^2(x+1)^3}((x-1)^2(x+1)^3)' =$

$$\dfrac{(x-1)^2(x+1)^3}{(x-1)^2(x+1)^3}[2(x-1)(x+1)^3+3(x+1)^2(x-1)^2]$$

3.3.4 典型题解

例 4 函数 $y = \sqrt{x^2+1}$，求 $f'(0), f'(1)$.

解 $y' = (\sqrt{x^2+1})' = \dfrac{1}{2\sqrt{x^2+1}}(x^2+1)' = \dfrac{x}{\sqrt{x^2+1}}$，因此 $f'(0)=0, f'(1)=\dfrac{\sqrt{2}}{2}$.

例 5 求 $y = \ln(\sin x)$ 的导数.

解 $y' = \dfrac{1}{\sin x} \cdot (\sin x)' = \dfrac{\cos x}{\sin x} = \cot x$.

例 6 求 $y = \ln(x+\sqrt{1+x^2})$ 的导数.

解 $y' = \dfrac{1}{x+\sqrt{1+x^2}}(x+\sqrt{1+x^2})' = \dfrac{1}{x+\sqrt{1+x^2}}\left(1+\dfrac{x}{\sqrt{1+x^2}}\right) = \dfrac{1}{\sqrt{1+x^2}}$.

例 7 求 $y = \ln(\ln x)$ 的导数.

解 $y' = \dfrac{1}{\ln x}(\ln x)' = \dfrac{1}{\ln x} \cdot \dfrac{1}{x} = \dfrac{1}{x\ln x}$.

例 8 求 $y = (\sin x^2)^3$ 的导数.

解 $y' = 3(\sin x^2)^2(\sin x^2)'(x^2)' =$

$3(\sin x^2)^2 \cdot \cos x^2 \cdot 2x = 6x(\sin x^2)^2\cos x^2$.

例 9 求 $y = \arcsin(\sin^2 x)$ 的导数.

解 $y' = \dfrac{1}{\sqrt{1-(\sin x)^2}}(\sin^2 x)' = \dfrac{1}{\sqrt{1-\sin^4 x}}2\sin x(\sin x)' =$

$$\dfrac{1}{\sqrt{1-\sin^4 x}}2\sin x\cos x = \dfrac{1}{\sqrt{1-\sin^4 x}}\sin 2x$$

例 10 求 $y = \arcsin\dfrac{1}{x}$ 的导数.

解 $y' = \dfrac{1}{\sqrt{1-\dfrac{1}{x^2}}}\left(\dfrac{1}{x}\right)' = \dfrac{1}{\sqrt{1-\dfrac{1}{x^2}}} \cdot \dfrac{1}{-x^2} = \dfrac{1}{-|x|\sqrt{x^2-1}}$.

例 11 求 $y = 2^{\sin x}$ 的导数.

解 $y' = 2^{\sin x}\ln 2(\sin x)' = \ln 2 \cdot 2^{\sin x}\cos x$.

例 12 求 $y = e^{-x}\sin 2x$ 的导数.

解 $y' = (e^{-x})'\sin 2x + e^{-x}(\sin 2x)' =$

$-e^{-x}\sin 2x + e^{-x}2\cos 2x = e^{-x}(2\cos 2x - \sin 2x)$

例 13 求 $y = \sin(\sin(\sin x))$ 的导数.

解 $y = \{\sin[\sin(\sin x)]\}' = \cos[\sin(\sin x)] \cdot [\sin(\sin x)]' =$

$\cos[\sin(\sin x)] \cdot \cos(\sin x)(\sin x)' =$

$$\cos x \cdot \cos(\sin x) \cdot \cos[\sin(\sin x)]$$

例 14　设 $f(x) = \dfrac{x}{\sqrt{1+x^2}}$，$f_n(x) = f(f(\cdots(f(x))))$（$n$ 个 $f(x)$ 复合），求 $f'_n(x)$.

解　$f(x) = \dfrac{x}{\sqrt{1+x^2}}$，$f_2(x) = \dfrac{\dfrac{x}{\sqrt{1+x^2}}}{\sqrt{1+\left(\dfrac{x}{\sqrt{1+x^2}}\right)^2}} = \dfrac{x}{\sqrt{1+2x^2}}$

猜想 $f_n(x) = \dfrac{x}{\sqrt{1+nx^2}}$.

证明　当 $n=1$ 时显然成立.

假设当 $n=k$ 时成立，即

$$f_k(x) = \frac{x}{\sqrt{1+kx^2}}$$

$$f_{k+1}(x) = \frac{\dfrac{x}{\sqrt{1+x^2}}}{\sqrt{1+k\left(\dfrac{x}{\sqrt{1+x^2}}\right)^2}} =$$

$$\frac{\dfrac{x}{\sqrt{1+x^2}}}{\sqrt{1+\dfrac{kx^2}{1+x^2}}} = \frac{\dfrac{x}{\sqrt{1+x^2}}}{\sqrt{\dfrac{1+(k+1)x^2}{1+x^2}}} = \frac{x}{\sqrt{1+(k+1)x^2}}$$

即

$$f_n(x) = \frac{x}{\sqrt{1+nx^2}}$$

$$f'_n(x) = \left(\frac{x}{\sqrt{1+nx^2}}\right)' = \frac{\sqrt{1+nx^2} - \dfrac{2nx^2}{2\sqrt{1+nx^2}}}{1+nx^2} = \frac{1}{\sqrt{(1+nx^2)^3}}$$

3.4　隐函数求导及其他

3.4.1　基本要求

(1) 掌握隐函数的求导原理.

(2) 掌握参数式的函数求导.

(3) 掌握反函数的求导法则.

(4) 理解相关变化率.

3.4.2　知识考点概述

1.隐函数的导数

$F(x,y)=0$，在一定的条件下能确定一个函数 $y=f(x)$，且可求导数.可直接求导，即

对 $F(x,y)=0$ 两边同时求导,把 y 看成 x 的函数,利用复合函数求导方法,求出 y'.

2. 参数式函数的导数

如果 $x=\varphi(t)$, $y=\psi(t)$ 都是可导的,且 $\varphi'(t)\neq 0$,则由参数方程 $\begin{cases} x=\varphi(t) \\ y=\psi(t) \end{cases}$ 确定的函数 $y=f(x)$ 也可导,且 $\dfrac{\mathrm{d}y}{\mathrm{d}x}=\dfrac{\psi'(t)}{\varphi'(t)}$.

3. 反函数求导

如果函数 $x=f(y)$ 在区间 I_y 内单调、可导,且 $f'(y)\neq 0$,则它的反函数 $y=f^{-1}(x)$ 在区间 $I_x=\{x\,|\,x=f(y),y\in I_y\}$ 内也可导,且

$$\left[f^{-1}(x)\right]'=\frac{1}{f'(y)} \quad \text{或} \quad \frac{\mathrm{d}y}{\mathrm{d}x}=\frac{1}{\dfrac{\mathrm{d}x}{\mathrm{d}y}}$$

4. 相关变化率

设 $x=x(t)$, $y=y(t)$ 都是可导函数,而变量 x 与 y 之存在某种关系,从而变化率 $\dfrac{\mathrm{d}x}{\mathrm{d}t}$ 与 $\dfrac{\mathrm{d}y}{\mathrm{d}t}$ 之间也存在一定的关系,这两个相互依赖的变化率称为相关变化率.

3.4.3 典型题解

例1 试求由上半椭圆的参数方程 $\begin{cases} x=a\cos t \\ y=b\sin t \end{cases}$ $(0<t<\pi)$ 所确定的函数 $y=y(x)$ 的导数.

解 $\dfrac{\mathrm{d}y}{\mathrm{d}x}=\dfrac{\mathrm{d}y}{\mathrm{d}t}\cdot\dfrac{\mathrm{d}t}{\mathrm{d}x}=\dfrac{\dfrac{\mathrm{d}y}{\mathrm{d}t}}{\dfrac{\mathrm{d}x}{\mathrm{d}t}}=\dfrac{b\cos t}{-a\sin t}=\dfrac{b}{-a}\cot x$.

例2 $\begin{cases} x=\cos^4 t \\ y=\sin^4 t \end{cases}$ 在 $t=0$, $\dfrac{\pi}{2}$ 处的 $\dfrac{\mathrm{d}y}{\mathrm{d}x}$.

解 $\dfrac{\mathrm{d}y}{\mathrm{d}x}=\dfrac{\dfrac{\mathrm{d}y}{\mathrm{d}t}}{\dfrac{\mathrm{d}x}{\mathrm{d}t}}=\dfrac{4\sin^3 t\cos t}{-4\sin t\cos^3 t}=\dfrac{\sin^2 t}{\cos^2 t}=-\tan^2 t$.

$-\tan^2 t\,\big|_{t=0}=0$, $-\tan^2 t\,\big|_{t=\frac{\pi}{2}}=-\infty$.

例3 设 $\begin{cases} x=a(t-\sin t) \\ y=a(1-\cos t) \end{cases}$,求 $\dfrac{\mathrm{d}y}{\mathrm{d}x}\Big|_{t=\frac{\pi}{2}}$, $\dfrac{\mathrm{d}y}{\mathrm{d}x}\Big|_{t=\pi}$.

解 $\dfrac{\mathrm{d}y}{\mathrm{d}x}\Big|_{t=\frac{\pi}{2}}=\dfrac{\mathrm{d}y}{\mathrm{d}x}=\dfrac{\dfrac{\mathrm{d}y}{\mathrm{d}t}}{\dfrac{\mathrm{d}x}{\mathrm{d}t}}\Big|_{t=\frac{\pi}{2}}=\dfrac{a\sin t}{a(1-\cos t)}\Big|_{t=\frac{\pi}{2}}=1$. 同理可得 $\dfrac{\mathrm{d}y}{\mathrm{d}x}\Big|_{t=\pi}=0$.

例4 $xy=\mathrm{e}^{x+y}$,求 $\dfrac{\mathrm{d}y}{\mathrm{d}x}$.

解　$y + xy' = e^{x+y}(1+y')$，$y' = \dfrac{e^{x+y} - y}{x - e^{x+y}}$.

例 5　$y = x - xe^y$，求 $\dfrac{\mathrm{d}y}{\mathrm{d}x}$.

解　因为 $\dfrac{\mathrm{d}y}{\mathrm{d}x} = 1 - e^y - xe^y \dfrac{\mathrm{d}y}{\mathrm{d}x}$，所以 $\dfrac{\mathrm{d}y}{\mathrm{d}x} = \dfrac{1 - e^y}{1 + xe^y}$.

例 6　求 $y = x^x$ 的导数.

解　两边取对数 $\ln y = x \ln x$，两边同时求导数，有

$$\frac{1}{y} \cdot y' = \ln x + x \cdot \frac{1}{x}$$

则

$$y' = (1 + \ln x) x^x$$

例 7　求曲线 $\begin{cases} x = t \\ y = t + t^2 \end{cases}$，在 $t = 1$ 处所对应的切线和法线方程.

解　$\dfrac{\mathrm{d}y}{\mathrm{d}x} = \dfrac{\dfrac{\mathrm{d}y}{\mathrm{d}t}}{\dfrac{\mathrm{d}x}{\mathrm{d}t}} = 1 + 2t$，当 $t = 1$ 时，$\dfrac{\mathrm{d}y}{\mathrm{d}t}\Big|_{t=1} = 3$，而 $\begin{cases} x = 1 \\ y = 2 \end{cases}$，则切线方程为

$$3x - y - 1 = 0$$

法线方程为

$$x + 3y - 7 = 0$$

例 8　用对数求导法求函数 $y = \dfrac{(x+1)\sqrt{1-x}}{(x^2+2)^3}$ 的导数.

解　$\ln y = \ln(x+1)^2 + \ln(\sqrt{1-x}) - \ln(x^2+2)^3 =$

$$\ln(x+1) + \frac{1}{2}\ln(1-x) - 3\ln(x^2+2)$$

$$\frac{1}{y} \cdot y' = \frac{2}{x+1} - \frac{1}{2(1-x)} - \frac{6x}{x^2+2}$$

$$y' = \frac{(x+1)\sqrt{1-x}}{(x^2+2)^3}\left(\frac{2}{x+1} - \frac{1}{2(1-x)} - \frac{6x}{x^2+2}\right)$$

3.5　高阶导数

3.5.1　基本要求

(1) 理解高阶导数的符号.

(2) 掌握高阶导数的运算法则.

(3) 掌握初等函数的高阶导数公式.

3.5.2　知识考点概述

1. 高阶导数

(1) 高阶导数的定义.

$y = f(x)$ 的导数 $y' = f'(x)$ 仍然是 x 的函数,我们把 $y' = f'(x)$ 的导数称为函数 $y = f(x)$ 的二阶导数,记作 y'' 或 $\dfrac{\mathrm{d}^2 y}{\mathrm{d}x^2}$,即

$$y'' = (y')'　\text{或}　\frac{\mathrm{d}^2 y}{\mathrm{d}x^2} = \frac{\mathrm{d}}{\mathrm{d}x}\left(\frac{\mathrm{d}y}{\mathrm{d}x}\right)$$

类似的,把二阶导函数的导数,称为三阶导数 …… 二阶及二阶以上的导数统称为高阶导数.

(2) 高阶导数的符号.

$$y'', y''', y^{(4)}, \cdots, y^{(n)}　\text{或}　\frac{\mathrm{d}^2 y}{\mathrm{d}x^2}, \frac{\mathrm{d}^3 y}{\mathrm{d}x^3}, \frac{\mathrm{d}^4 y}{\mathrm{d}x^4}, \cdots, \frac{\mathrm{d}^n y}{\mathrm{d}x^n}$$

$\dfrac{\mathrm{d}}{\mathrm{d}x}(\Box)$,其中 $(\Box)'$ 是求导算子,其意义是:对括号内的表达式求导,即

$$\frac{\mathrm{d}^2 y}{\mathrm{d}x^2} = \frac{\mathrm{d}}{\mathrm{d}x}\left(\frac{\mathrm{d}y}{\mathrm{d}x}\right)$$

2. 高阶导数的运算法则

(1) $(u \pm v)^{(n)} = u^{(n)} \pm v^{(n)}$;

(2) $(cu)^{(n)} = cu^{(n)}$,c 为常数;

(3) $(uv)^{(n)} = \displaystyle\sum_{k=0}^{n} C_n^k u^{(n-k)} v^{(k)}$.

3. 初等函数的高阶导数公式

(1) $(e^x)^{(n)} = e^x$;

(2) $(e^{ax})^{(n)} = a^n e^{ax}$;

(3) $(a^x)^{(n)} = a^x (\ln a)^n$;

(4) $(\sin x)^{(n)} = \sin\left(x + \dfrac{n}{2}\pi\right)$;

(5) $(\cos x)^{(n)} = \cos\left(x + \dfrac{n}{2}\pi\right)$;

(6) $(x^\alpha)^{(n)} = \alpha(\alpha-1)\cdots(\alpha-n+1)x^{\alpha-n}$;

(7) $(\ln x)^{(n)} = \dfrac{(-1)^{n-1}(n-1)!}{x^n}$.

3.5.3　常用解题技巧

1. 参数方程的二阶导数

例 1　参数方程 $\begin{cases} x = \varphi(t) \\ y = \psi(t) \end{cases}$,求 $\dfrac{\mathrm{d}^2 y}{\mathrm{d}x^2}$.

解
$$\frac{dy}{dx} = \frac{y'_t}{x'_t} = \frac{\psi'(t)}{\varphi'(t)}$$

$$\frac{d^2 y}{dx^2} = \frac{d}{dx}\left[\frac{\psi'(t)}{\varphi'(t)}\right] = \frac{d}{dt}\left[\frac{\psi'(t)}{\varphi'(t)}\right]\frac{dt}{dx} =$$

$$\left(\frac{\psi''\varphi' - \psi'\varphi''}{(\varphi')^2}\right)\frac{1}{\frac{dx}{dt}} = \frac{\psi''\varphi' - \psi'\varphi''}{(\varphi')^2} \cdot \frac{1}{\varphi'} = \frac{\psi''\varphi' - \psi'\varphi''}{(\varphi')^3}$$

例 2　已知 $\begin{cases} x = f'(t) \\ y = tf'(t) - f(t) \end{cases}$，且 $f''(t) \neq 0$，求 $\dfrac{d^2 y}{dx^2}$.

解
$$\frac{dy}{dx} = \frac{tf''(t)}{f''(t)} = t$$

$$\frac{d^2 y}{dx^2} = \frac{d}{dx}(t) = \frac{d}{dt}(t) \cdot \frac{dt}{dx} = 1 \cdot \frac{1}{\frac{dx}{dt}} = \frac{1}{f''(t)}$$

2. 乘法的高阶导数

$$(uv)^{(n)} = \sum_{k=0}^{n} C_n^k u^{(n-k)} v^{(k)}$$

利用乘法公式求高阶导数时，在一般情况下，将高阶导数先为 0 的函数看成公式中的 v.

例 3　已知 $y = \arctan x$，求 $y^{(n)}(0)$.

解
$$y' = \frac{1}{1+x^2} \Rightarrow (1+x^2)y' = 1$$

利用乘法的高阶导数公式，有

$$(1+x^2)y^{(n+1)} + n \cdot 2xy^{(n)} + \frac{n(n-1)}{2!}2y^{(n-1)} = 0$$

令 $x = 0$，得

$$y^{(n+1)}(0) = -n(n-1)y^{(n-1)}(0) \quad (n = 1, 2, \cdots)$$

由 $y(0) = 0$，得

$$y''(0) = 0, y^{(4)}(0) = 0, y^{(6)}(0) = 0, \cdots, y^{(2m)}(0) = 0$$

由 $y'(0) = 1$，得

$$y'''(0) = -2 \cdot 1, y^{(5)}(0) = 4 \cdot 3 \cdot 2 \cdot 1, \cdots$$

$$y^{(2m+1)}(0) = (-1)^m (2m)!$$

即
$$y^{(n)}(0) = \begin{cases} 0 & n = 2m \\ (-1)^m (2m)! & n = 2m+1 \end{cases} \quad (m = 0, 1, 2, \cdots)$$

3. 隐函数的二阶导数

$F(x, y) = 0$，在一定条件下确定一个可导函数 $y = f(x)$.

方法一：对 $F(x, y) = 0$ 直接求导，求出 y'，再对 y' 求导，解出 y''.

方法二：对 $F(x, y) = 0$ 连续两次求导求出 y''.

3.5.4　典型题解

例 4　求 $y = e^x$ 的 n 阶导数.

解　$y'=\mathrm{e}^x$；$y''=\mathrm{e}^x$；$y'''=\mathrm{e}^x,\cdots,y^{(n)}=\mathrm{e}^x$.

例5　求幂函数 $y=x^n$ 的各阶导数.

解　$y'=nx^{n-1}$.

$y''=n(n-1)x^{n-2}$.

$y'''=n(n-1)(n-2)x^{n-3},\cdots,y^{(n-1)}=n(n-1)\cdot(n-2)\cdots\cdots 2\cdot x$.

$y^{(n)}=(y^{(n-1)})'=n(n-1)\cdot(n-2)\cdots\cdots 2\cdot 1=n!\ y^{(n+1)}=0$.

例6　求函数 $y=\mathrm{e}^{x^2}$ 的二阶导数.

解　$y'=\mathrm{e}^{x^2}\cdot 2x,y''=\mathrm{e}^{x^2}\cdot 2x\cdot 2x+\mathrm{e}^{x^2}\cdot 2=4x^2\mathrm{e}^{x^2}+2\mathrm{e}^{x^2}$.

例7　设 $y=\mathrm{e}^x\cos x$，求 y''.

$y'=\mathrm{e}^x\cos x+\mathrm{e}^x(-\sin x)=\mathrm{e}^x(\cos x-\sin x)$.

$y''=\mathrm{e}^x(\cos x-\sin x)+(-\sin x-\cos x)\mathrm{e}^x=-2\mathrm{e}^x\sin x$.

例8　求 $y=f(\ln x)$ 的二阶导数（这里的 f 为二阶可导函数）.

解　$y'=f'(\ln x)\cdot\dfrac{1}{x}$.

$$y''=f''(\ln x)\frac{1}{x}\cdot\frac{1}{x}+f'(\ln x)\cdot\frac{1}{-x^2}=\frac{1}{x^2}[f''(\ln x)-f'(\ln x)].$$

例9　设 $f(x)=(x-a)^n\varphi(x)$，其中 $\varphi(x)$ 在 a 点邻域有 $(n-1)$ 阶连续导数，求 $f^{(n)}(a)$.

分析　求 $f^{(n)}(a)$ 不能直接用乘法公式，因为 $\varphi(x)$ 仅有 $(n-1)$ 阶导数，故 $f^{(n-1)}(a)$ 用乘法公式，$f^{(n)}(a)$ 用定义.

解
$$f(x)=(x-a)^n\varphi(x)$$
$$f^{(n-1)}(x)=[(x-a)^n]^{(n-1)}\varphi(x)+c'_n[(x-a)^n]^{(n-2)}\varphi'(x)+\cdots+$$
$$c_n^{n-1}[(x-a)^n]'\varphi^{(n-2)}(x)+(x-a)^n\varphi^{(n-1)}(x)\Rightarrow$$
$$f^{(n-1)}(a)=0\quad(因每一项中都含(x-a))$$
$$f^{(n)}(a)=\lim_{x\to a}\frac{f^{(n-1)}(x)-f^{(n-1)}(a)}{x-a}=\lim_{x\to a}\frac{f^{(n-1)}(x)}{x-a}=n!\ \varphi(a)$$

例10　已知 $y=\dfrac{1-x}{1+x}$，求 $y^{(n)}(x)$.

解
$$y=\frac{1-x}{1+x}=-1+\frac{2}{1+x}$$
$$y^{(n)}=2\cdot(-1)^n\frac{n!}{(1+x)^{n+1}}$$

例11　已知 $y=\dfrac{x^3}{1-x}$，求 $y^{(n)}(x)$.

解
$$y=\frac{x^3}{1-x}=-x^2-x-1+\frac{1}{1-x}$$
$$y^{(n)}=\frac{n!}{(1-x)^{n+1}}\quad(n\geqslant 3)$$

例12　已知 $y=\dfrac{1}{x^2-3x+2}$，求 $y^{(n)}(x)$.

解
$$y = \frac{1}{x^2 - 3x + 2} = \frac{1}{(x-2)(x-1)} = \frac{1}{x-2} - \frac{1}{x-1}$$

$$y^{(n)} = (-1)^n \cdot n! \left[\frac{1}{(x-2)^{n+1}} - \frac{1}{(x-1)^{n+1}} \right]$$

例 13　已知 $y = \sin^6 x + \cos^6 x$，求 $y^{(n)}(x)$.

解
$$y = \sin^6 x + \cos^6 x = (\sin^2 x)^3 + (\cos^2 x)^3 =$$
$$(\sin^2 x + \cos^2 x)(\sin^4 x - \sin^2 x \cdot \cos^2 x + \cos^4 x) =$$
$$(\sin^2 x + \cos^2 x)^2 - 3\sin^2 x \cdot \cos^2 x =$$
$$1 - \frac{3}{4}\sin^2 2x \left(\sin^2 x = \frac{1 - \cos 2x}{2} \right) =$$
$$\frac{5}{8} + \frac{3}{8}\cos 4x$$

$$y^{(n)}(x) = \frac{3}{8} \cdot 4^n \cos\left(4x + n\frac{\pi}{2}\right)$$

例 14　设 $f(x) = (x^2 - 3x + 2)^n \cos\frac{\pi x^2}{16}$，求 $f^{(n)}(2)$.

解
$$f(x) = (x^2 - 3x + 2)^n \cos\frac{\pi x^2}{16} =$$
$$(x-2)^n (x-1)^n \cdot \cos\frac{\pi x^2}{16}$$

$$f^{(n)}(x) = n! \ (x-1)^n \cdot \cos\frac{\pi x^2}{16} + \cdots \text{(注 "$\cdots$" 中各项均含因子$(x-2)$)}$$

故
$$f^{(n)}(2) = n! \ \cdot \cos\frac{4\pi}{16} = \frac{\sqrt{2}}{2} \cdot n!$$

3.6　微　　分

3.6.1　基本要求

(1) 掌握微分的定义.

(2) 掌握可微的充要条件.

(3) 理解微分的几何意义.

(4) 掌握微分法则.

(5) 理解微分在近似计算中的应用.

3.6.2　知识考点概述

1. 微分的定义

设函数 $y = f(x)$ 在 x_0 的某邻域 $U(x_0, \delta)$ 内有定义，且 $x_0 + \Delta x \in U(x_0, \delta)$，如果函数增量 $\Delta y = f(x_0 + \Delta x) - f(x_0)$ 可以表示为 $\Delta y = A\Delta x + o(\Delta x)$，其中 A 是不依赖于 Δx 的常数，那么称函数 $y = f(x)$ 在点 x_0 处是可微的，而称 $A\Delta x$ 为函数 $y = f(x)$ 在点 x_0 处

相应于自变量增量 Δx 的微分,记作 $\mathrm{d}y$,即 $\mathrm{d}y = A\Delta x$.

2. 微分的几何意义

微分的几何意义如图 3.1 所示.

由图 3.1 可知

$$MQ = \Delta x, \quad QN = \Delta y$$

过点 M 作曲线 $y = f(x)$ 的切线 MT,与 NQ 交于点 P,$QP = f'(x_0)\Delta x = \mathrm{d}y$,所以用 $\mathrm{d}y$,即 QP 代替 Δy,即 QN.这就是微分的几何意义(在一点附近以线性部分代替非线性部分,这是工程上常用的解决非线性问题的思想).

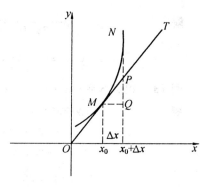

图 3.1

3. 函数可微的充要条件

函数 $y = f(x)$ 在 x 点可微的充分必要条件是:$y = f(x)$ 在 x 点可导,且 $\mathrm{d}y = f'(x)\mathrm{d}x$.

4. 微分法则

(1) 四则运算.

①$\mathrm{d}[cu(x)] = c\mathrm{d}u(x)$;　　　　　②$\mathrm{d}[u(x) \pm v(x)] = \mathrm{d}u(x) \pm \mathrm{d}v(x)$;

③$\mathrm{d}(uv) = v\mathrm{d}u + u\mathrm{d}v$;　　　　　④$\mathrm{d}\dfrac{u}{v} = \dfrac{v\mathrm{d}u - u\mathrm{d}v}{v^2}$.

(2) 复合函数 $y = f[g(x)]$ 的微分(一阶微分形式的不变性).

$$\mathrm{d}y = y'_x\mathrm{d}x = f'(u)g'(x)\mathrm{d}x, \quad g'(x)\mathrm{d}x = \mathrm{d}u$$

即有

$$\mathrm{d}y = f'(u)\mathrm{d}u, \quad \mathrm{d}y = y'_x\mathrm{d}x$$

5. 基本初等函数的微分公式

(1)$\mathrm{d}x^\mu = \mu x^{\mu-1}\mathrm{d}x$;　　　　　(2)$\mathrm{d}a^x = a^x\ln a\mathrm{d}x$;

(3)$\mathrm{d}e^x = e^x\mathrm{d}x$;　　　　　(4)$\mathrm{d}\log_a x = \dfrac{1}{x}\log_a e\mathrm{d}x = \dfrac{1}{x\ln a}\mathrm{d}x$;

(5)$\mathrm{d}\ln x = \dfrac{1}{x}\mathrm{d}x$;　　　　　(6)$\mathrm{d}\sin x = \cos x\mathrm{d}x$;

(7)$\mathrm{d}\cos x = -\sin x\mathrm{d}x$;　　　　　(8)$\mathrm{d}\tan x = \sec^2 x\mathrm{d}x$;

(9)$\mathrm{d}\cot x = -\csc^2 x\mathrm{d}x$;　　　　　(10)$\mathrm{d}\sec x = \sec x\tan x\mathrm{d}x$;

(11)$\mathrm{d}\csc x = -\csc x\cot \mathrm{d}x$;　　　　　(12)$\mathrm{d}\arcsin x = \dfrac{1}{\sqrt{1-x^2}}\mathrm{d}x$;

(13)$\mathrm{d}\arccos x = -\dfrac{1}{\sqrt{1-x^2}}\mathrm{d}x$;　　　　　(14)$\mathrm{d}\arctan x = \dfrac{1}{1+x^2}\mathrm{d}x$;

(15)$\mathrm{d}\text{arccot } x = -\dfrac{1}{1+x^2}\mathrm{d}x$.

6. 微分的应用

(1) 近似计算.

① 函数增量的近似值

$$\Delta y = f(x_0 + \Delta x) - f(x_0) = f(x'_0)\Delta x + o(\Delta x)$$

当 $|\Delta x|$ 很小时, 有

$$\Delta y \approx f'(x_0)\Delta x = \mathrm{d}y$$

② 函数值的近似值

$$\Delta y \approx f'(x_0)\Delta x = \mathrm{d}y$$

可得

$$f(x_0 + \Delta x) \approx f(x_0) + f'(x_0)\Delta x$$

(2) 误差估计.

$y = f(x)$ 的绝对误差的近似值为

$$|\Delta y| \approx |\mathrm{d}y| = |y'| \, |\Delta x| \leqslant |y'|\delta_x = \delta_y$$

其中, δ_x 为自变量的绝对误差限.

$y = f(x)$ 的相对误差限

$$\frac{\delta_y}{|y|} = \left| \frac{y'}{y} \right| \delta_x$$

其中, δ_x 为自变量的绝对误差限.

3.6.3　常用解题技巧

(1) 函数可微 $\Leftrightarrow$ 函数可导 $\Rightarrow$ 函数连续 $\Rightarrow$ 函数有极限 $\Rightarrow$ 函数的左、右极限存在.

(2) 利用一阶微分形式的不变性(即复合函数求导).

3.6.4　典型题解

例 1　求 $y = x^2 \mathrm{e}^{2x}$ 的微分.

解　$\mathrm{d}y = (2x\mathrm{e}^{2x} + 2x^2\mathrm{e}^{2x})\mathrm{d}x.$

例 2　求 $y = x^2 \ln x + \cos x^2$ 的微分.

解　$\mathrm{d}y = \mathrm{d}(x^2\ln x + \cos x^2) = \mathrm{d}(x^2\ln x) + \mathrm{d}(\cos x^2) =$

$$\left(2x\ln x + x^2 \cdot \frac{1}{x}\right)\mathrm{d}x + (-\sin x^2 \cdot 2x)\mathrm{d}x.$$

则

$$\mathrm{d}y = (2x\ln x + x - 2x\sin x^2)\mathrm{d}x$$

例 3　求 $y = \mathrm{e}^{\sin(ax+b)}$ 的微分.

解

$$\mathrm{d}y = \mathrm{d}[\mathrm{e}^{\sin(ax+b)}] = \mathrm{e}^{\sin(ax+b)} \cdot \cos(ax+b) \cdot a\mathrm{d}x$$

故

$$\mathrm{d}y = a\mathrm{e}^{\sin(ax+b)}\cos(ax+b)\mathrm{d}x$$

例 4　求 $y = x^2\cos 2x$ 的微分.

解　$\mathrm{d}y = \mathrm{d}(x^2\cos 2x) = (2x\cos 2x - x^2\sin 2x \cdot 2)\mathrm{d}x =$

$$2x(\cos 2x - x\sin 2x)\mathrm{d}x.$$

例 5　求 $y = x\ln x - x$ 的微分.

解　$\mathrm{d}y = \mathrm{d}(x\ln x - x) = \left(\ln x + x \cdot \frac{1}{x} - 1\right)\mathrm{d}x = \ln x\mathrm{d}x.$

例 6 利用微分求 $\sqrt[3]{1.02}$ 的近似值.

解 若 $f(x) = \sqrt[3]{x}$，$x_0 = 1$，$\Delta x = 0.02$，$f'(x) = \frac{1}{3}x^{-\frac{2}{3}}$，$f'(1) = \frac{1}{3}$，则

$$\sqrt[3]{1.02} \approx f(x_0) + f'(x_0)\Delta x = f(1) + \frac{1}{3} \times 0.02 = 1 + \frac{1}{3} \times 0.02 \approx 1.007$$

单元测试题 3.1

1. 填空题

(1) 若 $f(x) = \sqrt{x^2 + 4}$，则 $f'(1) = $ _____.

(2) 若 $f(x) = \sqrt{1 + \sqrt{x}}$，则 $f'(1) = $ _____.

(3) 若 $y = 2^{\sin x}$，则 $y' = $ _____.

(4) 若 $y = \arcsin x^2$，则 $y' = $ _____.

(5) 若 $y = \ln\sin x$，则 $y' = $ _____.

(6) 若 $f(x-1) = x^2 - 1$，则 $f'(x) = $ _____.

(7) 若 $y = e^{2x}\sin(x^2)$，则 $y' = $ _____.

(8) 若 $y = \arctan x^2$，则 $y' = $ _____.

(9) 若 $f(x+1) = x^2 + 2x$，则 $f'(x) = $ _____.

(10) 若 $f\left(x - \dfrac{1}{x}\right) = x^2 + \dfrac{1}{x^2}$，则 $f'(x) = $ _____.

(11) 若 $y = \ln(x + \sqrt{1 + x^2})$，则 $y' = $ _____.

(12) 若 $y = 3e^x\cos x$，则 $y' = $ _____.

(13) 若 $y = \sqrt{1 + \sin x}$，则 $y'(0) = $ _____.

(14) 若 $3x^2 + y^3 = 2$，则 $\dfrac{\mathrm{d}y}{\mathrm{d}x} = $ _____.

(15) 若 $xy = e^{x+y}$，则 $\dfrac{\mathrm{d}y}{\mathrm{d}x} = $ _____.

(16) 若 $x^2 - \sin y = 1$，则 $\dfrac{\mathrm{d}y}{\mathrm{d}x} = $ _____.

(17) 若 $y = \ln 2x$，则 $\mathrm{d}y = $ _____.

(18) 若 $y = \sin e^x$，则 $\mathrm{d}y = $ _____.

(19) 若 $y = x^2 e^{2x}$，则 $\mathrm{d}y = $ _____.

(20) 若 $y = \sin^2 3x$，则 $\mathrm{d}y = $ _____.

(21) 若 $y = 3e^x\tan x$，则 $\mathrm{d}y = $ _____.

(22) 若 $e^{xy} + y - \sin 1 = 0$，则 $\dfrac{\mathrm{d}y}{\mathrm{d}x} = $ _____.

(23) 若 $f(x) = x\ln x$，则 $f''(x) = $ _____.

(24) 若 $y = f\left(\dfrac{1}{x}\right)$，$f$ 为二阶可导函数，则 $y'' = $ _____.

(25) 若 $y = a^x$,其中 $a > 0, a \neq 1$,则 $y^{(n)} = $ _____.

(26) 已知函数 $f(x) = mx^{m-n}$ 的导数为 $f'(x) = 8x^3$,则 $m^n = $ _____.

(27) 设曲线 $y = x^4 + ax + b$ 在 $x = 1$ 处的切线方程式为 $y = x$,则 $a = $ _____,
$b = $ _____.

(28) 曲线 $x^2 + y^2 = 1$ 在 $\left(\dfrac{\sqrt{2}}{2}, \dfrac{\sqrt{2}}{2} \right)$ 处的切线方程为 _____.

(29) 若 $y = x^n$,其中 n 为大于 0 的整数,则 $y^{(n+1)} = $ _____.

(30) 若 $y = \sin x$,则 $y^{(n)} = $ _____.

2. 选择题

(1) 已知函数 $y = f(x)$ 在区间 (a,b) 内可导,且 $x_0 \in (a,b)$,则

$$\lim_{h \to 0} \frac{f(x_0 + h) - f(x_0 - h)}{h}$$

的值为（ ）.

    A. $f'(x_0)$ B. $2f'(x_0)$ C. $-2f'(x_0)$ D. 0

(2) 若 $y = f(x)$ 在点 (a,b) 处可导,$x_0 \in (a,b)$,则 $\lim\limits_{h \to 0} \dfrac{f(x_0 + 2h) - f(x_0 - h)}{h} = $
（ ）.

    A. $-f'(x_0)$ B. $3f'(x_0)$ C. $-3f'(x_0)$ D. $f'(x_0)$

(3) 若 $f(x)$ 的导数存在,设 $\lim\limits_{x \to 0} \dfrac{f(2 + 3x) - f(2)}{x} = 9$,则 $f'(2) = $（ ）.

    A. 8   B. 3   C. 2   D. 1

(4) 若 $f(0) = 0$ 且 $\lim\limits_{x \to 0} \dfrac{f(x)}{x} = 2$,则 $f'(0) = $（ ）.

    A. 0   B. 1   C. 2   D. 3

(5) 若 $f(x) = ax^3 + 3x^2 + 2, f'(-1) = 4$,则 a 的值为（ ）.

    A. $\dfrac{19}{3}$ B. $\dfrac{16}{3}$ C. $\dfrac{13}{3}$ D. $\dfrac{10}{3}$

(6) 若函数 $y = x2^x$ 且 $y' = 0$,则 $x = $（ ）.

    A. $-\dfrac{1}{\ln 2}$ B. $\dfrac{1}{\ln 2}$ C. $-\ln 2$ D. $\ln 2$

(7) 已知 $f(x) = \sqrt[3]{x}\sin(x + 1)$,则 $f'(1) = $（ ）.

    A. $\dfrac{1}{3} + \cos 2$ B. $\dfrac{1}{3}\sin 2 + 2\cos 2$

    C. $\dfrac{1}{3}\sin 2 + \cos 2$ D. $\sin 2 + \cos 2$

(8) 设 $y = \tan x$,则 $y' = $（ ）.

    A. $\sec^2 x$ B. $\sec x \tan x$ C. $\dfrac{1}{1 + x^2}$ D. $-\dfrac{1}{1 + x^2}$

(9) 若 $f(x) = x^3, g(x) = \ln x$,则 $f\left[\dfrac{\mathrm{d}g(x)}{\mathrm{d}x} \right] = $（ ）.

A. x^3 B. $\dfrac{1}{x^3}$ C. $\dfrac{1}{x^2}$ D. $\dfrac{1}{x}$

(10) 若 $y=5x^4$,则 $y^{(4)}(0)=$(   ).

A. 5!   B. 4!   C. 3!   D. 0

(11) 若 $f(x)=\begin{cases}x^2+1, & x\leqslant 1 \\ ax+b, & x>1\end{cases}$ 在 $x=1$ 处连续且可导,则 a,b 的值分别为(   ).

A. $a=0,b=0$ B. $a=0,b=1$ C. $a=2,b=0$ D. $a=1,b=1$

(12) 已知函数 $f(x)=\mathrm{e}^{2x}-2x$,则 $\lim\limits_{x\to 0}\dfrac{f'(x)}{\mathrm{e}^x-1}=$(   ).

A. 0   B. 1   C. 2   D. 4

(13) 设 $y=\mathrm{e}^{\arctan\sqrt{x}}$,则 $\mathrm{d}y=$(   ).

A. $\mathrm{e}^{\arctan\sqrt{x}}$ B. $\mathrm{e}^{\arctan\sqrt{x}}\,\mathrm{d}x$

C. $\mathrm{e}^{\arctan\sqrt{x}}\dfrac{1}{1+x}\cdot\dfrac{1}{2\sqrt{x}}$ D. $\mathrm{e}^{\arctan\sqrt{x}}\dfrac{1}{1+x}\cdot\dfrac{1}{2\sqrt{x}}\,\mathrm{d}x$

(14) 设 $y=\log_a\dfrac{x}{1-x}$,其中 $a>0,a\neq 1$,则 $y'=$(   ).

A. $\dfrac{1}{x(1-x)}$ B. $\dfrac{1}{x(1-x)}\ln a$

C. $-\dfrac{1}{x(1-x)}\log_a\mathrm{e}$ D. $\dfrac{1}{x(1-x)}\log_a\mathrm{e}$

(15) 若曲线 $y=x^3+x+1$,则过曲线上一点 $(0,1)$ 的切线方程为(   ).

A. $y=x+1$ B. $y=x-1$ C. $y=-x+1$ D. $y=-x-1$

(16) 曲线 $y=x^3+x-2$ 在点 P_0 处的切线平行于直线 $y=4x$,则点 P_0 的坐标是(   ).

A. $(0,1)$ B. $(1,0)$ C. $(-1,-4)$ 或 $(1,0)$ D. $(-1,-4)$

3. 解答题

(1) 设 $y=\arctan x$,试证它满足方程 $(1+x^2)y''+2xy'=0$.

(2) 试求 $y=\ln\dfrac{\sqrt{1+x}-\sqrt{1-x}}{\sqrt{1+x}+\sqrt{1-x}}$ 的导数.

(3) 设 $f(x)=\dfrac{x}{\cos x}$,求 $f'(0),f'(\pi)$.

(4) 试求由摆线参数方程 $\begin{cases}x=a(t-\sin t) \\ y=a(1-\cos t)\end{cases}$ 所确定的函数 $y=y(x)$ 的二阶导数.

(5) 曲线 $y=f(x)$ 由参数方程 $\begin{cases}x=2t+1 \\ y=t^3+t^2\end{cases}$ 所确定,求 $\dfrac{\mathrm{d}y}{\mathrm{d}x},\dfrac{\mathrm{d}^2y}{\mathrm{d}x^2}$.

(6) 曲线 $y=f(x)$ 由参数方程 $\begin{cases}x=2t^3 \\ y=3t^4\end{cases}$ 所确定,求 $\dfrac{\mathrm{d}y}{\mathrm{d}x},\dfrac{\mathrm{d}^2y}{\mathrm{d}x^2}$.

(7) 求参数方程 $\begin{cases}x=a\cos^3 t \\ y=a\sin^3 t\end{cases}$ 所确定的函数 $y=y(x)$ 的二阶导数.

单元测试题 3.2

解答题

(1) 求 $\cos 29°$ 的值.

(2) 求 $\arcsin(\sin x)$ 的导数.

(3) 若 $f(x) = \arctan\sqrt{x^2 - 1}$，求 $\lim\limits_{n \to 0} \dfrac{f(\sqrt{5}) - f(\sqrt{5} + 2h)}{h}$.

(4) 设函数 $f(x) = \begin{cases} x^m \sin\dfrac{1}{x}, & x \neq 0 \\ 0, & x = 0 \end{cases}$，其中 m 为整数.

试问：①m 为何值时，$f(x)$ 在 $x = 0$ 处连续.

②m 为何值时，$f(x)$ 在 $x = 0$ 处可导.

③m 为何值时，$f'(x)$ 在 $x = 0$ 处连续.

(5) 设 $f(x_0) = 0$，$f'(x_0) = 4$，试求极限 $\lim\limits_{\Delta \to 0} \dfrac{f(x_0 + \Delta x)}{\Delta x}$.

单元测试题 3.1 答案

1. 填空题

(1) $\dfrac{\sqrt{5}}{5}$　(2) $\dfrac{\sqrt{2}}{8}$　(3) $2^{\sin x} \ln 2 \cos x$　(4) $\dfrac{1}{\sqrt{1 - x^4}} 2x$　(5) $\cot x$　(6) $2x + 2$

(7) $2\mathrm{e}^{2x} \sin x^2 + 2x\mathrm{e}^{2x} \cos x^2$　(8) $\dfrac{1}{1 + x^4} 2x$　(9) $2x$　(10) $2x$　(11) $\dfrac{1}{\sqrt{1 + x^2}}$

(12) $3\mathrm{e}^x \cos x - 3\mathrm{e}^x \sin x$　(13) $\dfrac{1}{2}$　(14) $-\dfrac{2x}{y^2}$　(15) $\dfrac{y - \mathrm{e}^{x+y}}{\mathrm{e}^{x+y} - x}$　(16) $\dfrac{2x}{\cos y}$

(17) $\dfrac{1}{x} \mathrm{d}x$　(18) $\mathrm{e}^x \cos \mathrm{e}^x \mathrm{d}x$　(19) $(2x\mathrm{e}^{2x} + 2x^2 \mathrm{e}^{2x}) \mathrm{d}x$　(20) $3\sin 6x \mathrm{d}x$

(21) $3\mathrm{e}^x \tan x + 3\mathrm{e}^x \sec^2 x$　(22) $\dfrac{-\mathrm{e}^{xy}}{1 + x\mathrm{e}^{xy}}$　(23) $\dfrac{1}{x}$

(24) $\dfrac{1}{x^4} f''\left(\dfrac{1}{x}\right) + 2\dfrac{1}{x^3} f'\left(\dfrac{1}{x}\right)$　(25) $(\ln a)^n a^x$　(26) $\dfrac{1}{4}$　(27) $-3,3$

(28) $y = -x + \sqrt{2}$　(29) 0　(30) $\sin\left(x + n\dfrac{\pi}{2}\right)$

2. 选择题

(1) B　(2) B　(3) B　(4) C　(5) D　(6) A　(7) C　(8) A　(9) B　(10) A　(11) C
(12) D　(13) D　(14) B　(15) A　(16) C

3. 解答题

(1) $y = \arctan x$，$y' = \dfrac{1}{1 + x^2}$，$y'' = \dfrac{-2x}{(1 + x^2)^2}$，则

$$(1+x^2)y''+2xy'=(1+x^2)\frac{-2x}{(1+x^2)^2}+2x\frac{1}{1+x^2}=0$$

(2) $y=\ln(\sqrt{1+x}-\sqrt{1-x})-\ln(\sqrt{1+x}+\sqrt{1-x})$，则

$$y'=\frac{\dfrac{1}{2\sqrt{1+x}}+\dfrac{1}{2\sqrt{1-x}}}{\sqrt{1+x}-\sqrt{1-x}}-\frac{\dfrac{1}{2\sqrt{1+x}}-\dfrac{1}{2\sqrt{1-x}}}{\sqrt{1+x}+\sqrt{1-x}}=\frac{1}{x}\frac{1}{\sqrt{1-x^2}}$$

(3)
$$f(x)=\frac{x}{\cos x},\quad f'(x)=\frac{\cos x+x\sin x}{\cos^2 x}$$

$$f'(0)=\frac{\cos 0+0\sin 0}{\cos^2 0}=1$$

$$f'(\pi)=\frac{\cos \pi+\pi\sin \pi}{\cos^2 \pi}=\frac{-1}{-1^2}=-1$$

(4)
$$\frac{dy}{dx}=\frac{\dfrac{dy}{dt}}{\dfrac{dx}{dt}}=\frac{a\sin t}{a(1-\cos t)}=\cot\frac{t}{2}$$

$$\frac{d^2y}{dx^2}=\frac{d}{dx}\left(\cot\frac{t}{2}\right)=\frac{d\left(\cot\dfrac{t}{2}\right)}{dt}\frac{1}{\dfrac{dx}{dt}}=\frac{-\dfrac{1}{2}\csc^2\dfrac{t}{2}}{a(1-\cos t)}=-\frac{1}{4a}\csc^4\frac{t}{2}$$

(5)
$$\frac{dy}{dx}=\frac{\dfrac{dy}{dt}}{\dfrac{dx}{dt}}=\frac{3t^2+2t}{2}$$

$$\frac{d^2y}{dx^2}=\frac{d}{dx}\left(\frac{3t^2+2t}{2}\right)=\frac{d\left(\dfrac{3t^2+2t}{2}\right)}{dt}\frac{1}{\dfrac{dx}{dt}}=\frac{3t+1}{2}$$

(6)
$$\frac{dy}{dx}=\frac{\dfrac{dy}{dt}}{\dfrac{dx}{dt}}=\frac{12t^3}{6t^2}=2t$$

$$\frac{d^2y}{dx^2}=\frac{d}{dx}(2t)=\frac{d(2t)}{dt}\frac{1}{\dfrac{dx}{dt}}=\frac{2}{6t^2}=\frac{1}{3t^2}$$

(7)
$$\frac{dy}{dx}=\frac{\dfrac{dy}{dt}}{\dfrac{dx}{dt}}=\frac{3a\sin^2 t\cos t}{3a\cos^2 t(-\sin t)}=-\tan t$$

$$\frac{d^2y}{dx^2}=\frac{d}{dx}(-\tan t)=\frac{d(-\tan t)}{dt}\frac{1}{\dfrac{dx}{dt}}=\frac{-\sec^2 t}{3a\cos^2 t(-\sin t)}=\frac{-1}{3a\cos^4 t(-\sin t)}$$

单元测试题 3.2 答案

解答题

(1) 将 $\cos 29°$ 看成 $y = \cos x$，$x_0 = 30° = \dfrac{\pi}{6}$，$\Delta x = -1° = \dfrac{\pi}{180}$，$y' = -\sin x$

$$\cos 29° \approx \cos x_0 + y' \Delta x = \cos 30° - \sin 30° \Delta x = \frac{\sqrt{3}}{2} - \frac{1}{2} \cdot \frac{\pi}{180} \approx 0.857$$

(2)
$$y = \arctan(\sin x)$$

$$y' = \frac{1}{\sqrt{1 - \sin^2 x}} \cos x =$$

$$\frac{\cos x}{|\cos x|} = \begin{cases} 1, & x \in \left(-\dfrac{\pi}{2}, \dfrac{\pi}{2} \right) \\ -1, & x \in \left(+\dfrac{\pi}{2}, \dfrac{3\pi}{2} \right) \end{cases}$$

(3)　$\displaystyle\lim_{h \to 0} \frac{f(\sqrt{5}) - f(\sqrt{5} + 2h)}{h} = -\lim_{2h \to 0} \frac{f(\sqrt{5} + 2h) - f(\sqrt{5})}{2h} \cdot 2 = -2f'(\sqrt{5})$

则　　　　　　　　　　原式 $= -2f'(\sqrt{5}) = \dfrac{-1}{\sqrt{5}}$

(4)① $\displaystyle\lim_{x \to 0} f(x) = \lim_{x \to 0} x^m \sin \frac{1}{x}$，$f(0) = 0$．$f(x)$ 在 $x = 0$ 处连续，则 $\displaystyle\lim_{x \to 0} f(x) = 0$．即

$\displaystyle\lim_{x \to 0} x^m \sin \frac{1}{x} = 0$，所以 $m \geqslant 1$

② $\displaystyle\lim_{\Delta x \to 0} \frac{f(0 + \Delta x) - f(0)}{\Delta x} = \lim_{\Delta x \to 0} \frac{\Delta x^m \sin \dfrac{1}{\Delta x} - 0}{\Delta x}$，因为 $f(x)$ 在 $x = 0$ 处可导，故极限存

在，则 $m \geqslant 2$

③ 因为 $f'(x) = \begin{cases} mx^{m-1} \sin \dfrac{1}{x} + x^{m-2} \cos \dfrac{1}{x}, & x \neq 0 \\ 0, & x = 0 \end{cases}$，故 $\displaystyle\lim_{x \to 0} f'(x) = f'(0) = 0$，故 $m \geqslant 3$

(5)　$\displaystyle\lim_{\Delta x \to 0} \frac{f(x_0 + \Delta x)}{\Delta x} = \lim_{\Delta x \to 0} \frac{f(x_0 + \Delta x) - f(x_0) + f(x_0)}{\Delta x} = f'(x_0) = 4$

第 4 章

导数的应用

4.1 微分中值定理

4.1.1 基本要求

(1) 掌握费马定理.

(2) 掌握罗尔中值定理.

(3) 掌握拉格朗日中值定理.

(4) 掌握柯西中值定理.

4.1.2 知识考点概述

1. 费马定理

设 $f(x)$ 在点 x_0 处取得极值,若 $f(x)$ 在点 x_0 处可导,则 $f'(x_0)=0$.

几何意义如图 4.1 所示.

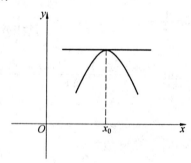

图 4.1

2. 罗尔中值定理

设函数 $y=f(x)$ 满足下列条件:

(1) 在闭区间 $[a,b]$ 上连续.

(2) 在开区间 (a,b) 内可导.

(3) $f(a)=f(b)$.

则至少有一点 $\xi \in (a,b)$，使 $f'(\xi)=0$.

几何意义如图 4.2 所示.

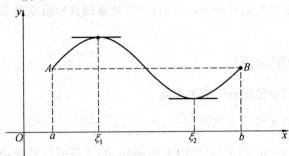

图 4.2

注：(1) 定理条件缺一不可；

(2) 不满足定理条件曲线仍可能有水平切线.

3.拉格朗日中值定理

设函数 $y=f(x)$ 满足下列条件：

(1) 在闭区间 $[a,b]$ 上连续.

(2) 在开区间 (a,b) 内可导.

则至少有一点 $\xi \in (a,b)$，使 $f'(\xi)=\dfrac{f(b)-f(a)}{b-a}$.

几何意义如图 4.3 所示.

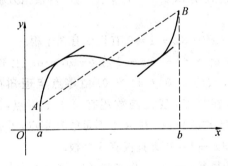

图 4.3

应用：(1) 如果函数 $y=f(x)$ 在区间 I 上的导数恒为零，那么 $f(x)$ 在区间 I 上是一个常数.

(2) 如果函数 $f(x)$ 和 $g(x)$ 在 (a,b) 内可导，且 $f'(x) \equiv g'(x)$，则 $f(x)$ 和 $g(x)$ 在 (a,b) 内相差一个常数 C，即 $f(x)=g(x)+C$.

4.柯西中值定理

如果函数 $f(x)$ 和 $g(x)$ 满足条件：

(1) 在闭区间 $[a,b]$ 上连续.

(2) 在开区间 (a,b) 内可导.

(3) 对任一 $x \in (a,b)$，$g'(x) \neq 0$.

那么在 (a,b) 内至少有一点 ξ，使等式

$$\frac{f(b)-f(a)}{g(b)-g(a)} = \frac{f'(\xi)}{g'(\xi)}$$

罗尔中值定理是拉格朗日中值定理的特例,拉格朗日中值定理是柯西中值定理的特例.

4.1.3 常用解题技巧

1.利用拉格朗日中值定理证明不等式

例1 如果 $0 < a < b$,证明 $\dfrac{b-a}{b} < \ln \dfrac{b}{a} < \dfrac{b-a}{a}$.

证明 设 $f(x) = \ln x$,显然 $f(x)$ 在区间 $[a, b]$ 上连续且可导,所以 $f(x)$ 满足拉格朗日中值定理的条件,有

$$f(b) - f(a) = f'(\xi)(b-a)$$

即
$$\ln b - \ln a = \frac{1}{\xi}(b-a) \quad (a < \xi < b)$$

故
$$\frac{b-a}{b} < \ln b - \ln a < \frac{b-a}{a}$$

即
$$\frac{b-a}{b} < \ln \frac{b}{a} < \frac{b-a}{a}$$

2.利用中值定理证明方程的零点

(1) 证明 $f(x) = 0$ 的零点的个数.

方法:先利用零点定理证明 $f(x) = 0$ 的零点个数,再根据方程的次数或罗尔定理或单调性反证.

例2 证明方程 $e^x - x^2 - 3x - 1 = 0$ 有且仅有 3 个根.

证明 函数 $f(x) = e^x - x^2 - 3x - 1$ 在 $(-\infty, +\infty)$ 上具有任意阶连续导数,且 $f(-3) < 0, f(-1) > 0, f(1) < 0, f(4) > 0$. 由零点定理知在 $(-3, -1)$, $(-1, 1)$, $(1, 4)$ 这 3 个区间上均存在零点,现设函数还有第 4 个零点,三次利用罗尔定理可知 $f'''(x)$ 至少有 1 个零点,但 $f'''(x) = e^x$ 在 **R** 上不可能有零点,矛盾.

所以方程 $e^x - x^2 - 3x - 1 = 0$ 有且仅有 3 个根.

(2) 证明 $f(x) = 0$ 的导数(一阶、二阶、三阶等) 零点的个数.

方法:一阶导数零点的个数,利用一次罗尔定理;

二阶导数零点的个数,利用二次罗尔定理;

三阶导数零点的个数,利用三次罗尔定理.

例3 设 $f(x) = (x-1)(x-2)(x-3)(x-4)$ 不用求导,证明方程 $f'''(x) = 0$ 只有一个实根.

证明 $f(x)$ 在 $[1, 2]$, $[2, 3]$, $[3, 4]$ 上均满足罗尔定理.

于是 $\xi_1 \in (1, 2)$,有 $f'(\xi_1) = 0$;$\xi_1 \in (2, 3)$,有 $f'(\xi_2) = 0$;$\xi_1 \in (3, 4)$,有 $f'(\xi_3) = 0$. $f'(x)$ 在区间 $[\xi_1, \xi_2]$,$[\xi_2, \xi_3]$ 上分别满足罗尔定理,于是 $f''(x_1) = 0, x_1 \in (\xi_1, \xi_2)$,$f''(x_2) = 0, x_2 \in (\xi_2, \xi_3)$.

而函数 $f''(x)$ 在 $[x_1, x_2]$ 上又满足罗尔定理,所以至少有一点 $\xi \in (1, 4)$,有 $f'''(\xi) =$

0，即 ξ 是 $f'''(x)=0$ 的一个实根.

又 $f(x)$ 是四次多项式，而 $f'''(x)$ 是一次函数，因此一次方程只有一个实根，所以方程 $f'''(x)=0$ 只有一个实根.

3.证明 $f(x)=0$ 或 $f(x)=c$

方法：证明 $f'(x)=0$，则 $f(x)=c$，进而可以确定常数为多少.

例 4　证明函数 $f(x)=\arcsin x + \arccos x = \dfrac{\pi}{2}$.

证明　由于 $x \in \mathbf{R}$，则

$$f'(x)=\frac{1}{\sqrt{1-x^2}}-\frac{1}{\sqrt{1-x^2}}=0$$

所以 $f(x)$ 为常数.

令 $x=1$，$\arcsin 1 + \arccos 1 = \dfrac{\pi}{2}+0=\dfrac{\pi}{2}$，所以

$$\arcsin x + \arccos x = \frac{\pi}{2}$$

4.证明原函数与导数之间的关系

证明步骤：

(1) 作辅助函数 $F(x)$.

(2) 验证 $F(x)$ 满足罗尔定理的条件，得出命题的证明.

构造辅助函数是证明的关键一步，下面介绍构造辅助函数的两种方法.

(1) 原函数法.

① 将要证的结论中的 ξ 换成 x.

② 通过恒等变形将结论化为易消除导数符号的形式.

③ 用观察法或积分法求出原函数（即不含导数的符号的式子），将常数取为零.

④ 移项，使等式一边为零，另一边即为所求辅助函数 $F(x)$.

例 5　设 $f(x)$，$g(x)$ 在 $[a,b]$ 上连续，在开区间 (a,b) 可导，且 $f(a)=f(b)=0$，证明存在一点 $\xi \in (a,b)$，使 $f'(\xi)+f(\xi)g'(\xi)=0$.

分析　$f'(x)+f(x)g'(x)=0 \Rightarrow \dfrac{f'(x)}{f(x)}=-g'(x) \Rightarrow$

$$\int \frac{f'(x)}{f(x)}\mathrm{d}x = \int -g'(x)\mathrm{d}x \Rightarrow$$

$$\ln f(x)=-g(x) \Rightarrow f(x)=\mathrm{e}^{-g(x)} \Rightarrow$$

$$f(x)\mathrm{e}^{g(x)}=1$$

证明　令　$F(x)=f(x)\mathrm{e}^{g(x)}$，　$F(a)=f(a)\mathrm{e}^{g(a)}=0$，　$F(b)=f(b)\mathrm{e}^{g(b)}=0$

$F(x)$ 在 $[a,b]$ 上连续，在开区间 (a,b) 可导，由罗尔定理至少存在一点 $\xi \in (a,b)$，使得 $F'(\xi)=0$，即

$$F'(\xi)=f'(\xi)\mathrm{e}^{g(\xi)}+f(\xi)\mathrm{e}^{g(\xi)}g'(\xi)=0 \Rightarrow f'(\xi)+f(\xi)g'(\xi)=0$$

(2) 常数值 K 法.

步骤：

① 令常数部分为 K.

② 恒等变形,使等式一端是 a 及 $f(a)$ 构成的代数式,另一端是 b 及 $f(b)$ 构成的代数式.

③ 分析关于端点的表达式是否为对称式或轮换对称式,若是,只要把端点 a 改成 x,相应的函数值 $f(a)$ 改成 $f(x)$,那么换变量后的端点表达式就是所求的辅助函数 $F(x)$.

例 6 设 $f(x)$ 在 $[a,b]$ 上连续,在 (a,b) 内可导,证明:存在一点 $\xi \in (a,b)$,使

$$\frac{bf(b)-af(a)}{b-a}=f(\xi)+\xi f'(\xi)$$

分析 令 $\dfrac{bf(b)-af(a)}{b-a}=K$,可有

$$bf(b)-af(a)=K(b-a) \Rightarrow bf(b)-Kb=af(a)-Ka$$

于是可令 $F(x)=xf(x)-Kx$.

证明 令 $\dfrac{bf(b)-af(a)}{b-a}=K$,$F(x)=xf(x)-Kx$,于是 $F(a)=af(a)-Ka$,

$F(b)=bf(b)-Kb=\dfrac{ab}{b-a}[f(a)-f(b)]$,$F(x)$ 在 $[a,b]$ 上连续,在 (a,b) 内可导,由罗尔定理至少存在一点 $\xi \in (a,b)$,使得 $F'(\xi)=0$,即

$$f(\xi)+\xi f'(\xi)-K=0$$

故

$$f(\xi)+\xi f'(\xi)=K=\frac{bf(b)-af(a)}{b-a}$$

5. 利用特征方程的特征根证明等式(导数的线性齐次方程)

(1) 特征根的个数为 1 个.

构造函数:$F(x)=f(x) \cdot \mathrm{e}^{-\lambda x}$($\lambda$ 为特征根).

例 7 $f(x)$ 在 $[0,1]$ 上连续,$(0,1)$ 内可导,且 $f(0)=f(1)=0$.证明:至少存在一个 $\xi \in (0,1)$ 使 $f'(\xi)+f(\xi)=0$ 成立.

分析 特征方程为 $\lambda+1=0 \Rightarrow \lambda=-1$.

构造函数:$F(x)=f(x) \cdot \mathrm{e}^x$.

证明 令 $F(x)=f(x) \cdot \mathrm{e}^x$ 在 $[0,1]$ 上连续,在 $(0,1)$ 内可导.

$$F(1)=f(1)\mathrm{e}=0=F(0)=f(0) \cdot 1$$

由罗尔定理,至少存在一个 $\xi \in (0,1)$ 使 $F'(\xi)=0$. 即

$$f'(\xi)\mathrm{e}^\xi+f(\xi) \cdot \mathrm{e}^\xi=0 \Rightarrow f'(\xi)+f(\xi)=0$$

(2) 特征根的个数为 2 个.

构造函数

$$F(x)=f(x) \cdot \mathrm{e}^{-\lambda_1 x}$$
$$G(x)=(f'(x)-\lambda_1 f(x))\mathrm{e}^{-\lambda_2 x}$$

例 8 $f(x)$ 在 $[0,1]$ 上连续,在 $(0,1)$ 内可导,且 $f(0)=f\left(\dfrac{1}{2}\right)=f(1)=0$.证明:至少存在一个 $\xi \in (0,1)$ 使 $f''(x\xi)+3f'(\xi)+2f(\xi)=0$.

分析 特征方程为

$$\lambda^2+3\lambda+2=0 \Rightarrow \begin{cases} \lambda_1=-2 \\ \lambda_2=-1 \end{cases}$$

构造函数
$$F(x) = f(x) \cdot e^{2x}$$
$$G(x) = [f'(x) + 2f(x)]e^x$$

证明　令 $F(x) = f(x) \cdot e^{2x}$ 在 $[0,1]$ 上连续,在 $(0,1)$ 内可导,则
$$F(0) = F\left(\frac{1}{2}\right) = F(1) = 0$$

由罗尔定理:至少存在一个 $\xi_1 \in \left(0, \frac{1}{2}\right)$,使 $F'(\xi_1) = 0$.

至少存在一个 $\xi_2 \in \left(\frac{1}{2}, 1\right)$,使 $F'(\xi_2) = 0$.

即
$$\left.\begin{array}{c} [f'(\xi_1) + 2f(\xi_1)]e^{2\xi_1} = 0 \\ [f'(\xi_2) + 2f(\xi_2)]e^{2\xi_2} = 0 \end{array}\right\} \Rightarrow \begin{cases} f'(\xi_1) + 2f(\xi_1) = 0 \\ f'(\xi_2) + 2f(\xi_2) = 0 \end{cases}$$

令 $G(x) = (f'(x) + 2f(x))e^x$ 在 $[\xi_1, \xi_2]$ 上连续,在 (ξ_1, ξ_2) 内可导.

由罗尔定理:至少存在 $\xi \in (\xi_1, \xi_2)^{\subset (0,1)}$,使 $G'(\xi) = 0$.

即
$$[f''(\xi) + 3f'(\xi) + 2f(\xi)]e^\xi = 0 \Rightarrow f''(\xi) + 3f'(\xi) + 2f(\xi) = 0$$

6. 加法、减法原理

(1) 加法原理.

构造函数:$F(x) = x^k \cdot f(x)$.

例 9　$f(x)$ 在 $[a,b]$ 上连续,在 (a,b) 内可导,$f(a) = b$,$f(b) = a$. 证明:$\exists \xi \in (a,b)$,使 $f'(\xi) = -\dfrac{f(\xi)}{\xi}$.

分析　$f'(\xi) = -\dfrac{f(\xi)}{\xi} \Rightarrow \xi f'(-\xi) + f(\xi) = 0$(加法)

可以考虑构造函数 $F(x) = xf(x)$,$k = 1$.

证明　令 $F(x) = xf(x)$ 在 $[a,b]$ 上连续,(a,b) 内可导,且
$$F(a) = af(a) = ab = F(b) = bf(b)$$

由罗尔定理有 $\exists \xi \in (a,b)$,使 $F'(\xi) = 0$.

即 $\xi f'(\xi) + f(\xi) = 0$,得证.

例 10　设 $f(x)$ 在 $[0,1]$ 二阶可导,且 $f(1) = 0$,求证:$\exists \xi \in (0,1)$ 使 $\xi^2 f''(\xi) + 4\xi f'(\xi) + 2f(\xi) = 0$

分析　结论为加法等式.可考虑 $F(x) = x^2 \cdot f(x)$($k = 2$).

证明　令 $F(x) = x^2 f(x)$ 在 $[0,1]$ 上连续,在 $(0,1)$ 内可导.且 $F(0) = 0$,$F(1) = f(1) = 0$,$F(0) = F(1)$,由罗尔定理 $\exists \xi_1 \in (0,1)$,使 $F'(\xi) = 0$.即
$$2\xi_1 f(\xi_1) + \xi_1^2 f(\xi_1) = 0$$

令 $G(x) = 2xf(x) + x^2 f(x)$ 在 $[0,1]$ 上连续,在 $(0,1)$ 内可导,且 $G(0) = 0$,$G(1) = 2f(1) + f(1) = 0$,$G(0) = G(1)$,由罗尔定理 $\exists \xi \in (0,1)$ 使 $G'(\xi) = 0$ 即 $\xi^2 f''(\xi) + 4\xi f'(\xi) + 2f(\xi) = 0$ 得证.

(2) 减法原理.

构造函数:$F(x) = \dfrac{f(x)}{x^k}$.

例 11 $f(x)$ 在 $[1,2]$ 上连续，在 $(1,2)$ 内可导，$f(1)=\frac{1}{2}$，$f(2)=2$. 证明：$\exists \in (1,2)$，使 $f'(\xi)=\frac{2f(\xi)}{\xi}$.

分析 $f'(\xi)=\frac{2f(\xi)}{\xi} \Rightarrow \xi f'(\xi)-2f(\xi)=0$（减法）

证明 考虑构造函数 $F(x)=\frac{f(x)}{x^2}(k=2)$.

令 $F(x)=\frac{f(x)}{x^2}$ 在 $[1,2]$ 上连续，在 $(1,2)$ 内可导，且

$$F(1)=\frac{f(1)'}{1}=\frac{1}{2} \quad F(2)=\frac{f(2)}{4}=\frac{1}{2} \Rightarrow F(1)=F(2)$$

由罗尔定理有 $\exists \xi(1,2)$，使 $F'(\xi)=0$.

即 $\frac{\xi^2 \cdot f'(\xi)-2\xi f(\xi)}{\xi^4}=0 \Rightarrow \xi f'(\xi)-2f(\xi)=0$ 得证.

4.1.4 典型题解

例 12 证明方程 $x^5+5x-1=0$ 在开区间 $(0,1)$ 内只有一个实根.

证明 （1）存在性.

设 $f(x)=x^5+5x-1$，则 $f(x)$ 在 $[0,1]$ 上连续且 $f(0)=-1<0$，$f(1)=5>0$. 由闭区间上连续函数的零点定理知，方程至少有一个实根介于 0，1 之间.

（2）唯一性（反证法）.

假设方程在 $(0,1)$ 内有两个不同的实根 x_1,x_2，即 $f(x_1)=f(x_2)=0$，由罗尔定理知必存在一点 $\xi \in (x_1,x_2)$，使得 $f'(\xi)=5\xi^4+5=0$，而这是不可能的，所以方程在 $(0,1)$ 内只有一个实根.

例 13 设函数 $f(x)$ 在 $[a,b]$ 上连续，在 (a,b) 内二阶可导，且 $f(a)=f(b)=f(c)$，$a<b<c$，试证：至少存在一点 ξ，使得 $f''(\xi)=0$.

证明 显然 $f(x)$ 在 $[a,c]$，$[c,b]$ 上满足罗尔定理条件，则对于 $f(x)$ 在 $[a,c]$ 上使用罗尔定理至少有 $\exists \xi_1 \in (a,c)$，使得 $f'(\xi_1)=0$，$f(x)$ 在 $[c,b]$ 上使用罗尔定理至少有 $\exists \xi_2 \in (c,b)$，使得 $f'(\xi_2)=0$；同样，$f(x)$ 在 $[\xi_1,\xi_2]$ 上满足罗尔定理的条件，所以至少存在一点 $\xi \in (\xi_1,\xi_2) \subset (a,b)$，使得 $f''(\xi)=0$.

注：这是罗尔定理反复应用的例题.

例 14 证明 当 $x>0$ 时，$\frac{x}{1+x}<\ln(1+x)<x$.

分析 $\ln(1+x)=\ln(1+x)-\ln(1+0)$ 相当于函数 $y=\ln(1+t)$ 在 $0,x$ 点处函数值的差，故用拉格朗日中值定理.

证明 设 $f(t)=\ln(1+t)$，显然，$f(t)$ 在 $[0,x]$ 上连续，在 $(0,x)$ 内可导，由中值定理至少存在一点 $\xi \in (0,x)$，使得 $f(x)-f(0)=f'(\xi)(x-0)$，即 $\ln(1+x)=\frac{x}{1+\xi}$，而由已知 $0<\xi<x$，所以 $\frac{x}{1+x}<\frac{x}{1+\xi}<x$ 得证.

例 15　设 $a > b > c, n > 1$,试证:$nb^{n-1}(a-b) < a^n - b^n < na^{n-1}(a-b)$.

分析　中间部分 $a^n - b^n$ 显然是函数 $f(x) = x^n$ 在 a, b 处函数值之差,故用"拉格朗日中值定理".

证明　设 $f(x) = x^n$,$f(x)$ 在 $[b, a]$ 上连续,在 (b, a) 内可导.应用拉格朗日中值定理,至少存在一点 $\xi \in (b, a)$,使得

$$f'(\xi) = \frac{f(a) - f(b)}{a - b} = \frac{a^n - b^n}{a - b}$$

即 $a^n - b^n = (a-b)n\xi^{n-1}$,而 $n > 1$,即 $n - 1 > 0$ 且 $a > b > 0$,故 $b^{n-1} < \xi^{n-1} < a^{n-1}$,即 $nb^{n-1}(a-b) < a^n - b^n < na^{n-1}(a-b)$ 得证.

例 16　设 $f(x)$ 在 $[a, b]$ 上连续,在 (a, b) 上可导.求证:$\exists \eta, \xi \in (a, b)$,使 $f'(\xi) = \frac{(a+b)f'(\eta)}{2\eta}$.

证明　令 $g(x) = x^2$(分母 2η 为 x^2 的导数在 η 点的值).

对 $f(x), g(x)$ 在 $[a, b]$ 上应用柯西中值定理,有

$$\frac{f(b) - f(a)}{g(b) - g(a)} = \frac{f'(\eta)}{g'(\eta)} \quad \eta \in (a, b)$$

即

$$\frac{f(b) - f(a)}{b^2 - a^2} = \frac{f'(\eta)}{2\eta} \Rightarrow \frac{f(b) - f(a)}{b - a} = \frac{(b+a)f'(\eta)}{2\eta}$$

再利用拉格朗日中值定理,$\exists \xi \in (a, b)$ 有

$$\frac{f(b) - f(a)}{b - a} = f'(\eta)$$

故 $\exists \eta, \xi \in (a, b)$,有

$$f'(\xi) = \frac{(a+b)f'(\eta)}{2\eta}$$

注:题中无端点函数的情况,不能考虑罗尔中值定理,而要考虑拉格朗日和柯西中值定理,因为等式中有两个参数.

例 17　设 $f(x)$ 在 $[0, 1]$ 上连续,在 $(0, 1)$ 内可导,且 $f(0) = 0$,$f(1) = 0$,$f\left(\frac{1}{2}\right) = 1$.

证明:(1) $\exists \in \left(\frac{1}{2}, 1\right)$,使 $f(\xi) = \xi$.

(2) $\exists \eta \in (0, 1)$,使 $f'(\eta) - \lambda(f(\eta) - \eta) = 1$

(1)**分析**　证 $f(\xi) = \xi$ 中不含导数,故考虑零点定理.

证明　令 $F(x) = f(x) - x$,在 $\left[\frac{1}{2}, 1\right]$ 上用零点定理,有

$$F\left(\frac{1}{2}\right) = f\left(\frac{1}{2}\right) - \frac{1}{2} = \frac{1}{2} > 0 \quad F(1) = f(1) - 1 = -1 < 0$$

故 $\exists \xi \in \left(\frac{1}{2}, 1\right)$,使 $F(\xi) = 0$,即 $f(\xi) = \xi$.

(2) $f'(\eta) - \lambda(f(\eta) - \eta) = 1 \Rightarrow f'(\eta) - 1 - \lambda[f(\eta) - \eta] = 0$

$$[f(\eta) - \eta]' - \lambda[f(\eta) - \eta] = 0$$

将 $f(\eta) - \eta$ 看成一个函数表达式,此题结构类型为一阶线性齐次方程,故可用特征根法.

考虑构造函数 $F(x) = [f(x) - x] \cdot e^{-\lambda x}$（$\lambda$ 为特征根）.

令 $F(x) = [f(x) - x] \cdot e^{-\lambda x}$，在 $[0, \xi]$ 上应用罗尔定理，有

$$F(0) = [f(0) - 0] = 0 \quad F(\xi) = [f(\xi) - \xi]e^{-\lambda \xi} = 0$$

由罗尔定理有 $\exists \eta \in (0, \xi) \subset (0, 1)$，有 $F'(\eta) = 0$，即

$$e^{-\lambda \eta}\{f'(n) - 1 - \lambda[f(\eta) - \eta]\} = 0 \Rightarrow f'(\eta) - \lambda[f(\eta) - \eta] = 1$$

例 18　函数 $f(x)$ 在 $[0, x]$ 的拉格朗日中值定理为

$$f(x) - f(0) = f'(\theta x)x \quad 0 < \theta < 1$$

对 $f(x) = \arctan x$，求 $\lim\limits_{x \to 0^+} \theta$.

解
$$f(x) = \arctan x, f'(x) = \frac{1}{1 + x^2}$$

$$f(x) - f(0) = f'(\theta x) \cdot x = \frac{1}{1 + (\theta x)^2} \cdot x = 1$$

得
$$\theta^2 = \frac{x - \arctan x}{x^2 \arctan x}$$

$$\lim_{x \to 0^+} \frac{x - \arctan x}{x^2 \arctan x} = \lim_{x \to 0^+} \frac{x - \arctan x}{x^3} =$$

$$\lim_{x \to 0^+} \frac{1 - \dfrac{1}{x^2}}{3x^2} = \lim_{x \to 0^+} \frac{1}{3(1 + x^2)} = \frac{1}{3}$$

所以
$$\lim_{x \to 0^+} 0 = \frac{\sqrt{3}}{3}$$

注：在求极限过程中，可用 $x \to 0, x - \arctan x \sim \frac{1}{3}x^3$.

例 19　设 $f(x)$ 在 $(0, +\infty)$ 上连续，在 $(0, +\infty)$ 内可微，且 $f'(x)$ 单调增加 $f(0) = 0$，证明：$g(x) = \dfrac{f(x)}{x}$ 在 $(0, +\infty)$ 内单调增加.

证明　由已知 $g(x) = \dfrac{f(x)}{x}$，得

$$g'(x) = \frac{xf'(x) - f(x)}{x^2} = \frac{1}{x}\left[f'(x) - \frac{f(x)}{x}\right]$$

因为 $f(0) = 0$，可得

$$\frac{f(x)}{x} = \frac{f(x) - f(0)}{x} = f'(\xi) \quad 0 < \xi < x$$

于是

$$g'(x) = \frac{1}{x}[f'(x) - f'(\xi)] > 0 \quad (f'(x) \text{ 单调增加})$$

故 $g(x)$ 在 $(0, +\infty)$ 单调增加.

4.2　洛必达法则

4.2.1　基本要求

(1) 掌握 $\dfrac{0}{0}$ 与 $\dfrac{\infty}{\infty}$ 型洛必达法则.

(2) 掌握其他不定式极限的转化方法.

4.2.2　知识考点概述

1. $\dfrac{0}{0}$ 型洛必达法则

设函数 $f(x)$，$g(x)$ 满足以下条件：

(1) $\lim\limits_{x \to x_0} f(x) = \lim\limits_{x \to x_0} g(x) = 0$（$x_0$ 也可是 ∞）；

(2) 在 x_0 的去心邻域 $\overset{0}{U}(x_0, \delta)$ 内 $f'(x)$ 及 $g'(x)$ 都存在且 $g'(x) \neq 0$；

(3) 若 $\lim\limits_{x \to x_0} \dfrac{f'(x)}{g'(x)}$ 存在（或为无穷大），那么

$$\lim_{x \to x_0} \frac{f(x)}{g(x)} = \lim_{x \to x_0} \frac{f'(x)}{g'(x)}$$

2. $\dfrac{\infty}{\infty}$ 型洛必达法则

设函数 $f(x)$，$g(x)$ 满足以下条件：

(1) $\lim\limits_{x \to x_0} f(x) = \infty$，$\lim\limits_{x \to x_0} g(x) = \infty$（$x_0$ 也可是 ∞）；

(2) $f'(x)$ 及 $g'(x)$ 都存在；

(3) 若 $\lim\limits_{x \to x_0} \dfrac{f'(x)}{g'(x)}$ 存在（或 ∞），那么

$$\lim_{x \to x_0} \frac{f(x)}{g(x)} = \lim_{x \to x_0} \frac{f'(x)}{g'(x)} \text{（或 } \infty\text{）}$$

3. 其他不定式极限

(1) $0 \cdot \infty = \begin{cases} \dfrac{0}{\dfrac{1}{\infty}} = \dfrac{0}{0} \\[3mm] \dfrac{\infty}{\dfrac{1}{0}} = \dfrac{\infty}{\infty} \end{cases}$（应用时，0 和 ∞ 哪个简单，将哪个放到分母去）.

(2) $\infty_1 - \infty_2 = \dfrac{1}{\dfrac{1}{\infty_1}} - \dfrac{1}{\dfrac{1}{\infty_2}} = \dfrac{\dfrac{1}{\infty_2} - \dfrac{1}{\infty_1}}{\dfrac{1}{\infty_1} \cdot \dfrac{1}{\infty_2}} = \dfrac{0}{0}$（应用时 $\infty_1 - \infty_2$ 已有分母，直接通分）.

(3) $1^{\infty} = e^{\ln 1^{\infty}} = e^{\infty \cdot \ln 1} = e^{\infty \cdot 0}$（变成 (1) 的情况）.

(4) $0^0 = e^{\ln 0^0} = e^{0\ln 0} = e^{0 \cdot \infty}$（变成(1)的情况).

(5) $\infty^0 = e^{\ln \infty^0} = e^{0 \cdot \ln \infty} = e^{0 \cdot \infty}$（变成(1)的情况).

4.2.3 常用解题技巧

应用洛必达法则之前可以先采用等价替换定理

例 1 求 $\lim\limits_{x\to 0} \dfrac{e^{x^2}-1}{\cos x - 1}$.

解 当 $x \to 0$ 时，$e^{x^2}-1 \sim x^2$，$\cos x - 1 \sim -\dfrac{1}{2}x^2$，则

$$\lim_{x\to 0} \frac{e^{x^2}-1}{\cos x - 1} = \lim_{x\to 0} \frac{x^2}{-\dfrac{1}{2}x^2} = -2$$

注：常见的等价替换：$x \to 0$.

(1) $x \sim \sin x \sim \tan x \sim \arcsin x \sim \arctan x \sim \ln(1+x) \sim e^x - 1$.

(2) $1 - \cos x \sim \dfrac{1}{2}x^2$.

(3) $a^x - 1 \sim x\ln a$.

(4) $(1+x)^a - 1 \sim \alpha x$.

(5) $(1+\beta x)^a - 1 \sim \alpha\beta x$.

4.2.4 典型题解

例 2 求 $\lim\limits_{x\to 0} \dfrac{e^{2x}-e^{-2x}}{\sin x}$.

解 原式 $\xlongequal{\frac{0}{0}} \lim\limits_{x\to 0} \dfrac{(e^{2x}-e^{-2x})'}{(\sin x)'} = \lim\limits_{x\to 0} \dfrac{2(e^{2x}+e^{-2x})}{\cos x} = 4$.

例 3 求 $\lim\limits_{x\to \frac{\pi}{2}} \dfrac{\ln\sin x}{(\pi - 2x)^2}$.

解 原式 $\xlongequal{\frac{0}{0}} \lim\limits_{x\to \frac{\pi}{2}} \dfrac{\dfrac{\cos x}{\sin x}}{-2(\pi - 2x)2} = \lim\limits_{x\to \frac{\pi}{2}} \dfrac{1}{-4\sin x} \cdot \dfrac{\cos x}{\pi - 2x} =$

$-\dfrac{1}{4} \lim\limits_{x\to \frac{\pi}{2}} \dfrac{\cos x}{\pi - 2x} = -\dfrac{1}{4} \lim\limits_{x\to \frac{\pi}{2}} \dfrac{-\sin x}{-2} = -\dfrac{1}{8}$.

例 4 求 $\lim\limits_{x\to +\infty} \dfrac{3\ln x}{\sqrt{x+3}+\sqrt{x}}$.

解 原式 $\xlongequal{\frac{\infty}{\infty}} \lim\limits_{x\to +\infty} \dfrac{\dfrac{3}{x}}{\dfrac{1}{2\sqrt{x+3}}+\dfrac{1}{2\sqrt{x}}} = \lim\limits_{x\to +\infty} \dfrac{\dfrac{3}{x}}{\dfrac{(\sqrt{x}+\sqrt{x+3})}{2\sqrt{x(x+3)}}} =$

$6 \lim\limits_{x\to +\infty} \dfrac{\sqrt{x(x+3)}}{x(\sqrt{x}+\sqrt{x+3})} \xlongequal{\text{上下同除以 } x} 6 \lim\limits_{x\to +\infty} \dfrac{\sqrt{1+\dfrac{3}{x}}}{\sqrt{x}+\sqrt{x+3}} = 0$.

例 5　求 $\lim\limits_{x\to 0}2x\cot 3x$.

解　原式 $\xrightarrow{0\cdot\infty}\lim\limits_{x\to 0}\dfrac{2x}{\tan 3x}\xrightarrow{\frac{0}{0}}2\lim\limits_{x\to 0}\dfrac{1}{\dfrac{3}{\cos^2(3x)}}=\dfrac{2}{3}\lim\limits_{x\to 0}\cos^2(3x)=\dfrac{2}{3}$.

例 6　求 $\lim\limits_{x\to 0}x^3\mathrm{e}^{\frac{1}{x^3}}$.

解　原式 $\xrightarrow{0\cdot\infty}\lim\limits_{x\to 0}\dfrac{\mathrm{e}^{\frac{1}{x^3}}}{\dfrac{1}{x^3}}=\lim\limits_{x\to 0}\dfrac{\mathrm{e}^{\frac{1}{x^3}}\left(\dfrac{1}{x^3}\right)'}{\left(\dfrac{1}{x^3}\right)'}=\lim\limits_{x\to 0}\mathrm{e}^{\frac{1}{x^3}}=\infty$.

例 7　求 $\lim\limits_{x\to 3}\left(\dfrac{6}{x^2-9}-\dfrac{1}{x-3}\right)$.

解　原式 $\xrightarrow{\infty-\infty}\lim\limits_{x\to 3}\dfrac{6-(x+3)}{x^2-9}=\lim\limits_{x\to 3}\dfrac{-(x-3)}{x^2-9}\xrightarrow{\frac{0}{0}}-\lim\limits_{x\to 3}\dfrac{1}{x+3}=-\dfrac{1}{6}$.

例 8　求 $\lim\limits_{x\to 1}\left(\dfrac{x}{x-1}-\dfrac{1}{\ln x}\right)$.

解　原式 $\xrightarrow{\infty-\infty}\lim\limits_{x\to 1}\dfrac{x\ln x-x+1}{(x-1)\ln x}\xrightarrow{\frac{0}{0}}\lim\limits_{x\to 1}\dfrac{\ln x+1-1}{\ln x+(x-1)\dfrac{1}{x}}=$

$$\lim\limits_{x\to 1}\dfrac{x\ln x}{x\ln x+(x-1)}\xrightarrow{\frac{0}{0}}\lim\limits_{x\to 1}\dfrac{\ln x+1}{\ln x+1+1}=\dfrac{1}{2}.$$

例 9　求 $\lim\limits_{x\to 0^+}x^x$.

分析　类似幂指函数的问题,无论是求其导数还是求极限问题,都可以化为 e 的指数函数形式与取对数两方面考虑.

解(方法一)　　　　　原式 $=\lim\limits_{x\to 0^+}\mathrm{e}^{\ln x^x}=\mathrm{e}^{\lim\limits_{x\to 0^+}x\ln x}$

其中 $\lim\limits_{x\to 0^+}x\ln x\xrightarrow{0\cdot\infty}\lim\limits_{x\to 0^+}\dfrac{\ln x}{\dfrac{1}{x}}\xrightarrow{\frac{\infty}{\infty}}\lim\limits_{x\to 0^+}\dfrac{\dfrac{1}{x}}{-\dfrac{1}{x^2}}=0$,所以原式 $=\mathrm{e}^0=1$.

(方法二)　先取对数.

设 $y=x^x$,取对数 $\ln y=x\ln x$,因为

$$\lim\limits_{x\to 0^+}\ln y=\lim\limits_{x\to 0^+}x\ln x\xrightarrow{0\cdot\infty}\lim\limits_{x\to 0^+}\dfrac{\ln x}{\dfrac{1}{x}}\xrightarrow{\frac{\infty}{\infty}}\lim\limits_{x\to 0^+}\dfrac{\dfrac{1}{x}}{-\dfrac{1}{x^2}}=0$$

所以　　　　　　　　$\lim\limits_{x\to 0^+}x^x=\lim\limits_{x\to 0^+}\mathrm{e}^{\ln y}=\mathrm{e}^{\lim\limits_{x\to 0^+}\ln y}=\mathrm{e}^0=1$

注:实际做题过程中选取以上任意一种方法即可,但请注意书写过程.

例 10　求 $\lim\limits_{x\to\infty}\left(1+\dfrac{a}{2x}\right)^x$.

解(第二类重要极限)　原式 $=\lim\limits_{x\to\infty}\left[\left(1+\dfrac{a}{2x}\right)^{\frac{2x}{a}}\right]^{\frac{a}{2}}=\mathrm{e}^{\frac{a}{2}}$

例 11 设 $f(x)$ 二阶可导,$\lim\limits_{x \to 0} \dfrac{f(x)}{x^2} = 2$,证明:$f'(0) = 0$.

证明
$$\lim\limits_{x \to 0} \frac{f(x)}{x^2} = 2 \Rightarrow \lim\limits_{x \to 0} f(0) = 0 = f(0)\,(连续)$$

$$\lim\limits_{x \to 0} \frac{f(x)}{x^2} = \lim\limits_{x \to 0} \frac{\dfrac{f(x) - f(0)}{x}}{x} = 2 \Rightarrow \lim\limits_{x \to 0} \frac{f(x) - f(0)}{x} = 0$$

即 $f'(0) = 0$(注:分母 $\to 0$,极限存在 $\Rightarrow$ 分子 $\to 0$).

此题不能用洛必达法则,即

$$\lim\limits_{x \to 0} \frac{f(x)}{x^2} = \lim\limits_{x \to 0} \frac{f'(x)}{2x} = 2 \Rightarrow f'(0) = 2\,(错)$$

洛必达法则是由 $\lim\limits_{x \to x_0} \dfrac{f'(x)}{g'(x)} = A \Rightarrow \lim\limits_{x \to x_0} \dfrac{f(x)}{g(x)} = A$

例 12 求 $\lim\limits_{x \to +\infty} \dfrac{\sin 3x + 2x}{\sin 2x - 3x}$.

解
$$\lim\limits_{x \to +\infty} \frac{\sin 3x + 2x}{\sin 2x - 3x} = \lim\limits_{x \to +\infty} \frac{\dfrac{\sin 3x}{x} + 2}{\dfrac{\sin 2x}{x} - 3} = -\frac{2}{3}$$

注:此题不能用洛必达法则,因为 $\lim\limits_{x \to +\infty} \dfrac{(\sin 3x + 2x)'}{(\sin 2x - 3x)'} = \lim\limits_{x \to +\infty} \dfrac{3\cos 3x + 2}{2\cos 2x - 3}$ 不存在.

例 13 求 $\lim\limits_{x \to 0} \dfrac{e^x - e^{-x} - 2x}{x - \sin x}$.

解 原式 $= \lim\limits_{x \to 0} \dfrac{e^x + e^{-x} - 2}{1 - \cos x}\underline{\quad\left(\frac{0}{0}\right)\quad}$

$$\lim\limits_{x \to 0} \frac{e^x - e^{-x}}{\sin x}\underline{\quad\left(\frac{0}{0}\right)\quad}$$

$$\lim\limits_{x \to 0} \frac{e^x + e^{-x}}{\cos x} = 2$$

4.3　函数的单调性及极值

4.3.1　基本要求

(1)理解极值与驻点的概念.

(2)掌握函数单调性的判别方法.

(3)掌握函数极值的判别方法.

(4)掌握函数最值的求法.

4.3.2　知识考点概述

1. 极值与驻点的定义

(1)极值的定义.

函数 $y=f(x)$ 在 $U(x_0)$ 内有定义,若对 $\forall x \in \overset{\circ}{U}(x_0)$,有 $f(x)<f(x_0)$,则称 $f(x_0)$ 为函数 $y=f(x)$ 的极大值;若对 $\forall x \in \overset{\circ}{U}(x_0)$,有 $f(x)>f(x_0)$,则称 $f(x_0)$ 为函数 $y=f(x)$ 的极小值.

(2) 驻点的定义.

函数 $y=f(x)$,若 $f'(x_0)=0$,称 x_0 为函数的驻点(或临界点、稳定点).

2. 函数单调性的判别方法

(1) 单调性的判别方法.

设函数 $y=f(x)$ 在 $[a,b]$ 上连续,在 (a,b) 内可导,如果 $\forall x \in (a,b)$,$f'(x)>0$,那么,函数 $y=f(x)$ 在 $[a,b]$ 上单调增加.

设函数 $y=f(x)$ 在 $[a,b]$ 上连续,在 (a,b) 内可导,如果 $\forall x \in (a,b)$,$f'(x)<0$,那么函数 $y=f(x)$ 在 $[a,b]$ 上是减函数.

(2) 函数单调区间的求法.

① 函数的定义域;

② $f'(x)=0$ 的点;

③ $f'(x)$ 不存在的点;

④ 函数的间断点.

将满足 ②、③、④ 的点排成一列,$x_1<x_2<\cdots<x_n$,判断:

① x_i 的左、右一阶导数变号,则 x_i 就是分界点;

② x_i 的左、右一阶导数不变号,则 x_i 就不是分界点.

3. 函数极值的判别方法

(1) 第一充分条件.

设函数 $f(x)$ 在 x_0 处连续,且在 x_0 处某去心邻域 $\overset{\circ}{U}(x_0,\delta)$ 内可导,则:

① 若 $x \in (x_0-\delta,x_0)$,$f'(x)>0$,而当 $x \in (x_0,x_0+\delta)$ 时,$f'(x)<0$,则 $f(x)$ 在 x_0 处取得极大值;

② 若 $x \in (x_0-\delta,x_0)$,$f'(x)<0$,而当 $x \in (x_0,x_0+\delta)$ 时,$f'(x)>0$,则 $f(x)$ 在 x_0 处取得极小值;

③ 若 $x \in \overset{\circ}{U}(x_0,\delta)$,$f'(x)$ 的符号不变,则 $f(x)$ 在 x_0 处没有取得极值.

(2) 第二充分条件.

设函数 $f(x)$ 在 x_0 处具有二阶导数,且 $f'(x_0)=0$,$f''(x_0)\neq 0$,那么:

① 当 $f''(x_0)<0$ 时,函数 $f(x)$ 在 x_0 处取得极大值;

② 当 $f''(x_0)>0$ 时,函数 $f(x)$ 在 x_0 处取得极小值.

(3) 极值点的求法.

方法一:求出 ① 函数的定义域;② $f'(x)=0$ 的点;③ $f'(x)$ 不存在的点;④ 函数的间断点.满足 ②、③、④ 的点 $x_1<x_2<\cdots<x_n$,将定义域分成 $n+1$ 个区间,然后利用极值的第一充分条件.

方法二:直接利用极值的第二充分条件.

4. 函数最值的求法

(1) 求出 $f'(x)=0$ 的点，$f'(x)$ 不存在的点，函数的间断点，$x_1,x_2,\cdots,x_n$；

(2) 计算 $f(x_1),f(x_2),\cdots,f(x_n)$ 及 $f(a),f(b)$；

(3) $\max\{f(a),f(x_1),\cdots,f(x_n),f(b)\}$ 就是 $[a,b]$ 上的最大值；

$\quad\ \min\{f(a),f(x_1),\cdots,f(x_n),f(b)\}$ 就是 $[a,b]$ 上的最小值.

4.3.3　常用解题技巧

1. 证明不等式

方法一：利用函数的单调性.

例 1　证明：当 $x>0$ 时，$x>\sin x$.

证明　令 $f(x)=x-\sin x$，则 $f'(x)=1-\cos x$，当 $x>0$ 时，$f'(x)\geqslant 0$，且 $f'(x)=0$ 的点 $x=2k\pi(k\in\mathbf{Z})$ 为离散点，所以 $f(x)=x-\sin x$ 在 $[0,+\infty)$ 上为增函数，即当 $x>0$ 时，$f(x)>f(0)=0$，于是有 $x>\sin x$.

方法二：利用函数的最值.

例 2　证明 $\mathrm{e}^x\geqslant 1+x$.

证明　考虑函数 $f(x)=\mathrm{e}^x-x-1$，有

$$f'(x)=\mathrm{e}^x-1$$

令 $f'(x)=0$，得驻点 $x=0$，有

$$f''(x)=\mathrm{e}^x,\quad f''(0)=1>0$$

所以 $f(x)$ 在 $x=0$ 取得极小值，因为是唯一的一个极值，所以也是最小值 $f(0)=0$. 故 $f(x)\geqslant f(0)=0$，即 $\mathrm{e}^x\geqslant 1+x$.

4.3.4　典型题解

例 3　当 $x>0$ 时，证明：$2x-2x^2+\dfrac{8}{3}x^3>\ln(1+2x)$.

证明　令 $f(x)=2x-2x^2+\dfrac{8}{3}x^3-\ln(1+2x)$，$f(0)=0$，只需证明 $f(x)>f(0)(x>0)$，因为

$$f'(x)=2-4x+8x^2-\frac{2}{1+2x}$$

故

$$f'(0)=0,\quad f''(x)=-4+16x+\frac{4}{(1+2x)^2},\quad f''(0)=0$$

而

$$f'''(x)=16-\frac{16}{(1+2x)^3}=16\left[1-\frac{1}{(1+2x)^3}\right]>0\quad(x>0)$$

所以当 $x>0$ 时，$f''(x)$ 单调上升，即 $f''(x)>f''(0)=0(x>0)$，从而当 $x>0$ 时，$f'(x)$ 也单调上升，$f'(x)>f'(0)=0$. 因此当 $x>0$ 时，$f(x)$ 也单调上升.

$$f(x)>f(0)=0$$

即
$$2x - 2x^2 + \frac{8}{3}x^3 > \ln(1 + 2x)$$

注:这是多次利用到单调性的证明.

例 4　试确定方程 $3x^4 - 4x^3 - 6x^2 + 12x - 20 = 0$ 有几个实根和这些根所在区间.

(1) 单调区间.

设 $f(x) = 3x^4 - 4x^3 - 6x^2 + 12x - 20$,显然 $f(x)$ 在 $(-\infty, +\infty)$ 内连续.
$$f'(x) = 12x^3 - 12x^2 - 12x + 12 = 12(x - 1)^2(x + 1)$$

当 $x < -1$ 时,$f'(x) < 0$,当 $x > -1$ 且 $x \neq 1$ 时,$f'(x) > 0$,故 $f(x)$ 在 $(-\infty, 1)$ 上单调递减,在 $[-1, 1) \bigcup (1, +\infty)$ 上单调递增.

(2) 实根情况.

$f(-1) = -31 < 0$,而 $\lim\limits_{x \to +\infty} f(x) = +\infty$,$\lim\limits_{x \to -\infty} f(x) = +\infty$.

$f(x)$ 在 $(-\infty, -1)$ 及 $(-1, +\infty)$ 分别有一个零点,即原方程有两个实根,分别在 $(-\infty, -1)$、$(-1, +\infty)$ 内.

例 5　求函数 $y = x^3 - 3x + 1$ 的单调区间及极值.

解　$x \in \mathbf{R}$,$y' = 3x^2 - 3 = 3(x^2 - 1) = 3(x + 1)(x - 1)$,令 $y' = 0$ 得 $x = \pm 1$. 由以上所求列表,见表 4.1.

表 4.1

x	$(-\infty, -1)$	-1	$(-1, 1)$	1	$(1, +\infty)$
y'	$+$	0	$-$	0	$+$
y	↗	极大值	↘	极小值	↗

单调增加区间:$(-\infty, -1]$,$[1, +\infty)$;

单调减少区间:$[-1, 1]$,极大值,$f(-1) = 3$;极小值 $f(1) = -1$.

例 6　已知 $f(x) = x + \frac{1}{x}$,求单调区间、极值.

解　$x \neq 0$,$f'(x) = 1 - \frac{1}{x^2}$,令 $f'(x) = 0$,得 $x = \pm 1$.

由以上所求列表,见表 4.2.

表 4.2

x	$(-\infty, -1)$	-1	$(-1, 0)$	0	$(0, 1)$	1	$(1, +\infty)$
y'	$+$	0	$-$		$-$	0	$+$
y	↗	极大值	↘	无定义	↘	极小值	↗

单调增加区间 $(-\infty, -1]$,$[1, +\infty)$,单调减少区间 $[-1, 0)$,$(0, 1]$;极大值 $f(-1) = -2$,极小值 $f(1) = 2$.

例 7　已知 $y = 2x^3 - 6x^2 - 18x + 5$,求其单调区间、极值.

解　$x \in \mathbf{R}$,$y' = 6x^2 - 12x - 18 = 6(x^2 - 2x - 3) = 6(x - 3)(x + 1)$,令 $y' = 0$ 得 $x = 3$,$x = -1$. 由以上所求列表,见表 4.3.

表 4.3

x	$(-\infty,-1)$	-1	$(-1,3)$	3	$(3,+\infty)$
y'	$+$	0	$-$	0	$+$
y	↑	极大值	↓	极小值	↑

单调增加区间 $(-\infty,-1],[3,+\infty)$;单调减少区间 $[-1,3]$;极大值 $f(-1)=15$,极小值 $f(3)=-49$.

例 8 求 $f(x)=x^2-4x+4\ln(x+1)$ 的极大值与极小值.

解 $f'(x)=2\left(x-2+\dfrac{2}{x+1}\right)=\dfrac{2x(x-1)}{x+1}$,$f''(x)=2[1-\dfrac{2}{(x+1)^2}]$,令 $f'(x)=0$,得驻点 $x=0,x=1$. 而 $f''(0)=-2<0$,故 $f(x)$ 在 $x=0$ 点取极大值:$f(0)=0$,$f''(1)=1>0$,$f(x)$ 在 $x=1$ 取极小值:$f(1)=-3+4\ln 2$.

注:这是用 $f''(x_0)>(<)0$ 来判断极值点的方法.

例 9 求 $f(x)=x^2+x$ 在 $[-1,1]$ 上的最值.

解 $f(x)$ 在 $[-1,1]$ 上连续,$f'(x)=2x+1$,令 $f'(x)=0$,得驻点 $x=-\dfrac{1}{2}$,而 $f\left(-\dfrac{1}{2}\right)=-\dfrac{1}{4}$,$f(-1)=0$,$f(1)=2$. 比较后得:$f(x)$ 在 $[-1,1]$ 上的最大值为 2,最小值为 $-\dfrac{1}{4}$.

例 10 现有 100 m 的绳子一条,问如何围成长方形,使其面积最大?

解 设此长方形长为 x,则宽为 $\dfrac{100-2x}{2}$,从而面积为

$$s(x)=x\,\frac{100-2x}{2}=x(50-x)\quad(0<x<50)$$

$$s'(x)=50-x-x=50-2x$$

令 $s'(x)=0$,$x=25$ 为唯一驻点,且当 $x<25$ 时,$s'(x)>0$. $s(x)$ 单调增加. 当 $x>25$ 时,$s'(x)<0$. $s(x)$ 单调减少. 故当 $x=25$ 时为 $s(x)$ 的最大值点,实际问题最值为存在且唯一驻点,故极值为最值. 最大值 $s(25)=625$. 即长、宽均为 25 时的正方形面积最大.

例 11 设 $f(x)$ 一阶可导,且 $\lim\limits_{x\to 0}f'(x)=1$,则 $f(0)$ ( ).

A.一定是 $f(x)$ 的极大值   B.一定是 $f(x)$ 的极小值

C.一定不是 $f(x)$ 的极值   D.不一定是 $f(x)$ 的极值

解 由导数极限定理有

$$\lim_{x\to 0}f'(x)=1=f'(0)$$

$$f'(0)=\lim_{x\to 0}\frac{f(x)-f(0)}{x-0}=1\quad(\text{导数定义})$$

$$f'_{-}(0)=\lim_{x\to 0^{-}}\frac{f(x)-f(0)}{x-0}=1\Rightarrow\exists\delta>0,\forall x\in(-\delta,0)\ \text{有}$$

$$\frac{f(x)-f(0)}{x-0}>0\quad f(x)-f(0)<0$$

即

$$f(x)<f(0)$$

$$f'_+(0) = \lim_{x \to 0^+} \frac{f(x) - f(0)}{x - 0} = 1 \Rightarrow \exists \delta > 0, \forall x \in (0, \delta)$$

有

$$\frac{f(x) - f(0)}{x - 0} > 0$$

即

$$f(x) - f(0) > 0$$

$$f(x) > f(0)$$

故 $f(0)$ 不是极值点,选 C.

例 12　函数 $f(x)$ 的连续不可导的点(　　).

A. 一定不是极值点　　　　　　　　　　　B. 一定是极值点

C. 一定不是拐点　　　　　　　　　　　　D. 一定不是驻点

解　$f(x) = |x|$ 在 0 点连续,且不可导,但 $x = 0$ 是函数的极小值点(图象),故 A 不正确.

$$f(x) = \begin{cases} x & 0 \leqslant x \leqslant 1 \\ 2x - 1 & 1 < x \end{cases}$$ 在 $x = 1$ 连续,且不可导,但 $x = 1$ 不是极值点(图象),

故 B 不正确.

$$f(x) = \begin{cases} x^2 \\ -x^2 + 2 \end{cases}$$ 在 $x = 1$ 连续且不可导,但 $x = 1$ 是拐点(图象),故 C 不正确.

驻点心须可导,故 D 正确.

4.4　曲线的凸凹性、拐点及函数作图

4.4.1　基本要求

(1)掌握函数凸凹性的定义及其判别方法.

(2)理解拐点的定义.

(3)掌握拐点的判别方法.

(4)掌握曲线的渐近线及其求法.

(5)理解函数作图.

4.4.2　知识考点概述

1. 曲线的凸凹性

(1)凸凹性的定义.

设 $f(x)$ 在区间 I 上连续,如果对区间 I 上任意两点 x_1, x_2,恒有

$$f\left(\frac{x_1 + x_2}{2}\right) < \frac{f(x_1) + f(x_2)}{2}$$

称 $f(x)$ 在 I 上的图形是(向下)凹的,如图 $\smile$.

设 $f(x)$ 在区间 I 上连续,如果对区间 I 上任意两点 x_1, x_2,恒有

$$f\left(\frac{x_1 + x_2}{2}\right) > \frac{f(x_1) + f(x_2)}{2}$$

称 $f(x)$ 在 I 上的图形是(向上)凸的,如图 ⌢ .

(2)凸凹性的判别方法.

设 $f(x)$ 在区间 I 上连续,在 I 内具有二阶导数,且在 I 内有 $f''(x) > 0$,则 $f(x)$ 在 I 上的图形是凹的.

设 $f(x)$ 在区间 I 上连续,在 I 内具有二阶导数,且在 I 内有 $f''(x) < 0$,则 $f(x)$ 在 I 上的图形是凸的.

2.曲线的拐点

(1)拐点的定义.

连续曲线 $y=f(x)$ 上的凸凹分界点 $(x_0, f(x_0))$ 称为曲线的拐点.

(2)拐点的判别方法.

$y=f(x)$ 在点 x_0 的一个邻域 $\overset{\circ}{U}(x_0, \delta)$ 内二阶可导,如果 $f''(x)=0$ 或 $f'(x_0)$ 不存在,或 $f''(x_0)$ 不存在,而 $(x_0-\delta, x_0)$ 与 $(x_0, x_0+\delta)$ 内的二阶导数变号时,则点 $(x_0, f(x_0))$ 就是 $y=f(x)$ 的拐点;当两侧二阶导不变号时,点 $(x_0, f(x_0))$ 就不是拐点.

设函数 $y=f(x)$ 在点 x_0 三阶可导,且 $f''(x_0)=0$ 而 $f'''(x_0) \neq 0$,那么点 $(x_0, f(x_0))$ 是曲线的拐点.

(3)求拐点的步骤.

①定义域;②$f'(x)$ 不存在点;③$f''(x)=0$ 的点;④$f''(x)$ 不存在的点.对满足②、③、④ 的点 x_i,看其两侧二阶导变的符号。如两侧二阶导符号相反,点 $(x_i, f(x_i))$ 就是拐点;如两侧符号相同时,点 $(x_i, f(x_i))$ 就不是拐点.

3.曲线的渐近线

(1)斜渐近线($x \to +\infty$):曲线 $y=f(x)$ 的定义域为 $(a, +\infty)$,若 $\lim\limits_{x \to +\infty}[f(x)-kx-b]=0$,称 $y=kx+b$ 是 $y=f(x)$ 在 $x \to +\infty$ 时的斜渐近线.

水平渐近线:当 $k=0$ 时,称 $y=b$ 是 $y=f(x)$ 在 $x \to +\infty$ 时的水平渐近线.

斜渐近线($x \to -\infty$):曲线 $y=f(x)$ 的定义域为 $(-\infty, a)$,若 $\lim\limits_{x \to -\infty}[f(x)-kx-b]=0$,称 $y=kx+b$ 是 $y=f(x)$ 在 $x \to -\infty$ 时的斜渐近线.

垂直渐近线:$y=f(x)$,当 $\lim\limits_{x \to x_0^-}f(x)=\infty$(或 $\lim\limits_{x \to x_0^+}f(x)=\infty$),称 $x=x_0$ 为 $y=f(x)$ 的垂直渐近线.

注:①斜渐近线最多有 2 条,最少 0 条.

②水平渐近线最多有 2 条,最少有 0 条.在同一方向上,水平渐近线不能与斜渐近线共存.

③垂直渐近线最多有无数条,如 $y=\tan x, x=k\pi+\dfrac{\pi}{2}(k \in \mathbf{Z})$ 都是垂直渐近线,最少有 0 条.

(2)渐近线的求法.

①水平渐近线.

若 $\lim\limits_{x \to +\infty}f(x)=a$,则 $y=a$ 就是 $x \to +\infty$ 时,$y=f(x)$ 的水平渐近线.

若 $\lim\limits_{x \to -\infty}f(x)=b$,则 $y=b$ 就是 $x \to -\infty$ 时,$y=f(x)$ 的水平渐近线.

②垂直渐近线的求法.

x_0 的选取应该是 $y=f(x)$ 的定义域的有限端点,或者是其分段点.

③ 斜渐近线的求法.

如果 $\lim\limits_{x \to +\infty} \dfrac{f(x)}{x}=k$,且 $\lim\limits_{x \to +\infty}[f(x)-kx]=b$,则 $y=kx+b$ 就是 $x \to +\infty$ 时的斜渐近线.

如果 $\lim\limits_{x \to -\infty} \dfrac{f(x)}{x}=c$,且 $\lim\limits_{x \to -\infty}[f(x)-cx]=d$,则 $y=cx+d$ 就是 $x \to -\infty$ 时的斜渐近线.

4. 函数作图

作函数图形的步骤是:

① 求 $y=f(x)$ 的定义域.

② 函数的奇偶性、周期性.

③ 函数的单调区间、极值.

④ 函数的凹凸区间、拐点.

⑤ 渐近线.

⑥ 一些特殊点[(极值点,极值),拐点,与坐标轴交点].

如果要作精确一些的图,可再多列一些点.

4.4.3　常用解题技巧

利用凸凹性的定义证明不等式.

例 1　证明不等式:
$$\frac{1}{2}(x^n+y^n) > \left(\frac{x+y}{2}\right)^n \qquad (x>0,y>0,x \neq y,n>1)$$

解
$$f(u)=u^n \quad (u>0,n>1)$$
$$f'(u)=nu^{n-1}, \quad f''(u)=n(n-1)u^{n-2}>0$$

所以 $f(u)=u^n$ 是凹的.所以当 $x>0,y>0,x \neq y$ 时,有
$$\frac{f(x)+f(y)}{2} > f\left(\frac{x+y}{2}\right)$$

即
$$\frac{1}{2}(x^n+y^n) > \left(\frac{x+y}{2}\right)^n$$

4.4.4　典型题解

例 2　求函数 $y=2x+3x^{\frac{2}{3}}$ 的凹凸区间及拐点.

解　$x \in \mathbf{R}, y'=2+2x^{-\frac{1}{3}}=2\left(1+\dfrac{1}{\sqrt[3]{x}}\right), y''=-\dfrac{2}{3}x^{-\frac{4}{3}}=-\dfrac{2}{3} \cdot \dfrac{1}{\sqrt[3]{x^4}}.$

当 $x=0$ 时,y'' 不存在,由以上所求列表,见表 4.4.

表 4.4

x	$(-\infty,0)$	0	$(0,+\infty)$
y''	$-$	无定义	$-$
y	$\cap$		$\cap$

此函数的凸区间：$(-\infty,0]$，$[0,+\infty)$，无拐点．

例 3　已知 $f(x)=2x^3-6x^2+3x+5$，求 $f(x)$ 的凹凸区间及拐点．

解　$x\in\mathbf{R}.\,f'(x)=6x^2-12x+3,f''(x)=12x-12=12(x-1).$ 令 $f''(x)=0$，得 $x=1$．由以上所求列表，见表 4.5．

表 4.5

x	$(-\infty,1)$	1	$(1,+\infty)$
y''	$-$	0	$+$
y	$\cap$	拐点	$\cup$

此函数的凹区间：$[1,+\infty),(-\infty,1]$．拐点为 $(1,4)$．

4.5　曲　　率

4.5.1　基本要求

(1) 理解曲率的定义．
(2) 掌握曲率的公式．

4.5.2　知识考点概述

1. 曲率的定义

光滑曲线 s 上的一段弧 $\overset{\frown}{p_0p_1}$，其长度为 $|\Delta s|$，p_0 处的切线与 p_1 处的切线的夹角为 $\Delta\alpha$．如果 $\lim\limits_{\Delta s\to0}\left|\dfrac{\Delta\alpha}{\Delta s}\right|$ 存在，那么这个极限值称为曲线 s 在 p_0 处的曲率，记作 $\overrightarrow{K}$，即

$$\overrightarrow{K}=\lim_{\Delta s\to0}\left|\frac{\Delta\alpha}{\Delta s}\right|$$

2. 弧微分

设曲线 $\begin{cases}x=\varphi(t)\\y=\psi(t)\end{cases},\alpha\leqslant t\leqslant\beta,\varphi(t)$ 与 $\psi(t)$ 都有连续的导数 $\varphi'(t),\psi'(t)$，且 $[\varphi'(t)]^2+[\psi'(t)]^2\neq0$，则

$$ds=\sqrt{[\varphi'(t)]^2+[\psi'(t)]^2}\,dt$$

如果 曲线 $y=f(x)$，可设 $\begin{cases}y=f(x)\\x=x\end{cases}$，则

$$ds=\sqrt{1+[f'(x)]^2}\,dx$$

如果曲线是极坐标方程 $\rho=\rho(\theta)$，则

$$ds=\sqrt{[\rho(\theta)]^2+[\rho'(\theta)]^2}\,d\theta$$

3. 曲率公式

曲线 $\begin{cases} x = \varphi(t) \\ y = \psi(t) \end{cases}$，则

$$K = \frac{|\varphi'(t)\psi''(t) - \varphi''(t)\psi'(t)|}{\{[\varphi'(t)]^2 + [\psi'(t)]^2\}^{\frac{3}{2}}}$$

曲线 $\begin{cases} y = f(x) \\ x = x \end{cases}$，则

$$K = \frac{|y''|}{(1 + y'^2)^{\frac{3}{2}}}$$

4. 曲率半径

称 $\dfrac{1}{K}$ 为曲线上 p_0 处的曲率半径，记作 R，即 $R = \dfrac{1}{K}$.

4.5.3　常用解题技巧

曲线一点附近的凸凹性与该点曲率圆的凸凹性相同.

单元测试题 4.1

1. 填空题

(1) 曲线 $y = x\mathrm{e}^{2x}$ 在区间 ＿＿＿＿＿＿ 是单调递增的.

(2) 曲线 $y = 8\ln x - x^2$ 在区间 ＿＿＿＿＿＿ 是单调递减的.

(3) 曲线 $y = x\mathrm{e}^{2x}$ 在区间 ＿＿＿＿＿＿ 是凸的.

(4) $\lim\limits_{x \to +\infty} (\ln x)^{\frac{1}{x}} = $ ＿＿＿＿＿＿.

(5) $\lim\limits_{x \to 0} \dfrac{\sqrt{1+x} + \sqrt{1-x} - 2}{x^2} = $ ＿＿＿＿＿＿.

(6) $\lim\limits_{x \to +\infty} x^2 \mathrm{e}^{-x} = $ ＿＿＿＿＿＿.

(7) 函数 $f(x)$ 在区间 (a,b) 内可导，则在 (a,b) 内 $f'(x) > 0$ 是函数 $f(x)$ 在 (a,b) 内单调增加的 ＿＿＿＿＿＿ 条件.

(8) $\lim\limits_{x \to 0} \dfrac{\mathrm{e}^{2x} - \mathrm{e}^{-2x}}{\sin x} = $ ＿＿＿＿＿＿.

(9) $f(x) = x^2 - 4x + 4\ln(1+x)$ 的极大值为 ＿＿＿＿＿＿.

(10) $y = x \cdot \mathrm{e}^{2x}$ 在区间 ＿＿＿＿＿＿ 是凸的.

2. 选择题

(1) 函数 $f(x)$ 在区间 (a,b) 内可导，则在 (a,b) 内 $f'(x) > 0$ 是函数 $f(x)$ 在 (a,b) 内单调增加的（　　）.

A. 充分必要条件 　　　　　　　　B. 充分但非必要条件

C. 必要但非充分条件 　　　　　　D. 无关条件

(2) 函数 $y = 6x + \dfrac{3}{x} - x^3$ 在 $x = 1$ 处有（　　）.

A. 极小值　　　　　　B. 极大值　　　　　　C. 拐点　　　　　　D. 既无极值，又无拐点

(3) $f'(x_0)=0$ 是函数在点 $x=x_0$ 处取得极值的(　　).

A. 必要条件　　　　B. 充分条件　　　　C. 充要条件　　　　D. 无关条件

(4) $y=f(x)$ 在点 $x=x_0$ 处取得极值，则必有(　　).

A. $f''(x_0)<0$　　　　　　　　　　　　B. $f''(x)>0$

C. $f''(x_0)=0$　　　　　　　　　　　　D. $f'(x_0)=0$ 或 $f'(x_0)$ 不存在

(5) $f'(x_0)=0, f''(x_0)=0$，则 $y=f(x)$ 在点 $x=x_0$ 处(　　).

A. 一定有最大值　　B. 一定有最小值　　C. 不一定有极值　　D. 一定没有极值

(6) 如图，$f_1(x), f_2(x), f_3(x), f_4(x)$ 是定义在 $[0,1]$ 上的四个函数 $\forall x_1, x_2 \in [0, 1], f\left(\frac{x_1+x_2}{2}\right) \leqslant \frac{1}{2}[f(x_1)+f(x_2)]$ 恒成立的只有(　　).

A　　　　　　　　B　　　　　　　　C　　　　　　　　D

A. $f_1(x), f_3(x)$　　B. $f_2(x)$　　C. $f_2(x), f_3(x)$　　D. $f_4(x)$

(7) $f''(x)$ 连续，且 $\lim\limits_{x\to 0}\dfrac{f''(x)}{x}=1$，那么(　　).

A. $x=0$ 是 $f(x)$ 的极小值点　　　　　　B. $x=0$ 是极大值点

C. $(0, f(0))$ 是 $f(x)$ 的拐点　　　　　　D. 不能确定

(8) 设 $f(x)$ 在 $x=0$ 的某邻域内连续，且 $f(0)=0$，$\lim\limits_{x\to 0}\dfrac{f(x)}{1-\cos x}=2$，则 $x=0$ 处 $f(x)$(　　).

A. 不可导　　　　　　　　　　　　　　B. 可导且 $f'(0)=0$

C. 取得极大值　　　　　　　　　　　　D. 取得极小值

(9) $\lim\limits_{x\to +\infty}\left(\dfrac{\pi}{2}-\arctan x\right)=($　　).

A. 1　　　　　　　B. -1　　　　　　C. 0　　　　　　D. 不存在

(10) $\lim\limits_{x\to 0}\dfrac{\ln \tan 7x}{\ln \tan 2x}=($　　).

A. $\dfrac{7}{2}$　　　　　　B. $\dfrac{2}{7}$　　　　　　C. 1　　　　　　D. 不存在

3. 计算题

(1) 求函数 $y=x^3-3x+1$ 的单调区间和极值.

(2) 求曲线 $y=x^2\ln x$ 的凹凸区间及拐点.

(3) 求函数 $f(x)=2\ln x-x^2$ 在 $(0, +\infty)$ 上的最值.

(4) 欲做一个容积为 $300\ \text{m}^3$ 的无盖圆柱形蓄水池，已知池底单位面积造价为周围单位面积造价的 2 倍，问蓄水池的尺寸应怎样设计才能使总造价最低.

(5) 设有一长 8 cm、宽 5 cm，矩形铁片，在每个角上剪去同样大小的正方形，问剪去正

方形的边长多长,才能使剩下的铁皮折起来做成开口盒子容积最大?

4. 证明题

(1) 当 $x > 0$ 时, $\ln(1+x) > \dfrac{\arctan x}{1+x}$ 成立.

(2) 当 $x > 0$ 时, $\dfrac{x}{1+x} < \ln(1+x) < x$ 成立.

(3) 证明:当 $x > 1$ 时, $x > 1 + \ln x$ 成立.

(4) 证明: $e^x \geqslant 1 + x$ 成立.

(5) 证明:当 $x > 1$ 时, $e^x > ex$ 成立.

单元测试题 4.2

1. 填空题

(1) 曲线 $y = x2^{-x}$ 的凸区间为 _____.

(2) 设 $g(x) = \begin{cases} \dfrac{f(x) + a\sin x}{x} & ,x \neq 0 \\ A & ,x = 0 \end{cases}$ 在 $x = 0$ 处连续,其中 $f(x)$ 是连续的可导函数,且 $f(0) = 0, f'(0) = b$,则 $A =$ _____.

(3) $\lim\limits_{x \to 0} \dfrac{1}{\sin x}\left(\dfrac{1}{x} - \dfrac{\cos x}{\sin x}\right) =$ _____.

(4) $f(x) = x^2 - 4x + 4\ln(1+x)$ 的极小值为 _____.

2. 选择题

(1) 设 $f(x)$ 在 $x = 0$ 的某邻域内连续,且 $f(0) = 0$,且 $\lim\limits_{x \to 0} \dfrac{f(x)}{1 - \cos x} = 2$,则 $f(x)$ 在 $x = 0$ 处(　　).

A. 不可导　　　　B. 可导且 $f'(0) \neq 0$　　　C. 有极大值　　　D. 有极小值

(2) 方程 $x^5 + 5x - 1 = 0$ 在开区间 $(0,1)$ 内有(　　).

A. 只有一个根　　　B. 有两个实根　　　　C. 至少有一个根　　　D. 有无数个根

3. 计算题

(1) $\lim\limits_{x \to \frac{\pi}{2}^-} (\tan x)^{2x - \pi}$.

(2) 在抛物线 $x^2 = 4y$ 上求一点,使它到定点 $(0,b)$ 的距离最短,并求最短距离.

(3) 求曲线 $y = \arctan x - x$ 的凹凸区间及拐点坐标.

(4) 设 $y = f(x)$ 在 $(-\infty, +\infty)$ 上可导,且 $f'(x) = e^{x^2}(x^2 - 1)(x + 2)$.试确定 $y = f(x)$ 的单调区间.

4. 证明题

证明:当 a 是正的常数,且 $0 < x < +\infty$ 时,不等式 $(x^2 - 2ax + 1)e^{-x} < 1$ 成立.

单元测试题 4.1 答案

1.填空题

(1)$[-\frac{1}{2},+\infty)$　(2)$[2,+\infty)$　(3)$(-\infty,-1]$　(4)1　(5)$-\frac{1}{4}$　(6)0　(7)充分非必要　(8)4　(9)0　(10)$(-\infty,-1]$

2.选择题

(1)B　(2)C　(3)　　(4)D　(5)C　(6)A　(7)C　(8)D　(9)A　(10)B

3.计算题

(1)$y'=3x^2-3=3(x-1)(x+1)$,驻点为 $x=1,x=-1$(表 4.6).

表 4.6

x	$(-\infty,-1)$	-1	$(-1,1)$	1	$(1,+\infty)$
y'	$+$		$-$		$+$
y	↗	极大值	↘	极小值	↗

单增区间为$(-\infty,-1),(1,+\infty)$;

单减区间为$[-1,1]$;

极大值为 $y(-1)=3$;

极小值为 $y(1)=-1$.

(2)$y=x^2\ln x,y'=2x\ln x+x,y''=2\ln x+3$.

令 $y''=2\ln x+3=0$,得 $x=\mathrm{e}^{-\frac{3}{2}}$(表 4.7).

表 4.7

x	$(0,\mathrm{e}^{-\frac{3}{2}})$	$\mathrm{e}^{-\frac{3}{2}}$	$(\mathrm{e}^{-\frac{3}{2}},+\infty)$
y''	$-$		$+$
y	凸区间	拐点	凹区间

凹区间:$[\mathrm{e}^{-\frac{3}{2}},+\infty)$;凸区间:$(0,\mathrm{e}^{-\frac{3}{2}}]$;拐点:$(\mathrm{e}^{-\frac{3}{2}},-\frac{3}{2}\mathrm{e}^{-3})$.

(3)$f(x)=2\ln x-x^2,x\in(0,+\infty),f'(x)=\frac{2}{x}-2x$,令 $f'(x)=\frac{2}{x}-2x=0$,得 $x=1,f''(x)=-\frac{2}{x^2}-2<0$,所以 $x=1$ 为 $f(x)=2\ln x-x^2$ 的极大值点,且为最大值,无最小值.

(4)设周围单位面积造价为 a,则池底单位面积造价为 $2a$,底面圆的半径为 r,则高为 $h=\frac{300}{\pi r^2}$,所以总造价为

$$C=\pi r^2\cdot 2a+2\pi ra\cdot\frac{300}{\pi r^2}=2a(\pi r^2+\frac{300}{r})$$

$$C'=4a(\pi r-\frac{150}{r^2})$$

令 $C' = 0$，得 $r = \sqrt[3]{\dfrac{150}{\pi}}$.

由实际意义可知，当底圆半径为 $\sqrt[3]{\dfrac{150}{\pi}}$ m，高为 $2\sqrt[3]{\dfrac{150}{\pi}}$ m 时，总造价最低

（5）设剪去正方形的边长为 x，则

$$V = (8-2x)(5-2x)x = 40x - 26x^2 + 4x^3 \quad \left(0 < x < \frac{5}{2}\right)$$

$$V' = 40 - 52x + 12x^2$$

令 $V' = 0$，解得 $x = \dfrac{10}{3}$（舍去）或 $x = 1$.

当剪去正方形的边长为 1 时，才能使剩下的铁皮折起来做成开口盒子容积最大

4. 证明题

（1）设 $f(x) = (1+x)\ln(1+x) - \arctan x, f(0) = 0$，则

$$f'(x) = 1 + \ln(1+x) - \frac{1}{1+x^2} = \ln(1+x) + \frac{x^2}{1+x^2} > 0$$

可见，$f(x) \uparrow$，当 $x > 0$ 时，$f(x) > f(0) = 0$，即

$$(1+x)\ln(1+x) - \arctan x > 0$$

也就是

$$\ln(1+x) > \frac{\arctan x}{1+x}$$

（2）令 $f(t) = \ln(1+t), f'(t) = \dfrac{1}{1+t}$，显然 $f(t)$ 在 $[0, x]$ 满足拉格朗日中值定理，存在点 $\xi \in (0, x)$，使得 $f(x) - f(0) = f'(\xi)x$，即

$$\ln(1+x) = \frac{x}{1+\xi}$$

由于 $\xi \in (0, x)$，从而

$$\frac{x}{1+x} < \frac{x}{1+\xi} < x$$

所以当 $x > 0$ 时，有

$$\frac{x}{1+x} < \ln(1+x) < x$$

（3）设 $f(x) = x - \ln x - 1$，当 $x > 1$ 时，$f'(x) = 1 - \dfrac{1}{x} > 0$，所以 $f(x)$ 单调递增，$f(1) = 0, f(x) > f(1) = 0$.

（4）设 $f(x) = e^x - 1 - x, f(0) = 0, f'(x) = e^x - 1$.

可见，当 $x > 0$ 时，$f(x) \uparrow$，$f(x) > f(0) = 0$，即 $e^x > 1 + x$.

当 $x < 0$ 时，$f(x) \downarrow$，$f(x) > f(0) = 0$，即 $e^x > 1 + x$.

所以 $x \in \mathbf{R}, e^x \geqslant 1 + x$

（5）设 $f(x) = e^x - ex. f(1) = 0$.

当 $x > 1$ 时, $f'(x) = \mathrm{e}^x - \mathrm{e} > 0$.

所以 $f(x)$ 为增函数,即 $f(x) > f(1) = 0$.

故当 $x > 1$ 时, $\mathrm{e}^x \geqslant \mathrm{e}x$.

单元测试题 4.2 答案

1.填空题

(1) $(-\infty, \dfrac{2}{\ln 2}]$ (2) $b + a$ (3) $\dfrac{1}{3}$ (4) $-3 + 4\ln 2$

2.选择题

(1) D (2) A

3.计算题

(1) 原式 $= \lim\limits_{x \to \frac{\pi}{2}^-} \mathrm{e}^{\ln(\tan x)^{2x-\pi}} = \mathrm{e}^{\lim\limits_{x \to \frac{\pi}{2}^-} (2x-\pi)\ln\tan x}$ (其中 $\lim\limits_{x \to \frac{\pi}{2}^-} (2x-\pi)\ln\tan x =$

$$\lim_{x \to \frac{\pi}{2}^-} \frac{\ln\tan x}{\dfrac{1}{2x-\pi}} = \lim_{x \to \frac{\pi}{2}^-} \frac{\dfrac{\sec^2 x}{\tan x}}{\dfrac{-2}{(2x-\pi)^2}} = \lim_{x \to \frac{\pi}{2}^-} \frac{-(2x-\pi)^2}{2\sin x \cos x} = \lim_{x \to \frac{\pi}{2}^-} \frac{-(2x-\pi)^2}{\sin 2x} =$$

$$\lim_{x \to \frac{\pi}{2}^-} \frac{-4(2x-\pi)}{2\cos 2x} = 0$$

故,原式 $= \mathrm{e}^0 = 1$.

(2) 设 (x, y) 是抛物线 $x^2 = 4y$ 上任一点,它到定点 $(0, b)$ 的距离为 $d = \sqrt{x^2 + (y-b)^2}$. 要使 d 最小,只要求 d^2 最小.

记 $F(y) = d^2 = x^2 + (y-b)^2 = 4y + (y-b)^2$, $F'(y) = 4 + 2(y-b)$.

令 $F'(y) = 0$,得驻点 $y = b - 2$,由于 $0 \leqslant y - \dfrac{x^2}{4} < +\infty$,当 $b \geqslant 2$ 时, $F(y)$ 在 $(0, +\infty)$ 内有唯一驻点 $y = b - 2$,实际问题最值必存在,且由实际问题的性质,极值点为最值点. 故最短距离为 $d = 2\sqrt{b-1}$,当 $0 < b < 2$ 时, $F'(y) > 0$, $F(y)$ 最小值应在 $y = 0$ 处取得,此时最短距离为 $d = b$.

(3) $y' = \dfrac{1}{1+x^2} - 1$, $y'' = \dfrac{-2x}{(1+x^2)}$. 令 $y'' = 0$,则 $x = 0$. 由以上所求列表,见表 4.8.

表 4.8

x	$(-\infty, 0)$	0	$(0, +\infty)$
y''	+	0	—
y	∪	拐点	∩

故函数的凹区间: $(-\infty, 0]$;凸区间: $[0, +\infty)$;拐点 $(0, 0)$.

(4) 令 $f(x) = 0$,得 $f(x)$ 有三个驻点, $x = -2, x = -1, x = 1$. 由以上所知列表,见表 4.9.

表 4.9

x	$(-\infty,-2)$	-2	$(-2,-1)$	-1	$(-1,1)$	1	$(1,+\infty)$
y'	$-$	0	$+$	0	$-$	0	$+$
y	$\downarrow$	极值	$\uparrow$	极值	$\downarrow$	极值	$\uparrow$

此函数为单调递增区间：$[-2,-1]$，$[1,+\infty)$；单调递减区间：$(-\infty,-2]$，$[-1,1]$.

4. 只须证明当 $0<x<+\infty$ 时，$x^2-2ax+1<e^x$ 即可.

令 $f(x)=e^x-(x^2-2ax+1)$，则 $f'(x)=e^x-2x+2a$，$f''(x)=e^x-2$.
$f'''(x)=e^x>0$，故 $f''(x)$ 在 $[0,+\infty)$ 单调增加，而 $f''(0)=-1<0$，$f''(\ln 2)=0$，当 $x>\ln 2$ 时，$f''(x)>0$，当 $0<x<\ln 2$ 时，$f''(x)<0$，$f'(x)$ 单调减少，而当 $x>\ln 2$ 时，$f'(x)$ 单调增加，当 $x=\ln 2$ 时，$f'(x)$ 有最小值，即 $f'(x)\geqslant f'(\ln 2)=2-2\ln 2+2a>0(0<x<+\infty,a>0)$，因此 $f(x)$ 在 $[0,+\infty)$ 上单调增加，当 $0<x<+\infty$ 时，$f(x)>f(0)=0$. 即 $x^2-2ax+1<e^x$，从而 $(x^2-2ax+1)e^x<1$.

第 **5** 章

不定积分

5.1　不定积分

5.1.1　基本要求

(1) 理解不定积分的定义.

(2) 掌握不定积分的性质.

(3) 掌握不定积分的基本公式.

5.1.2　知识考点概述

1. 不定积分的定义

(1) 原函数的定义.

如果在区间 H 上,可导函数 $F(x)$ 的导函数为 $f(x)$,称 $F(x)$ 为 $f(x)$ 在 H 上的一个原函数.

(2) 不定积分的定义.

在区间 H 上,函数 $f(x)$ 的全体原函数,称为 $f(x)$ 在区间 H 上的不定积分,记作 $\int f(x)\,\mathrm{d}x$. 其中,$\int$ 称为积分号,;$f(x)$ 称为被积函数;$f(x)\,\mathrm{d}x$ 称为被积表达式;x 称为积分变量.

若 $F(x)$ 是 $f(x)$ 的一个原函数,则

$$\int f(x)\,\mathrm{d}x = F(x) + C$$

(3) 积分曲线的定义.

函数 $f(x)$ 的原函数图形称为 $f(x)$ 的积分曲线.

2. 不定积分的性质

(1) $\left(\int f(x)\,\mathrm{d}x\right)' = f(x)$

(2) 设 $f(x)$ 及 $g(x)$ 的原函数都存在,则

$$\int [f(x) \pm g(x)]\,\mathrm{d}x = \int f(x)\,\mathrm{d}x \pm \int g(x)\,\mathrm{d}x$$

(3) 若 $f(x)$ 的原函数存在，k 非零常数，则

$$\int kf(x)\,dx = k\int f(x)\,dx$$

(4) $\int F'(x)\,dx = \int d[F(x)] = F(x) + C.$

3. 不定积分的基本公式

(1) $\int k\,dx = kx + C$；

(2) $\int x^{\mu}\,dx = \dfrac{x^{\mu+1}}{\mu+1} + C(\mu \neq -1)$；

(3) $\int \dfrac{1}{x}\,dx = \ln|x| + C$；

(4) $\int a^{x}\,dx = \dfrac{a^{x}}{\ln a} + C$；

(5) $\int e^{x}\,dx = e^{x} + C$；

(6) $\int \sin x\,dx = -\cos x + C$；

(7) $\int \cos x\,dx = \sin x + C$；

(8) $\int \tan x\,dx = -\ln|\cos x| + C$；

(9) $\int \cot x\,dx = \ln|\sin x| + C$；

(10) $\int \sec x\,dx = \ln|\sec x + \tan x| + C$；

(11) $\int \csc x\,dx = \ln|\csc x - \cot x| + C$；

(12) $\int \sec^{2}x\,dx = \tan x + C$；

(13) $\int \csc^{2}x\,dx = -\cot x + C$；

(14) $\int \sec x\tan x\,dx = \sec x + C$；

(15) $\int \csc x\cot x\,dx = -\csc x + C$；

(16) $\int \dfrac{1}{1+x^{2}}\,dx = \arctan x + C$；

(17) $\int \dfrac{1}{a^{2}+x^{2}}\,dx = \dfrac{1}{a}\arctan\dfrac{x}{a} + C$；

(18) $\int \dfrac{1}{a^{2}-x^{2}}\,dx = \dfrac{1}{2a}\ln\left|\dfrac{a+x}{a-x}\right| + C$；

(19) $\int \dfrac{1}{\sqrt{1-x^{2}}}\,dx = \arcsin x + C$；

(20) $\displaystyle\int \frac{1}{\sqrt{a^2-x^2}}dx = \arcsin\frac{x}{a} + C;$

(21) $\displaystyle\int \frac{1}{\sqrt{x^2-a^2}}dx = \ln\left|x + \sqrt{x^2-a^2}\right| + C;$

(22) $\displaystyle\int \frac{1}{\sqrt{x^2+a^2}}dx = \ln(x + \sqrt{x^2+a^2}) + C.$

5.1.3 常用解题技巧

1. 利用积分与导数之间的关系

利用性质 $\left(\displaystyle\int f(x)\,dx\right)' = f(x)$,求函数的表达式.

例 1 $\displaystyle\int f(x)\,dx = \frac{1}{3}\ln\cos 3x$,求 $f(x)$ 的表达式.

解 对 $\displaystyle\int f(x)\,dx = \frac{1}{3}\ln\cos 3x$ 两边求导,有 $f(x) = \left(\frac{1}{3}\ln\cos 3x\right)'$,所以 $f(x) = -\tan 3x$.

5.1.4 典型题解

例 2 求 $\displaystyle\int x\sqrt{x}\,dx$.

解 $\displaystyle\int x\sqrt{x}\,dx = \int x^{\frac{3}{2}}dx = \frac{1}{\frac{3}{2}+1}x^{\frac{3}{2}+1} + C = \frac{2}{5}x^{\frac{5}{2}} + C.$

例 3 求 $\displaystyle\int(e^x + \sin x)dx$.

解 $\displaystyle\int(e^x + \sin x)dx = \int e^x dx + \int \sin x\,dx = e^x - \cos x + C.$

例 4 求 $\displaystyle\int \tan^2 x\,dx$.

解 $\displaystyle\int \tan^2 x\,dx = \int(\sec^2 x - 1)dx = \int \sec^2 x\,dx - \int dx = \tan x - x + C.$

例 5 求 $\displaystyle\int \frac{x^2}{1+x^2}dx$.

解 $\displaystyle\int \frac{x^2}{1+x^2}dx = \int\left(1 - \frac{1}{1+x^2}\right)dx = \int dx - \int \frac{1}{1+x^2}dx = x - \arctan x + C.$

注:上述例题是利用不定积分性质 1 结合不定积分的基本公式来计算不定积分.

例 6 求 $\displaystyle\int 4\sin^2\frac{x}{2}dx$.

解 $\displaystyle\int 4\sin^2\frac{x}{2}dx = 4\int \sin^2\frac{x}{2}dx = 4\int \frac{1-\cos x}{2}dx = 2\int(1-\cos x)dx =$

$$2\int dx - 2\int \cos x\,dx = 2x - 2\sin x + C.$$

例 7 　求 $\displaystyle\int\frac{2.3^x-5.2^x}{3^x}\mathrm{d}x$

解 　$\displaystyle\int\frac{2.3^x-5.2^x}{3^x}\mathrm{d}x=\int\left[2-5\cdot\left(\frac{2}{3}\right)^x\right]\mathrm{d}x=2\int\mathrm{d}x-5\int\left(\frac{2}{3}\right)^x\mathrm{d}x=$

$$2x-\frac{5\cdot\left(\dfrac{2}{3}\right)^x}{\ln\dfrac{2}{3}}+C=$$

$$2x-\frac{5}{\ln2-\ln3}\left(\frac{2}{3}\right)^x+C.$$

例 8 　求 $\displaystyle\int(2x-1)^2\mathrm{d}x.$

解 　$\displaystyle\int(2x-1)^2\mathrm{d}x=\int(4x^2-4x+1)\mathrm{d}x=4\int x^2\mathrm{d}x-4\int x\mathrm{d}x+\int\mathrm{d}x=$

$\dfrac{4}{3}x^3-2x^2+x+C.$

例 9 　求 $\displaystyle\int\left(\frac{4}{\sqrt{1-x^2}}-\frac{2}{x}\right)\mathrm{d}x$

解 　$\displaystyle\int\left(\frac{4}{\sqrt{1-x^2}}-\frac{2}{x}\right)\mathrm{d}x=$

$\displaystyle4\int\frac{1}{\sqrt{1-x^2}}\mathrm{d}x-2\int\frac{1}{x}\mathrm{d}x=4\arcsin x-2\ln|x|+C.$

例 10 　求 $\displaystyle\int\frac{3x^4+3x^2+1}{x^2+1}\mathrm{d}x.$

解 　$3x^4+3x^2+1=3x^2(x^2+1)+1$

原式 $\displaystyle=\int\frac{3x^2(x^2+1)+1}{x^2+1}\mathrm{d}x=\left(\int3x^2\mathrm{d}x+\int\frac{1}{x^2+1}\mathrm{d}x\right)=$

$x^3+\arctan x+C$

例 11 　求 $\displaystyle\int\frac{1}{1+\cos2x}\mathrm{d}x.$

解 　原式 $\displaystyle=\int\frac{1}{2\cos^2x}\mathrm{d}x$ 　$(\cos2x=2\cos^2x-1)=\frac{1}{2}\int\sec^2x\mathrm{d}x=\frac{1}{2}\tan x+C$

例 12 　求 $\displaystyle\frac{\cos2x}{\cos^2x\sin^2x}\mathrm{d}x.$

解 　原式 $\displaystyle=\int\frac{\cos^2x-\sin^2x}{\cos^2x\cdot\sin^2x}\mathrm{d}x=$

$\displaystyle\int\left(\frac{1}{\sin^2x}-\frac{1}{\cos^2x}\right)\mathrm{d}x=\int\csc^2x\mathrm{d}x-\int\sec^2x\mathrm{d}x=$

$-\cot x-\tan x+C$

例 13 　求 $\displaystyle\int\frac{1+\cos^2x}{1+\cos2x}\mathrm{d}x.$

解 　原式 $\displaystyle=\int\frac{1+\cos^2x}{2\cos^2x}\mathrm{d}x=\frac{1}{2}\left(\int\frac{1}{\cos^2x}\mathrm{d}x+\int(\mathrm{d}x)\right)=\frac{1}{2}\tan x+\frac{1}{2}x+C$

例 14　求 $\int 3^x \cdot e^x \, dx$.

解　原式 $= \int (3e)^x \, dx = \dfrac{(3e)^x}{\ln(3e)} + C$

例 15　求 $\int \dfrac{x^2}{1+x^2} \, dx$.

解　原式 $= \int \dfrac{x^2+1-1}{1+x^2} \, dx = \int 1 \, dx - \int \dfrac{1}{1+x^2} \, dx = x - \arctan x + C$

例 16　求 $\int \left(\dfrac{\sqrt{1-x}}{\sqrt{1+x}} + \dfrac{\sqrt{1+x}}{\sqrt{1-x}} \right) dx$.

解　原式 $= \int \left(\dfrac{1-x}{\sqrt{1-x^2}} + \dfrac{1+x}{\sqrt{1-x^2}} \right) dx = 2 \int \dfrac{1}{\sqrt{1-x^2}} \, dx = 2\arcsin x + C$

5.2　不定积分的第一换元法

5.2.1　基本要求

(1) 掌握不定积分第一换元法的原理.

(2) 掌握三种常见函数的不定积分的求法.

5.2.2　知识考点概述

1. 第一换元法原理(又称为凑微分法)

如果 $\int f(u) \, du = F(u) + C, u = \varphi(x)$ 可导,则

$$\int f[\varphi(x)] \varphi'(x) \, dx = F[\varphi(x)] + C$$

注:在应用时主要是凑系数、常数两种.

2. 三种常见函数的不定积分的求法

(1) 被积函数是三角函数的几次方.

正弦与余弦的做法基本相同,只须记住:奇数次方往微分号里送一个 $\sin x$ 或 $\cos x$,变为 $-\cos x$ 或 $\sin x$. 偶数次方,将 $\sin^2 x = \dfrac{1-\cos 2x}{2}$ 或 $\cos^2 x = \dfrac{1+\cos 2x}{2}$ 即可.

正切与余切的做法基本相同,只须记住:将其中的一个 $\tan^2 x$ 化成 $\sec^2 x - 1$ 或 $\cot^2 x = \csc^2 x - 1$,其余的一律不变.

(2) $\int \dfrac{常数}{二次} dx$ 或 $\int \dfrac{常数}{\sqrt{二次}} dx$,方法是配方.

(3) $\int \dfrac{一次}{二次} dx$ 或 $\int \dfrac{一次}{\sqrt{二次}} dx$,先将分子配成分母的导数,然后再配方.

3. 常见的凑微分公式

(1) $k \, dx = d(kx + C)$,下面公式右边都不加常数 C;

(2) $x^\mu \mathrm{d}x = \mathrm{d}\dfrac{x^{\mu+1}}{\mu+1}(\mu \neq -1)$;

(3) $\dfrac{1}{x}\mathrm{d}x = \mathrm{d}\ln|x|$;

(4) $a^x \mathrm{d}x = \mathrm{d}\dfrac{a^x}{\ln a}$;

(5) $\mathrm{e}^x \mathrm{d}x = \mathrm{d}\mathrm{e}^x$;

(6) $\mathrm{e}^{ax}\mathrm{d}x = \mathrm{d}\dfrac{\mathrm{e}^{ax}}{a}$;

(7) $\sin x\mathrm{d}x = \mathrm{d}(-\cos x)$;

(8) $\cos x\mathrm{d}x = \mathrm{d}\sin x$;

(9) $\sin(ax+b)\mathrm{d}x = \dfrac{1}{a}\mathrm{d}[-\cos(ax+b)]$;

(10) $\cos(ax+b)\mathrm{d}x = \dfrac{1}{a}\mathrm{d}\sin(ax+b)$;

(11) $\sec^2 x\mathrm{d}x = \mathrm{d}\tan x$;

(12) $\csc^2 x\mathrm{d}x = \mathrm{d}(-\cot x)$;

(13) $\dfrac{1}{1+x^2}\mathrm{d}x = \mathrm{d}(\arctan x)$;

(14) $\dfrac{1}{\sqrt{1-x^2}}\mathrm{d}x = \mathrm{d}(\arcsin x)$.

注:最常见的三种:

$\dfrac{1}{x}\mathrm{d}x = \mathrm{d}\ln|x|$(绝对值有时根据被积函数的形式可以去掉);

$\dfrac{1}{x^2}\mathrm{d}x = \mathrm{d}\left(-\dfrac{1}{x}\right)$;

$\dfrac{1}{\sqrt{x}}\mathrm{d}x = \mathrm{d}2\sqrt{x}$.

5.2.3　常用解题技巧

1.利用三角函数的积化和差

$$\cos x\cos y = \dfrac{1}{2}[\cos(x-y)+\cos(x+y)]$$

$$\sin x\sin y = \dfrac{1}{2}[\cos(x-y)-\cos(x+y)]$$

$$\sin x\cos y = \dfrac{1}{2}[\sin(x-y)+\sin(x+y)]$$

2.利用降幂扩角

$$\cos 2x = \cos^2 x - \sin^2 x = 1 - 2\sin^2 x = 2\cos^2 x - 1$$

3.加一项,减一项,乘一项,除一项

5.2.4 典型题解

1. 形如 $\int f(ax+b)\mathrm{d}x = \dfrac{1}{a}\int f(ax+b)\mathrm{d}(ax+b) = \dfrac{1}{a}F(ax+b)+C$

例 1 求 $\int \sin(2x-1)\mathrm{d}x$.

解 $\int \sin(2x-1)\mathrm{d}x = \dfrac{1}{2}\int \sin(2x-1)(2x-1)'\mathrm{d}x =$

$$\dfrac{1}{2}\int \sin(2x-1)\mathrm{d}(2x-1) = -\dfrac{1}{2}\cos(2x-1)+C.$$

例 2 求 $\int \dfrac{1}{\sqrt{1-16x^2}}\mathrm{d}x$.

解 $\int \dfrac{1}{\sqrt{1-16x^2}}\mathrm{d}x = \int \dfrac{1}{\sqrt{1-(4x)^2}}\mathrm{d}x = \dfrac{1}{4}\int \dfrac{1}{\sqrt{1-(4x)^2}}\mathrm{d}(4x) =$

$$\dfrac{1}{4}\arcsin(4x)+C.$$

2. 形如 $\int f(x^2)x\mathrm{d}x = \dfrac{1}{2}\int f(x^2)(x^2)'\mathrm{d}x = \dfrac{1}{2}\int f(x^2)\mathrm{d}(x^2) = \dfrac{1}{2}F(x^2)+C$

例 3 求 $\int x\mathrm{e}^{-x^2}\mathrm{d}x$.

解 $\int x\mathrm{e}^{-x^2}\mathrm{d}x = -\dfrac{1}{2}\int \mathrm{e}^{-x^2}(-x^2)'\mathrm{d}x = -\dfrac{1}{2}\int \mathrm{e}^{-x^2}\mathrm{d}(-x^2) = -\dfrac{1}{2}\mathrm{e}^{-x^2}+C.$

例 4 求 $\int \dfrac{3x}{1+x^2}\mathrm{d}x$.

解 $\int \dfrac{3x}{1+x^2}\mathrm{d}x = \dfrac{3}{2}\int \dfrac{1}{1+x^2}(2x)\mathrm{d}x = \dfrac{3}{2}\int \dfrac{1}{1+x^2}\mathrm{d}(x^2+1) =$

$$\dfrac{3}{2}\ln|x^2+1|+C = \dfrac{3}{2}\ln(x^2+1)+C.$$

3. 形如 $\int f(\ln x)\dfrac{1}{x}\mathrm{d}x = \int f(\ln x)\mathrm{d}(\ln x) = F(\ln x)+C$

例 5 求 $\int \dfrac{1}{x\ln x}\mathrm{d}x$.

解 $\int \dfrac{1}{x\ln x}\mathrm{d}x = \int \dfrac{1}{\ln x}\cdot\dfrac{1}{x}\mathrm{d}x = \int \dfrac{1}{\ln x}\mathrm{d}(\ln x) = \ln\ln x + C.$

例 6 求 $\int \dfrac{\ln(x+1)}{x+1}\mathrm{d}x$.

解 $\int \dfrac{\ln(x+1)}{x+1}\mathrm{d}x = \int \ln(x+1)(\ln(x+1))'\mathrm{d}(x+1) =$

$$\int \ln(x+1)\mathrm{d}(\ln(x+1)) = \dfrac{1}{2}\left[\ln(x+1)\right]^2 + C.$$

4. 形如 $\int f(\sqrt{x})\dfrac{1}{\sqrt{x}}\mathrm{d}x = 2\int f(\sqrt{x})(\sqrt{x})'\mathrm{d}x = 2\int f(\sqrt{x})\mathrm{d}(\sqrt{x}) =$

$$2F(\sqrt{x})+C$$

例 7　求 $\int \dfrac{e^{\sqrt{x}}}{\sqrt{x}}dx$.

解　$\int \dfrac{e^{\sqrt{x}}}{\sqrt{x}}dx = 2\int e^{\sqrt{x}}d(\sqrt{x}) = 2e^{\sqrt{x}} + C$.

例 8　求 $\int \dfrac{1}{\sqrt{x}(1+x)}dx$.

解　$\int \dfrac{1}{\sqrt{x}(1+x)}dx = \int \dfrac{1}{1+x}\dfrac{1}{\sqrt{x}}dx = 2\int \dfrac{1}{1+x}d(\sqrt{x}) = 2\arctan\sqrt{x} + C$.

5. 形如 $\int f(e^x)e^x dx = \int f(e^x)d(e^x) = F(e^x) + C$

例 9　求 $\int \dfrac{e^x}{1+e^{2x}}dx$.

解　$\int \dfrac{e^x}{1+e^{2x}}dx = \int \dfrac{1}{1+(e^x)^2}de^x = \arctan e^x + C$.

例 10　求 $\int \dfrac{1}{e^x+e^{-x}}dx$.

解　$\int \dfrac{1}{e^x+e^{-x}}dx = \int \dfrac{e^x}{(e^x)^2+1}dx = \int \dfrac{1}{(e^x)^2+1}de^x = \arctan e^x + C$

6. 形如 I. $\int f(\sin x)\cdot\cos x dx = \int f(\sin x)d(\sin x) = F(\sin x) + C$

II. $\int f(\cos x)\cdot\sin x dx = -\int f(\cos x)d(\cos x) = -F(\cos x) + C$

III. $\int f(\tan x)\cdot\sec^2 x dx = \int f(\tan x)d(\tan x) = F(\tan x) + C$

例 11　求 $\int \tan x dx$.

解　$\int \tan x dx = \int \dfrac{\sin x}{\cos x}dx = \int \dfrac{1}{\cos x}\sin x dx = -\int \dfrac{1}{\cos x}d(\cos x) = -\ln|\cos x| + C$.

例 12　求 $\int \cos^5 x\cdot\sin^2 x dx$.

$$原式 = \int \cos^4 x\cdot\sin^2 x\cdot\cos x dx =$$
$$\int (1-\sin^2 x)^2\cdot\sin^2 x d(\sin x) = \int \sin^2 x\cdot(1-2\sin^2 x+\sin^4 x)d(\sin x) =$$
$$\int \sin^2 x d(\sin x) - 2\int \sin^4 x d(\sin x) + \int \sin^6 x d(\sin x) =$$
$$\frac{1}{3}\sin^3 x - \frac{2}{5}\sin^5 x + \frac{1}{7}\sin^7 x + C$$

例 13　求 $\int \tan^3 x\cdot\sec x dx$.

解　$\int \tan^3 x\cdot\sec x dx = \int \tan^2 x\cdot(\sec x\tan x)dx = \int \tan^2 x d(\sec x) =$

$$\int (\sec^2 x - 1) \mathrm{d}(\sec x) = \int \sec^2 x \mathrm{d}(\sec x) - \int \mathrm{d}(\sec x) =$$

$$\frac{1}{3} \sec^3 x - (\sec x) + C$$

例 14　求 $\displaystyle\int \frac{\sin\sqrt{t}}{\sqrt{t}} \mathrm{d}t.$

解　原式 $= 2\displaystyle\int \sin\sqrt{t} \, \mathrm{d}\sqrt{t} = -2\cos\sqrt{t} + C$

例 15　求 $\displaystyle\int \frac{1}{\sin x \cdot \cos x} \mathrm{d}x.$

解法一　原式 $= \displaystyle\int \frac{2}{\sin 2x} \mathrm{d}x = \int \csc 2x \mathrm{d}2x = \ln |\csc 2x - \cot 2x| + C$

解法二　原式 $= \displaystyle\int \frac{\sin^2 x + \cos^2 x}{\sin x \cos x} \mathrm{d}x = \int \left(\frac{\sin x}{\cos x} + \frac{\cos x}{\sin x} \right) \mathrm{d}x =$

$$\int (\tan x + \cot x) \mathrm{d}x = \ln |\sin x| - \ln |\cos x| + c =$$

$$\ln |\tan x| + C$$

解法三　原式 $= \displaystyle\int \frac{\cos x}{\sin x \cdot \cos^2 x} \mathrm{d}x = \int \frac{1}{\tan x} \cdot \sec^2 x \mathrm{d}x =$

$$\int \frac{1}{\tan x} d\tan x = \ln |\tan x| + C$$

例 16　求 $\displaystyle\int \frac{x \cdot \tan\sqrt{1+x^2}}{\sqrt{1+x^2}} \mathrm{d}x.$

解　原式 $= \dfrac{1}{2}\displaystyle\int \frac{\tan\sqrt{1+x^2}}{\sqrt{1+x^2}} \mathrm{d}x^2 = \int \tan\sqrt{1+x^2} \, \mathrm{d}\sqrt{1+x^2} =$

$$-\ln |\cos\sqrt{1+x^2}| + C$$

例 17　求 $\displaystyle\int \frac{1}{e^x + e^{-x}} \mathrm{d}x.$

解　原式 $= \displaystyle\int \frac{e^x}{e^{2x}+1} \mathrm{d}x = \int \frac{1}{1+(e^x)^2} \mathrm{d}e^x = \arctan e^x + C$

例 18　求 $\displaystyle\int \frac{x^9}{\sqrt{1-x^{20}}} \mathrm{d}x.$

解　原式 $= \dfrac{1}{10}\displaystyle\int \frac{1}{\sqrt{1-(x^{10})^2}} \mathrm{d}x^{10} = \frac{1}{10}\arcsin x^{10} + C$

例 19　求 $\displaystyle\int \frac{1-x}{\sqrt{1-4x^2}} \mathrm{d}x.$

解　原式 $= \displaystyle\int \frac{1}{\sqrt{1-4x^2}} \mathrm{d}x - \int \frac{x}{\sqrt{1-4x^2}} \mathrm{d}x =$

$$\frac{1}{2}\arcsin 2x - \frac{1}{2}\int \frac{1}{\sqrt{1-4x^2}} \mathrm{d}x^2 =$$

$$\frac{1}{2}\arcsin 2x + \frac{1}{8}\int \frac{1}{\sqrt{1-4x^2}}\mathrm{d}(1-4x^2) =$$

$$\frac{1}{2}\arcsin 2x + \frac{1}{4}\sqrt{1-4x^2} + C$$

例 20　求 $\int \sin 2x \cdot \cos 3x\mathrm{d}x.$

解　原式 $= \int \frac{1}{2}(\sin 5x - \sin x)\mathrm{d}x =$

$$\frac{1}{2}\int \sin 5x\mathrm{d}x - \frac{1}{2}\int \sin x\mathrm{d}x =$$

$$-\frac{1}{10}\cos 5x + \frac{1}{2}\cos x + C$$

例 21　计算 $\int \sqrt{\dfrac{\mathrm{e}^x - 1}{\mathrm{e}^x + 1}}\mathrm{d}x.$

解　原式 $= \int \frac{\mathrm{e}^x - 1}{\sqrt{\mathrm{e}^{2x} - 1}}\mathrm{d}x = \int \frac{\mathrm{e}^x}{\sqrt{\mathrm{e}^{2x} - 1}}\mathrm{d}x - \int \frac{1}{\sqrt{\mathrm{e}^{2x} - 1}}\mathrm{d}x =$

$$\int \frac{1}{\sqrt{(\mathrm{e}^x)^2 - 1}}\mathrm{d}\mathrm{e}^x - \int \frac{\mathrm{e}^{-x}}{\sqrt{1 - (\mathrm{e}^{-x})^2}}\mathrm{d}x =$$

$$\ln(\mathrm{e}^x + \sqrt{\mathrm{e}^{2x} - 1}) + \int \frac{\mathrm{d}\mathrm{e}^x}{\sqrt{1 - (\mathrm{e}^{-x})^2}} =$$

$$\ln(\mathrm{e}^x + \sqrt{\mathrm{e}^{2x} - 1}) + \arcsin \mathrm{e}^{-x} + C$$

5.3　不定积分的第二换元法

5.3.1　基本要求

(1) 掌握不定积分第二换元法的基本原理.

(2) 掌握常用的变量替换.

5.3.2　知识考点概述

1. 不定积分第二换元法的原理

设 $x = \varphi(t)$ 是单调的可导函数,并且 $\varphi'(t) \neq 0$,又设 $f[\varphi(t)]\varphi'(t)$ 具有原函数,则有换元公式为

$$\int f(x)\,\mathrm{d}x = \left[\int f[\varphi(t)]\varphi'(t)\,\mathrm{d}t\right]_{t = \varphi^{-1}(x)}$$

其中, $\varphi^{-1}(x)$ 是 $x = \varphi(t)$ 的反函数.

注:第二换元法的实质就是将处理不了或不好处理的部分进行变量替换.

2. 常见的变量替换

(1) 可将被积函数中的根式设成 t,即: $\sqrt{\square} = 1$,从中解出 x 带回不定积分里.

(2) $\sqrt{a^2-x^2}\,(\,|\,x\,|\leqslant a,a>0)$.

设 $x=a\sin t\left(-\dfrac{\pi}{2}\leqslant t\leqslant\dfrac{\pi}{2}\right)$，$\mathrm{d}x=a\cos t\mathrm{d}t$，$\sqrt{a^2-x^2}=a\cos t$.

(3) $\sqrt{x^2-a^2}\,(\,|\,x\,|\geqslant a,a>0)$.

设 $x=a\sec t$，t 在第一象限或第三象限，$\mathrm{d}x=a\sec t\tan t\mathrm{d}t$，

$\sqrt{x^2-a^2}=a\tan t$.

(4) $\sqrt{x^2+a^2}$，$x\in\mathbf{R}$.

设 $x=a\tan t$，$-\dfrac{\pi}{2}<t<\dfrac{\pi}{2}$，$\mathrm{d}x=a\sec^2t\mathrm{d}t$，$\sqrt{x^2+a^2}=a\sec t$.

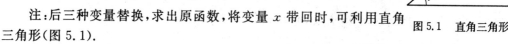

注:后三种变量替换,求出原函数,将变量 x 带回时,可利用直角
三角形(图 5.1).

图 5.1 直角三角形

求 t 的各个三角函数值.

5.3.3 常用解题技巧

1. 第二换元法的实质

将被积函数中处理不了或不好处理的部分进行变量替换.

例 1 求 $I=\displaystyle\int\left[\ln\left(x+\sqrt{1+x^2}\right)\right]^2\mathrm{d}x$.

解 设 $\ln\left(x+\sqrt{1+x^2}\right)=t$,即

$$\sqrt{1+x^2}+x=\mathrm{e}^t$$

$$\frac{1}{\sqrt{x^2+1}+x}=\sqrt{x^2+1}-x=\mathrm{e}^{-t}$$

从而将 $x=\dfrac{1}{2}(\mathrm{e}^t-\mathrm{e}^{-t})$，$\mathrm{d}x=\dfrac{1}{2}(\mathrm{e}^t+\mathrm{e}^{-t})\mathrm{d}t$ 代入得

$$I=\frac{1}{2}\int t^2(\mathrm{e}^t+\mathrm{e}^{-t})\,\mathrm{d}t=$$

$$\frac{1}{2}\int t^2\mathrm{d}(\mathrm{e}^t-\mathrm{e}^{-t})=\frac{1}{2}\left[t^2(\mathrm{e}^t-\mathrm{e}^{-t})-\int(\mathrm{e}^t-\mathrm{e}^{-t})\mathrm{d}t^2\right]=$$

$$\frac{1}{2}t^2(\mathrm{e}^t-\mathrm{e}^{-t})-\int t(\mathrm{e}^t-\mathrm{e}^{-t})\,\mathrm{d}t=$$

$$\frac{1}{2}t^2(\mathrm{e}^t-\mathrm{e}^{-t})-\int t\mathrm{d}(\mathrm{e}^t+\mathrm{e}^{-t})=$$

$$\frac{1}{2}t^2(\mathrm{e}^t-\mathrm{e}^{-t})-t(\mathrm{e}^t+\mathrm{e}^{-t})+\int(\mathrm{e}^t+\mathrm{e}^{-t})\,\mathrm{d}t=$$

$$\frac{1}{2}t^2(\mathrm{e}^t-\mathrm{e}^{-t})-t(\mathrm{e}^t+\mathrm{e}^{-t})+\mathrm{e}^t-\mathrm{e}^{-t}+C=$$

$$x\left[\ln\left(x+\sqrt{1+x^2}\right)\right]^2-2\sqrt{1+x^2}\ln\left(x+\sqrt{1+x^2}\right)+2x+C$$

2. 观察分子、分母之间的关系

例 2 求 $\displaystyle\int\frac{\cos x-\sin x}{\sin x+\cos x}\mathrm{d}x$.

解　分析分子 $\cos x - \sin x$ 恰好为分母 $\sin x + \cos x$ 的导数,因此

$$\int \frac{\cos x - \sin x}{\sin x + \cos x}dx = \int \frac{1}{\sin x + \cos x}d(\sin x + \cos x) =$$
$$\ln|\sin x + \cos x| + C$$

5.3.4　典型题解

例 3　求 $\int \dfrac{dx}{1 + \sqrt{1 - x^2}}$.

解　令 $x = \sin t \left(-\dfrac{\pi}{2} < t < \dfrac{\pi}{2}\right)$, $dx = \cos t dt$,则

$$\int \frac{dx}{1 + \sqrt{1 - x^2}} = \int \frac{\cos t dt}{1 + \cos t} = \int \left(1 - \frac{1}{1 + \cos t}\right)dt = t - \int \frac{1}{1 + \cos t}dt =$$
$$t - \int \frac{1}{2\cos^2 \dfrac{t}{2}}dt = t - \tan \frac{t}{2} + C$$

由于 $t = \arcsin x$,则

$$原式 = \arcsin x - \frac{x}{1 + \sqrt{1 - x^2}} + C$$

例 4　求 $\int \dfrac{dx}{\sqrt{(x^2 + 1)^3}}$.

解　令 $x = \tan t \left(-\dfrac{\pi}{2} < t < \dfrac{\pi}{2}\right)$, $dx = \sec^2 t dt$,则

$$\int \frac{dx}{\sqrt{(x^2 + 1)^3}} = \int \frac{\sec^2 t dt}{\sec^3 t} = \int \cos t dt = \sin t + C$$

由于 $\sin t = x$,则

$$原式 = \frac{x}{\sqrt{x^2 + 1}} + C$$

例 5　求 $I = \int \dfrac{1 + \sin x}{\sin x(1 + \cos x)}dx$.

解　令 $t = \tan \dfrac{x}{2}$, $\sin x = \dfrac{2t}{1 + t^2}$, $\cos x = \dfrac{1 - t^2}{1 + t^2}$, $d = \dfrac{2}{1 + t^2}dt$,代入整理得

$$I = \frac{1}{2}\int \left(t + 2 + \frac{1}{t}\right)dt =$$
$$\frac{1}{2}\left(\frac{1}{2}t^2 + 2t + \ln|t|\right) + C =$$
$$\frac{1}{4}\tan^2 \frac{x}{2} + \tan \frac{x}{2} + \ln\left|\tan \frac{x}{2}\right| + C$$

例 6　求 $I = \int \dfrac{x^3}{(x + 1)^{100}}dx$.

解　令 $x + 1 = t \Rightarrow x = t - 1$, $dx = dt$,代入得

$$I = \int \frac{(t - 1)^3}{t^{100}}dt =$$

$$\int \frac{t^3 - 3t^2 + 3t - 1}{t^{100}} dt =$$

$$\int (t^{-97} - 3t^{-98} + 3t^{-99} - t^{-100}) dt =$$

$$-\frac{1}{96} t^{-96} + \frac{3}{97} t^{-97} - \frac{3}{98} t^{-98} + \frac{1}{99} t^{-99} + C =$$

$$-\frac{1}{96}(x+1)^{-96} + \frac{3}{97}(x+1)^{-97} - \frac{3}{98}(x+1)^{-98} + \frac{1}{99}(x+1)^{-99} + C$$

例 7 求 $I = \int \frac{1}{1+e^x} dx$.

解法一 令 $1+e^x = t \Rightarrow e^x = t-1$ $e^x dx = dt$ $dx = \frac{1}{e^x} dt = \frac{1}{t-1} dt$,代入得

$$I = \int \frac{1}{t(t-1)} dt = \int \frac{1}{t-1} dt - \int \frac{1}{t} dt =$$
$$\ln(t-1) - \ln t + C = x - \ln(1+e^x) + d$$

解法二

$$I = \int \frac{1+e^x - e^x}{1+e^x} dx = \int 1 dx - \int \frac{e^x}{1+e^x} dx =$$
$$x - \int \frac{1}{1+e^x} d(e^x + 1) = x - \ln(e^x + 1) + C$$

例 8 求 $\int \frac{1}{1+\sin x} dx$.

解 令 $\tan \frac{x}{2} = t \Rightarrow x = 2\arctan t, dx = \frac{2}{1+t^2} dt, \sin x = \frac{2t}{1+t^2}$,代入整理得

$$I = 2\int \frac{1}{1+2t+t^2} dt = \quad 2\int \frac{1}{(1+t)^2} dt = -\frac{2}{1+t} + C = \frac{-2}{1+\tan \frac{x}{2}} + C$$

例 9 求 $\int \sqrt{e^x - 1} dx$.

解 令 $\sqrt{e^x - 1} = t \Rightarrow x = \ln(1+t^2), dx = \frac{2t}{1+t^2} dt$,代入得

$$I = \int \frac{2t^2}{1+t^2} dt = 2\int \frac{t^2+1-1}{1+t^2} dt = 2\left(\int 1 dt - \int \frac{1}{1+t^2} dt\right) =$$
$$2(t - \arctan t) + C =$$
$$2(\sqrt{e^x - 1} - \arctan \sqrt{e^x - 1}) + C$$

5.4 分部积分法

5.4.1 基本要求

掌握分部积分法的原理.

5.4.2　知识考点概述

分部积分法的原理

设 $u=u(x)$，$v=v(x)$ 具有连续导数，则

$$\int u\mathrm{d}v = uv - \int v\mathrm{d}u$$

5.4.3　常用解题技巧

1. $\int$ **幂函数 × 对数函数** $\mathrm{d}x$

此时将幂函数送进微分号内配平.

2. $\int$ **幂函数 × 反三角函数** $\mathrm{d}x$

将幂函数送进微分号内配平.

3. $\int$ **幂函数 × 指数函数** $\mathrm{d}x$

将指数函数送进微分号内配平.

4. $\int$ **幂函数 × 三角函数** $\mathrm{d}x$

将三角函数送进微分号内配平.

5. $\int$ **三角函数 × 指数函数** $\mathrm{d}x$

将指数函数送进微分号内配平(当然也可送三角函数).

注：(1) 幂函数与对数函数、反三角函数、指数函数、三角函数都可以搭配,而后四种函数只有三角函数与指数函数可以搭配,其余的均不能用初等函数表出.

(2) 在求不定积分的过程中,如果出现将不定积分移项、合并,则另一边要加上一个常数 C.

5.4.4　典型题解

1. 形如 $\int$ **多项式** $\times \sin x\mathrm{d}x$ 或 $\int$ **多项式** $\times \cos x\mathrm{d}x$

例 1　求 $\int x\cos\dfrac{x}{2}\mathrm{d}x$.

解　$\int x\cos\dfrac{x}{2}\mathrm{d}x = 2\int x\mathrm{d}\left(\sin\dfrac{x}{2}\right) = 2\left[x\sin\dfrac{x}{2} - \int \sin\dfrac{x}{2}\mathrm{d}x\right] =$

$$2x\sin\dfrac{x}{2} + 4\cos\dfrac{x}{2} + C.$$

例 2　求 $\int 4x^2\sin x\cos x\mathrm{d}x$.

解 $\int 4x^2 \sin x \cos x \mathrm{d}x = \int 2x^2 \sin 2x \mathrm{d}x = -\int x^2 \mathrm{d}(\cos 2x) =$

$$-[x^2 \cos 2x - \int \cos 2x \mathrm{d}(x^2)] = -x^2 \cos 2x + \int x \cos 2x \mathrm{d}(2x) =$$

$$-x^2 \cos 2x + \int x \mathrm{d}(\sin 2x) =$$

$$-x^2 \cos 2x + x \sin 2x - \int \sin 2x \mathrm{d}x =$$

$$-x^2 \cos 2x + x \sin 2x + \frac{1}{2} \cos 2x + C.$$

注:此类型在计算不定积分时通常是将原式中的 $\sin x \mathrm{d}x$ 化为 $-\mathrm{d}(\cos x)$ 的形式或将 $\cos x \mathrm{d}x$ 化为 $\mathrm{d}(\sin x)$,再利用分部积分公式计算.

2. 形如 $\int$ 多项式 $\times e^{bx} \mathrm{d}x$

例 3 求 $\int x e^x \mathrm{d}x$.

解 $\int x e^x \mathrm{d}x = \int x \mathrm{d}(e^x) =$

$$x e^x - \int e^x \mathrm{d}x = x e^x - e^x + C.$$

例 4 求 $\int (x^2 + 2x + 1) e^x \mathrm{d}x$.

解 $\int (x^2 + 2x + 1) e^x \mathrm{d}x = \int (x+1)^2 e^x \mathrm{d}x = \int (x+1)^2 \mathrm{d}(e^x) =$

$$(x+1)^2 e^x - 2 \int e^x (x+1) \mathrm{d}x =$$

$$(x+1)^2 e^x - 2 \int (x+1) \mathrm{d}(e^x) =$$

$$(x+1)^2 e^x - 2(x+1) e^x + 2 e^x + C =$$

$$(x^2 + 1) e^x + C.$$

注:此类型中通常是将 $e^{bx} \mathrm{d}x$ 化为 $\frac{1}{b} \mathrm{d}(e^{bx})$,再利用分部积分计算.

3. 形如 $\int x^k \ln^m x \mathrm{d}x$,其中 $m = 1, 2, \cdots$

例 5 求 $\int x^2 \ln x \mathrm{d}x$.

解 $\int x^2 \ln x \mathrm{d}x = \frac{1}{3} \int \ln x \mathrm{d}(x^3) = \frac{1}{3}[x^3 \ln x - \int x^3 \mathrm{d}(\ln x)] =$

$$\frac{1}{3} x^3 \ln x - \frac{1}{3} \int x^2 \mathrm{d}x = \frac{1}{3} x^3 \ln x - \frac{1}{9} x^3 + C.$$

例 6 求 $\int \frac{\ln^2 x}{x^5} \mathrm{d}x$.

解 $\int \frac{\ln^2 x}{x^5} \mathrm{d}x = -\frac{1}{4} \int \ln^2 x \mathrm{d}(x^{-4}) = -\frac{\ln^2 x}{4x^4} + \frac{1}{2} \int \ln x \cdot x^{-5} \mathrm{d}x =$

$$\frac{\ln^2 x}{4x^4} - \frac{1}{8}\int \ln x \, d(x^{-4}) = -\frac{\ln^2 x}{4x^4} - \frac{\ln x}{8x^4} + \frac{1}{8}\int x^{-5} dx =$$

$$-\frac{8\ln^2 x + 4\ln x - 1}{32x^4} + C.$$

注：此类型中一般情况是将 $x^k dx$ 化为 $\dfrac{1}{k+1} d(x^{k+1})$，再利用分部积分计算.

特殊情况：

例 7　求 $\displaystyle\int x^{-1} \ln^m x \, dx, m \neq -1.$

解　$\displaystyle\int x^{-1} \ln^m x \, dx = \int \ln^m x \, d(\ln x) = \frac{\ln^{m+1} x}{m+1} + C.$

例 8　求 $\displaystyle\int x^{-1} \ln^{-1} x \, dx.$

解　$\displaystyle\int x^{-1} \ln^{-1} x \, dx = \int \ln^{-1} x \, d(\ln x) = \ln|\ln x| + C.$

4. 形如 $\displaystyle\int x^k \times$ 反三角函数 dx

例 9　求 $\displaystyle\int x^2 \arctan x \, dx.$

解　$\displaystyle\int x^2 \arctan x \, dx = \frac{1}{3}\int \arctan x \, d(x^3) =$

$$\frac{1}{3}\Big[x^3 \arctan x - \int x^3 \, d(\arctan x)\Big] =$$

$$\frac{1}{3}x^3 \arctan x - \frac{1}{3}\int \frac{x^3}{1+x^2} dx = \frac{1}{3}x^3 \arctan x - \frac{1}{3}\int \Big(x - \frac{x}{1+x^2}\Big) dx =$$

$$\frac{1}{3}x^3 \arctan x - \frac{1}{3}\int x \, dx + \frac{1}{3}\int \frac{x}{1+x^2} dx =$$

$$\frac{1}{3}x^3 \arctan x - \frac{1}{6}x^2 + \frac{1}{6}\int \frac{1}{1+x^2} d(1+x^2) =$$

$$\frac{1}{3}x^3 \arctan x - \frac{1}{6}x^2 + \frac{1}{6}\ln(1+x^2) + C$$

例 10　求 $\displaystyle\int (\arcsin x)^2 \, dx.$

解　$\displaystyle\int (\arcsin x)^2 \, dx = x(\arcsin x)^2 - 2\int x(\arcsin x)\frac{1}{\sqrt{1-x^2}} dx =$

$$x(\arcsin x)^2 + 2\int \arcsin x \, d(\sqrt{1-x^2}) =$$

$$x(\arcsin x)^2 + 2\sqrt{1-x^2}\arcsin x - 2\int dx =$$

$$x(\arcsin x)^2 + 2\sqrt{1-x^2}\arcsin x - 2x + C$$

注：此类型中，将 $x^k dx$ 化为 $\dfrac{1}{k+1} d(x^{k+1})$ 结合分部积分法计算不定积分.

5. 形如 $\int \cos bx \cdot e^{ax} \mathrm{d}x$ 或 $\int \sin bx \cdot e^{ax} \mathrm{d}x$

例 11 求 $\int \cos x \cdot e^{ax} \mathrm{d}x$.

解 $\int \cos x \cdot e^{ax} \mathrm{d}x = \int \cos x \mathrm{d}(e^x) =$

$$\cos x e^x + \int \sin x \mathrm{d}e^x = \cos x e^x + \sin x e^x - \int e^x \cos x \mathrm{d}x$$

移项整理得 $\int e^x \cos x \mathrm{d}x = \dfrac{1}{2}(\cos x + \sin x)e^x + C$

例 12 求 $\int \sin^2 x \cdot e^x \mathrm{d}x$.

解 $\int \sin^2 x \cdot e^x \mathrm{d}x = \int \dfrac{1-\cos 2x}{2} e^x \mathrm{d}x = \dfrac{1}{2}\int e^x \mathrm{d}x - \dfrac{1}{2}\int e^x \cos 2x \mathrm{d}x =$

$$\dfrac{1}{2} e^x - \dfrac{1}{2}\int \cos 2x \mathrm{d}(e^x) = \dfrac{1}{2} e^x - \dfrac{1}{2} e^x \cos 2x - \int e^x \sin 2x \mathrm{d}x =$$

$$\dfrac{1}{2} e^x - \dfrac{1}{2} e^x \cos 2x - \int \sin 2x \mathrm{d}(e^x) =$$

$$\dfrac{1}{2} e^x - \dfrac{1}{2} e^x \cos 2x - e^x \sin 2x + 2\int e^x \cos 2x \mathrm{d}x =$$

$$\dfrac{1}{2} e^x - \dfrac{1}{2} e^x \cos 2x - e^x \sin 2x + 2\int e^x (1 - 2\sin^2 x) \mathrm{d}x =$$

$$\dfrac{1}{2} e^x - \dfrac{1}{2} e^x \cos 2x - e^x \sin 2x + 2\int e^x \mathrm{d}x - 4\int e^x \sin^2 x \mathrm{d}x$$

移项整理,有

$$\int \sin^2 x \cdot e^x \mathrm{d}x = \dfrac{1}{2} e^x - \dfrac{1}{10} e^x \cos 2x - \dfrac{1}{5} e^x \sin 2x + C$$

例 13 设 e^{-x} 是 $f(x)$ 的一个原函数,则 $\int x f(x) \mathrm{d}x = ($ $)$.

A. $e^{-x}(x+1) + C$ B. $-e^{-x}(x+1) + C$

C. $e^{-x}(1-x) + C$ D. $e^{-x}(x-1) + C$

解 e^{-x} 且 $f(x)$ 的一个原函数,则

$$f(x) = (e^{-x})' = -e^{-x}$$

$$\int x f(x) \mathrm{d}x = \int x(-e^{-x}) \mathrm{d}x = \int x \mathrm{d}e^{-x} = x e^{-x} - \int e^{-x} \mathrm{d}x = x e^{-x} + e^{-x} + C$$

故选 A.

例 14 若 $f'(\ln x) = (1+x) \cdot \ln x$,则 $f(x) = ($ $)$.

A. $x e^x + \dfrac{x^2}{2} + C$ B. $(x-1)e^x + \dfrac{x^2}{2} + C$

C. $x e^x - \dfrac{x^2}{2} + C$ D. $(x-1)e^x - \dfrac{x^2}{2} + C$

解 由 $f'(\ln x) = (1+x)\ln x$,可得 $f'(x) = (1+e^x)x$.

$$f(x) = \int x(1 + e^x)dx = \frac{1}{2}x^2 + \int xe^x dx =$$

$$\frac{1}{2}x^2 + \int x de^x = \frac{1}{2}x^2 + xe^x - \int e^x dx =$$

$$\frac{1}{2}x^2 + xe^x - e^x + C$$

故选 B.

例 15　$\int xf''(x)dx = (\quad)$.

A. $xf'(x) - \int f(x)dx$　　　　　　B. $xf(x) - f(x) + C$

C. $xf'(x) - f(x) + C$　　　　　　D. $f(x) - xf'(x) + C$

解　$\int xf''(x)dx = \int xdf'(x) = x \cdot f'(x) - \int f'(x)dx =$

$$x \cdot f'(x) - f(x) + C$$

故选 C.

例 16　化简 $\int xf(x^2)f'(x^2)dx$.

解　$\int xf(x^2)f'(x^2)dx = \frac{1}{2}\int f(x^2)f'(x^2)d(x^2) = \frac{1}{2}\int f(x^2)df(x^2) =$

$$\frac{1}{4}f^2(x^2) + C$$

例 17　化简 $\int xf''(2x-1)dx$.

解　$\int xf''(2x-1)dx = \frac{1}{2}\int xf''(2x-1)d(2x-1) =$

$$\frac{1}{2}\int x df'(2x-1) = \frac{1}{2}[x \cdot f'(2x-1) - \int f'(2x-1)dx] =$$

$$\frac{1}{2}[xf'(2x-1) - \frac{1}{2}\int f'(2x-1)d(2x-1)] =$$

$$\frac{1}{2}[xf'(2x-1) - \frac{1}{2}f(2x-1)] + C =$$

$$\frac{1}{2}xf'(2x-1) - \frac{1}{4}f(2x-1) + C$$

例 18　计算 $\int e^{2x}(1 + \tan x)^2 dx$.

解　原式 $= \int e^{2x}(1 + \tan^2 x + 2\tan x)dx =$

$$\int e^{2x}(\sec^2 x + 2\tan x)dx =$$

$$\int e^{2x}d\tan x + 2\int e^{2x}\tan x dx =$$

$$e^{2x}\tan x - \int \tan x de^{2x} + 2\int e^{2x}\tan x dx =$$

$$e^{2x} \tan x - 2 \int \tan x e^{2x} dx + 2 \int e^{2x} \tan x dx =$$

$$e^{2x} \tan x + C$$

5.5 有理函数的积分

5.5.1 基本要求

掌握真分式的分解原理.

5.5.2 知识考点概述

1.真分式与假分式

$$R(x) = \frac{a_0 x^n + a_1 x^{n-1} + \cdots + a_n}{b_0 x^m + b_1 x^{m-1} + \cdots + b_m} \quad (a_0 \neq 0, b_0 \neq 0)$$

当 $n < m$ 时，称为有理真分式；当 $n \geqslant m$ 时，称为有理假分式.

注：有理假分式都可以通过除法化成一个多项式与有理真分式之和.

2.多项式分解

任何实系数的 n 次多项式 $f(x)$ 一定能分解成为一次与二次因子的乘积，这些因子的系数都是实数，即

$$f(x) = a_0 (x-a)^\alpha (x-b)^\beta \cdots (x^2 + px + q)^\lambda (x^2 + rx + s)^\mu \cdots$$

其中，$\alpha, \beta, \cdots \lambda, \mu \cdots$ 都是正整数，其系数都是实数.

二次式的系数满足

$$p^2 - 4q < 0, \quad r^2 - 4s < 0, \quad \cdots$$

3.真分式分解

$$R(x) = \frac{g(x)}{(x-a)^\alpha (x-b)^\beta (x^2 + px + q)^m}$$

其中，$g(x)$ 是一个多项式，其最高次的指数低于分母的最高次的指数，则

$$R(x) = \frac{A_1}{x-a} + \frac{A_2}{(x-a)^2} + \cdots + \frac{A_\alpha}{(x-a)^\alpha} + \frac{B_1}{x-b} + \frac{B_2}{(x-b)^2} + \cdots + \frac{B_\beta}{(x-b)^\beta} +$$

$$\frac{p_1 x + Q_1}{x^2 + px + q} + \frac{p_2 x + Q_2}{(x^2 + px + q)^2} + \cdots + \frac{p_m x + Q_m}{(x^2 + px + q)^m}$$

其中，$A_1, A_2, \cdots A_\alpha, B_1, B_2, \cdots B_\beta, P_1, Q_1, \cdots, P_m, Q_m$ 都是实常数.

5.5.3 典型题解

1.有理函数积分

例 1 求 $\int \frac{2x-1}{x^2 - x - 6} dx$.

解 $\int \frac{2x-1}{x^2 - x - 6} dx = \int \frac{2x-1}{(x-3)(x+2)} dx = \int \left(\frac{1}{x-3} + \frac{1}{x+2} \right) dx =$

$$\int \frac{1}{x-3}\mathrm{d}x + \int \frac{1}{x+2}\mathrm{d}x = \int \frac{1}{x-3}\mathrm{d}(x-3) + \int \frac{1}{x+2}\mathrm{d}(x+2) =$$
$$\ln|x-3| + \ln|x+2| + C$$

例 2 求 $\int \frac{1}{(x^2+1)(x^2+x+1)}\mathrm{d}x$.

解 $\int \frac{1}{(x^2+1)(x^2+x+1)}\mathrm{d}x =$

$$\int \left(\frac{-x}{x^2+1} + \frac{x+1}{x^2+x+1}\right)\mathrm{d}x =$$

$$-\frac{1}{2}\int \frac{1}{x^2+1}\mathrm{d}(x^2+1) + \frac{1}{2}\int \frac{2x+1}{x^2+x+1}\mathrm{d}x + \frac{1}{2}\int \frac{1}{x^2+x+1}\mathrm{d}x =$$

$$-\frac{1}{2}\ln(x^2+1) + \frac{1}{2}\int \frac{1}{x^2+x+1}\mathrm{d}(x^2+x+1) + \frac{1}{2}\int \frac{1}{\left(x+\frac{1}{2}\right)^2 + \left(\frac{\sqrt{3}}{2}\right)^2}\mathrm{d}\left(x+\frac{1}{2}\right)$$

例 3 求 $\int \frac{x-4}{x^2-5x+6}\mathrm{d}x$.

解 $\frac{x-4}{x^2-5x+6} = \frac{x-4}{(x-2)(x-3)} = \frac{A}{x-2} + \frac{B}{x-3} = \frac{(A+B)x-2B-3A}{(x-2)(x-3)}$

$$\begin{cases} A+B=1 \\ 3A+2B=4 \end{cases} \Rightarrow \begin{cases} A=2 \\ B=-1 \end{cases}$$

$$\int \frac{x-4}{x^2-5x+6}\mathrm{d}x = \int \left(\frac{2}{x-2} - \frac{1}{x-3}\right)\mathrm{d}x = 2\ln(x-2) - \ln(x-3) + C$$

例 4 求 $\int \frac{x^2+1}{x^3-2x^2+x}\mathrm{d}x$.

解 $\frac{x^2+1}{x^3-2x^2+x} = \frac{x^2+1}{x(x-1)^2} = \frac{A}{x} + \frac{B}{(x-1)^2} + \frac{C}{x-1} =$

$$\frac{A(x-1)^2 + Bx + C(x-1)}{x(x-1)^2}$$

$$\begin{cases} A=1 \\ -2A+B+C=0 \\ A-C=1 \end{cases} \Rightarrow \begin{cases} A=1 \\ B=2 \\ C=0 \end{cases}$$

$$\int \frac{x^2+1}{x^3-2x^2+x}\mathrm{d}x = \int \frac{1}{x}\mathrm{d}x + \int \frac{2}{(x-1)^2}\mathrm{d}x = \ln|x| - \frac{2}{x-1} + C$$

例 5 求 $\int \frac{x^2}{(1+2x)(1+x^2)}\mathrm{d}x$.

解 $\frac{x^2}{(1+2x)(1+x^2)} = \frac{A}{1+2x} + \frac{Bx+C}{1+x^2} =$

$$\frac{A(1+x^2) + (Bx+C)(1+2x)}{(1+2x)(1+x^2)}$$

$$\begin{cases} A+2B=1 \\ B+2C=0 \Rightarrow \\ A+C=0 \end{cases} \begin{cases} A=\dfrac{1}{5} \\ B=\dfrac{2}{5} \\ C=-\dfrac{1}{5} \end{cases}$$

$$\int \frac{x^2}{(1+2x)(1+x^2)}dx = \int \frac{\dfrac{1}{5}}{1+2x}dx + \int \frac{\dfrac{2}{5}x-\dfrac{1}{5}}{1+x^2}dx =$$

$$\frac{1}{10}\ln|1+2x| + \frac{1}{5}\int \frac{2x-1}{x^2+1}dx =$$

$$\frac{1}{10}\ln|1+2x| + \frac{1}{5}\left(\int \frac{2x}{x^2+1}dx - \int \frac{1}{x^2+1}dx\right) =$$

$$\frac{1}{10}\ln|1+2x| + \frac{1}{5}\ln|x^2+1| - \frac{1}{5}\arctan x + C$$

2. 三角正余弦的四则运算函数积分

例 6　求 $\displaystyle\int \frac{dx}{2\sin x - \cos x + 5}$.

解　设 $u = \tan\dfrac{x}{2}$，则

$$\int \frac{dx}{2\sin x - \cos x = 5} = \int \frac{du}{3u^2+2u+2} = \frac{1}{\sqrt{5}}\int \frac{1}{1+\left(\dfrac{3u+1}{\sqrt{5}}\right)^2}d\left(\frac{3u+1}{\sqrt{5}}\right) =$$

$$\frac{1}{\sqrt{5}}\arctan\frac{3u+1}{\sqrt{5}} + C$$

由 $u = \tan\dfrac{x}{2}$，得

$$原式 = \frac{1}{\sqrt{5}}\arctan\frac{3\tan\dfrac{x}{2}+1}{\sqrt{5}} + C$$

注：当被积函数是由三角正余弦间的四则运算表示时，通常利用

$$\sin x = \frac{2\tan\dfrac{x}{2}}{1+\tan^2\dfrac{x}{2}}, \quad \cos x = \frac{1-\tan^2\dfrac{x}{2}}{1+\tan^2\dfrac{x}{2}}$$

令 $u = \tan\dfrac{x}{2}$ 表示 $\sin x$ 和 $\cos x$ 换元.

单元测试题 5.1

1. 填空题

(1) $\displaystyle\int \sqrt{x+1}\, dx = $ _____.

(2) $\int \dfrac{1}{\sqrt{x+1}}\mathrm{d}x =$ _____.

(3) $\int \sqrt{x-2}\,\mathrm{d}x =$ _____.

(4) $\int \dfrac{\arctan\sqrt{x}}{\sqrt{x}\,(1+x)}\mathrm{d}x =$ _____.

(5) $\int \cos 2x\,\mathrm{d}x =$ _____.

(6) $\int \dfrac{\ln x}{x}\mathrm{d}x =$ _____.

(7) $\int \sin^3 x\,\mathrm{d}x =$ _____.

(8) $\int \dfrac{1}{\sqrt{x}}e^{\sqrt{x}}\,\mathrm{d}x =$ _____.

(9) $\int x\ln(1+x^2)\,\mathrm{d}x =$ _____.

(10) 设 $f(x)$ 为连续函数,则 $\int f^2(x)\,\mathrm{d}f(x) =$ _____.

2. 选择题

(1) $\int \dfrac{1}{\sqrt{1-4x^2}}\mathrm{d}x$ (　　).

A. $\arcsin x$　　　　B. $\arcsin x + C$　　　　C. $\dfrac{1}{2}\arcsin 2x$　　　　D. $\dfrac{1}{2}\arcsin 2x + C$

(2) $\int a^x\,\mathrm{d}x =$ (　　).

A. a^x　　　　B. $a^x + C$　　　　C. $\dfrac{a^x}{\ln a} + C$　　　　D. $a^x \ln a + C$

(3) $\int \dfrac{1}{x}\mathrm{d}x =$ (　　).

A. $\dfrac{1}{x^2}$　　　　B. $\ln|x|$　　　　C. $\dfrac{1}{x^2} + C$　　　　D. $\ln|x| + C$

(4) 设 $f(x) = e^{-x}$,则 $\int \dfrac{f'(\ln x)}{x}\mathrm{d}x =$ (　　).

A. $-x + C$　　　B. $\dfrac{1}{x} + C$　　　C. $e^x + C$　　　D. $e^{-x} + C$

(5) $\int \dfrac{1}{\sqrt{1-x^2}}\mathrm{d}x$ (　　).

A. $\arcsin x$　　　B. $\arccos x$　　　C. $\arcsin x + C$　　　D. $\arccos x + C$

(6) $\int \dfrac{1}{x^2}\mathrm{d}x =$ (　　).

A. $\dfrac{1}{x} + C$　　　　B. $\dfrac{1}{x^2}$　　　　C. $-\dfrac{1}{x} + C$　　　　D. $\dfrac{1}{x}$

(7) $\int \dfrac{1}{\sqrt{16-x^2}}dx = ($ $)$.

A. $\arcsin x$ B. $\arcsin x + C$ C. $\arcsin \dfrac{x}{4}$ D. $\arcsin \dfrac{x}{4} + C$

(8) $\int \dfrac{1}{1+x^2}dx = ($ $)$.

A. $\arctan x$ B. $\operatorname{arccot} x$ C. $\arctan x + C$ D. $\operatorname{arccot} x + C$

(9) $\int \dfrac{1}{2\sqrt{x}}dx = ($ $)$.

A. $\dfrac{1}{x^2}$ B. $\sqrt{x}$ C. $\dfrac{1}{x^2} + C$ D. $\sqrt{x} + C$

(10) 下列各式中成立的是(   ).

A. $d\int f(x)dx = f(x)$

B. $\dfrac{d}{dx}\int f(x)dx = f(x)dx$

C. $\dfrac{d}{dx}\int f(x)dx = f(x) + C$

D. $d\int f(x)dx = f(x)d(x)$

(11) 已知 $f(x)$ 和 $g(x)$ 在 $x \in (-\infty, +\infty)$ 有定义且可导,如果 $f'(x) = g'(x)$,则下列各式中一定成立的是(   ).

A. $f(x) = g(x)$

B. $f(x) = g(x) + 1$

C. $\left(\int f(x)dx\right)' = \left(\int g(x)dx\right)'$

D. $\int f'(x)dx = \int g'(x)d(x)$

(12) $\sin 2x$ 的一个原函数是(   ).

A. $2\cos 2x$ B. $\cos 2x$ C. $-\cos^2 x$ D. $\dfrac{1}{2}\sin 2x$

(13) 设 $f(x)$ 是可导函数,则 $\left(\int f(x)dx\right)'$ 为(   ).

A. $f(x)$ B. $f(x) + C$ C. $f'(x)$ D. $f'(x) + C$

(14) 若 $\int f(x)dx = x^2 e^{2x} + C$,则 $f(x) = ($ $)$.

A. $2xe^{2x}(x+1)$ B. xe^{2x} C. $2x^2 e^{2x}$ D. $2xe^{2x}$

(15) 若 $\int f(x)dx = x\ln x + C$,则 $f(x) = ($ $)$.

A. $\ln x + 1$ B. $\ln x$ C. $x\ln x$ D. x

(16) 若 $\int 2x\cos x^2 dx = f(x) + C$,则 $f(x) = ($ $)$.

A. $\cos x^2$ B. $\sin x^2$ C. $\dfrac{1}{2}\cos x^2$ D. $\dfrac{1}{2}\sin x^2$

(17) 若 $\int f(x)dx = e^{-x^2} + C$,则 $f(x) = ($ $)$.

A. e^{-x^2} B. $-2xe^{-x^2}$ C. e^{x^2} D. $-2xe^{x^2}$

(18) 设 $f(x) = \ln x$,则 $\int f'(e^x)e^x dx = ($ $)$.

A. $x + C$ 　　　　B. $\dfrac{1}{x} + C$ 　　　　C. $e^x + C$ 　　　　D. $e^{-x} + C$

(19) 设 $f(x) = \arcsin x$，则 $\displaystyle\int f'(\sin x) \cos x \, dx = ($　　$)$.

A. $-x + C$ 　　　B. $x + C$ 　　　　C. $\arccos x + C$ 　　　D. $\arcsin x + C$

(20) 设 $f(x) = \dfrac{1}{3} x^3$，则 $\displaystyle\int f'(\sqrt{x}) \cos x \, dx = ($　　$)$.

A. $-x \sin x + \cos x$ 　　　　　　　　B. $x \sin x - \cos x$

C. $\cos x + x \sin x + C$ 　　　　　　　D. $x \sin x - \cos x + C$

(21) 设 $f(x) = \ln(1 + x^2)$，则 $\displaystyle\int f'(x) \, dx = ($　　$)$.

A. $-x + C$ 　　　B. $x + C$ 　　　　C. $\ln(1 + x^2)$ 　　　D. $\ln(1 + x^2) + C$

3. 计算题

(1) $\displaystyle\int \dfrac{x e^x}{(1 + x)^2} \, dx$.

(2) $\displaystyle\int \dfrac{x + 1}{x^2 + 4x + 5} \, dx$.

(3) $\displaystyle\int \dfrac{2x - 2}{x^2 - 2x + 3} \, dx$.

(4) $\displaystyle\int \dfrac{2x}{x^2 - 2x + 2} \, dx$.

(5) $\displaystyle\int [x^3 + 3\sqrt{x} + (\ln 2) x] \, dx$.

(6) $\displaystyle\int (a^{\frac{2}{3}} - x^{\frac{2}{3}})^2 \, dx$.

(7) $\displaystyle\int \dfrac{1 - \sqrt{1 - x^2}}{\sqrt{1 - x^2}} \, dx$.

(8) $\displaystyle\int \dfrac{1}{x \sqrt{1 - \ln^2 x}} \, dx$.

(9) $\displaystyle\int (3 - 2\sin x)^{\frac{1}{3}} \cos x \, dx$.

(10) $\displaystyle\int \dfrac{\sin 2x}{\sqrt{3 - \cos^2 x}} \, dx$.

单元测试题 5.2

1. 填空题

(1) 已知 $\displaystyle\int f(x) \, dx = F(x) + C$，则 $\displaystyle\int \dfrac{f(\ln x)}{x} \, dx = $＿＿＿＿＿.

(2) $\displaystyle\int f(x) \, dx = \arcsin 2x + C$，则 $f(x) = $＿＿＿＿＿.

(3) 已知 $\int f(x)\mathrm{d}x = x^2 \mathrm{e}^{2x} + C$，则 $f(x) = $ _____.

(4) 若 e^{-x} 是 $f(x)$ 的一个原函数，则 $\int x f(x) = $ _____.

(5) 若 $\int f(x)\mathrm{d}x = \sqrt{x} + c$，则 $\int x^2 f(1-x^3)\mathrm{d}x = $ _____.

2. 选择题

(1) $\int \left(\dfrac{1}{\sin^2 x} + 1\right) \mathrm{d}(\sin x) = ($ $)$.

A. $-\cot x + x + C$

B. $-\cot x + \sin x + C$

C. $-\dfrac{1}{\sin x} + \sin x + C$

D. $-\dfrac{1}{\sin x} + x + C$

(2) 若 $\int f(x)\mathrm{d}x = F(x) + C$，则 $\int \sin x f(\cos x)\mathrm{d}x = ($ $)$.

A. $F(\sin x) + C$

B. $-F(\sin x) + C$

C. $F(\cos x) + C$

D. $-F(\cos x) + C$

(3) 若 $\int f(x)\mathrm{e}^{-\frac{1}{x}}\mathrm{d}x = -\mathrm{e}^{-\frac{1}{x}} + C$，则 $f(x)$ 为 $($ $)$.

A. $-\dfrac{1}{x}$

B. $-\dfrac{1}{x^2}$

C. $\dfrac{1}{x}$

D. $\dfrac{1}{x^2}$

(4) 设 $F(x)$ 是 $f(x)$ 的一个原函数，则 $\int \mathrm{e}^{-x} f(\mathrm{e}^{-x})\mathrm{d}x = ($ $)$.

A. $F(\mathrm{e}^{-x}) + C$

B. $-F(\mathrm{e}^{-x}) + C$

C. $F(\mathrm{e}^{x}) + C$

D. $-F(\mathrm{e}^{x}) + C$

(5) 若 $f'(x)$ 为连续函数，则 $\int f'(2x)\mathrm{d}x = ($ $)$.

A. $f(2x) + C$

B. $f(x) + C$

C. $\dfrac{1}{2} f(2x) + C$

D. $2 f(2x) + C$

3. 计算题

(1) $\int x\sqrt{1-x^2}\,\mathrm{d}x$.

(2) $\int \dfrac{\mathrm{d}x}{x(1+2\ln x)}$.

(3) $\int \dfrac{\cos 2x}{\cos x - \sin x}\mathrm{d}x$.

(4) $\int x^2 \arcsin x\,\mathrm{d}x$.

(5) $\int \dfrac{x^2+4}{x^4+5x+4}\mathrm{d}x$.

(6) $\int \dfrac{\ln x}{(1+x^2)^{\frac{3}{2}}}\mathrm{d}x$.

单元测试题 5.1 答案

1. 填空题

(1) $\dfrac{2}{3}(x+1)^{\frac{3}{2}}+C$　(2) $2\sqrt{x+1}+C$　(3) $\dfrac{2}{3}(x-2)^{\frac{3}{2}}+C$

(4) $(\arctan\sqrt{x})^2+C$　(5) $\dfrac{1}{2}\sin(2x)+C$　(6) $\dfrac{1}{2}\ln^2 x+C$　(7) $\dfrac{1}{3}\cos^3 x-\cos x+C$

(8) $2e^{\sqrt{x}}+C$　(9) $\dfrac{1}{2}\left[(1+x^2)\ln(1+x^2)-x^2\right]+C$　(10) $\dfrac{1}{3}f^3(x)$

2. 选择题

(1) D　(2) C　(3) D　(4) B　(5) C　(6) C　(7) D　(8) C　(9) D　(10) D　(11) D
(12) C　(13) A　(14) A　(15) A　(16) B　(17) B　(18) A　(19) B　(20) C　(21) D

3. 计算题

(1) $\displaystyle\int\frac{x e^x}{(1+x)^2}\mathrm{d}x=\int\frac{(x+1-1)e^x}{(1+x)^2}\mathrm{d}x=\int\frac{e^x}{(1+x)}\mathrm{d}x-\int\frac{e^x}{(1+x)^2}\mathrm{d}x=$

$\displaystyle\int\frac{e^x}{(1+x)}\mathrm{d}x+\int e^x\mathrm{d}\frac{1}{1+x}=\frac{e^x}{(1+x)}+C.$

(2) $\displaystyle\int\frac{x+1}{x^2+4x+5}\mathrm{d}x=\frac{1}{2}\int\frac{2x+4-2}{x^2+4x+5}\mathrm{d}x=\frac{1}{2}\int\frac{2x+4}{x^2+4x+5}\mathrm{d}x-\int\frac{1}{x^2+4x+5}\mathrm{d}x=$

$\displaystyle\frac{1}{2}\ln(x^2+4x+5)-\int\frac{1}{(x+2)^2+1}\mathrm{d}x=\frac{1}{2}\ln(x^2+4x+5)-\arctan(x+2)+C.$

(3) $\displaystyle\int\frac{2x-2}{x^2-2x+3}\mathrm{d}x=\int\frac{1}{x^2-2x+3}\mathrm{d}(x^2-2x+3)=\ln(x^2-2x+3)+C.$

(4) $\displaystyle\int\frac{2x}{x^2-2x+2}\mathrm{d}x=\int\frac{2x-2}{x^2-2x+2}\mathrm{d}x+\int\frac{2}{x^2-2x+2}\mathrm{d}x=$

$\displaystyle\ln(x^2-2x+2)+\int\frac{2}{(x-1)^2+1}\mathrm{d}x=\ln(x^2-2x+2)+2\arctan(x-1)+C.$

(5) $\displaystyle\int\left[x^3+3\sqrt{x}+(\ln 2)x\right]\mathrm{d}x=\frac{1}{4}x^4+2x^{\frac{3}{2}}+\frac{x^2}{2}\ln 2.$

(6) $\displaystyle\int(a^{\frac{2}{3}}x-x^{\frac{2}{3}})^2\mathrm{d}x=a^{\frac{4}{3}}x+\frac{3}{7}x^{\frac{7}{3}}-\frac{6}{5}a^{\frac{2}{3}}x^{\frac{5}{3}}+C.$

(7) $\displaystyle\int\frac{1-\sqrt{1-x^2}}{\sqrt{1-x^2}}\mathrm{d}x=\int\frac{1}{\sqrt{1-x^2}}\mathrm{d}x-\int 1\,\mathrm{d}x=\arcsin x-x+C.$

(8) $\displaystyle\int\frac{1}{x\sqrt{1-\ln^2 x}}\mathrm{d}x=\int\frac{1}{\sqrt{1-\ln^2 x}}\mathrm{d}\ln x=\arcsin(\ln x)+C.$

(9) $\displaystyle\int(3-2\sin x)^{\frac{1}{3}}\cos x\,\mathrm{d}x=-\frac{1}{2}\int(3-2\sin x)^{\frac{1}{3}}\mathrm{d}(3-2\sin x)=-\frac{3}{8}(3-2\sin x)^{\frac{4}{3}}+C.$

(10) $\displaystyle\int\frac{\sin 2x}{\sqrt{3-\cos^2 x}}\mathrm{d}x=\int\frac{2\sin x\cos x}{\sqrt{3-\cos^2 x}}\mathrm{d}x=\int\frac{2\cos x}{\sqrt{3-\cos^2 x}}\mathrm{d}(-\cos x)=$

$\displaystyle\int\frac{1}{\sqrt{3-\cos^2 x}}\mathrm{d}(3-\cos^2 x)=2\sqrt{3-\cos^2 x}+C.$

单元测试题 5.2 答案

1.填空题

(1)$F(\ln x)+c$ (2)$\dfrac{2}{\sqrt{1-4x^2}}$ (3)$2x(1+x)e^{2x}$ (4)$(x+1)e^{-x}+C$

(5)$-\dfrac{1}{3}\sqrt{1-x^3}+C$

2.选择题

(1)C (2)D (3)B (4)B (5)C

3.计算题

(1)$\displaystyle\int x\sqrt{1-x^2}\,\mathrm{d}x\ \xlongequal{x=\sin t}\ \int \sin t\cos^2 t\,\mathrm{d}t=-\int \cos^2 t\,\mathrm{d}\cos t=-\dfrac{1}{3}\cos^3 t+C=$

$-\dfrac{1}{3}(1-x^2)^{\frac{3}{2}}+C.$

(2)$\displaystyle\int\dfrac{\mathrm{d}x}{x(1+2\ln x)}=\dfrac{1}{2}\int\dfrac{1}{1+2\ln x}\mathrm{d}(1+2\ln x)=\dfrac{1}{2}\ln|1+2\ln x|+C$

(3)$\displaystyle\int\dfrac{\cos 2x}{\cos x-\sin x}\mathrm{d}x=\int\dfrac{\cos^2 x-\sin^2 x}{\cos x-\sin x}\mathrm{d}x=\int(\cos x+\sin x)\mathrm{d}x=\sin x-\cos x+C.$

(4)$\displaystyle\int x^2\arcsin x\,\mathrm{d}x\ \xlongequal{\arcsin x=t}\ \int t\sin^2 t\cos t\,\mathrm{d}t=\int t\sin^2 t\,\mathrm{d}\sin t=\dfrac{1}{3}\int t\,\mathrm{d}\sin^3 t=$

$\dfrac{1}{3}t\sin^3 t-\dfrac{1}{3}\int \sin^3 t\,\mathrm{d}t=\dfrac{1}{3}t\sin^3 t+\dfrac{1}{3}\int(1-\cos^2 t)\mathrm{d}\cos t=$

$\dfrac{1}{3}t\sin^3 t+\dfrac{1}{3}\cos t-\dfrac{1}{9}\cos^3 t+c\ \xlongequal{x=\sin t}\ \dfrac{1}{3}x^3\arcsin x+\dfrac{1}{3}\sqrt{1-x^2}-\dfrac{1}{9}(1-x^2)^{\frac{3}{2}}+$

$C.$

(5)$\displaystyle\int\dfrac{x^2+5}{x^4+5x+4}\mathrm{d}x=\int\dfrac{x^2+4}{(x^2+4)(x^2+1)}\mathrm{d}x=$

$\displaystyle\int\dfrac{1}{(x^2+1)}\mathrm{d}x+\int\dfrac{1}{(x^2+4)(x^2+1)}\mathrm{d}x=$

$\arctan x+\dfrac{1}{3}\displaystyle\int\left(\dfrac{1}{x^2+1}-\dfrac{1}{x^2+4}\right)\mathrm{d}x=\dfrac{4}{3}\arctan x-\dfrac{1}{6}\arctan\dfrac{x}{2}+C.$

(6)$\displaystyle\int\dfrac{\ln x}{(1+x^2)^{\frac{3}{2}}}\mathrm{d}x\ \xlongequal{x=\tan t}\ \int\dfrac{\ln\tan t}{\sec^3 t}\sec^2 t\,\mathrm{d}t=\int\cos t\ln\tan t\,\mathrm{d}t=\int\ln\tan t\,\mathrm{d}\sin t=$

$\sin t\ln\tan t-\displaystyle\int\sec t\,\mathrm{d}t=\sin t\ln\tan t-\ln(\sec t+\tan t)+C\ \xlongequal{x=\tan t}$

$\dfrac{x}{\sqrt{1+x^2}}\ln x-\ln(\sqrt{1+x^2}+x)+C.$

第6章

定 积 分

6.1 定 积 分

6.1.1 基本要求

(1) 理解定积分的背景.

(2) 掌握定积分的定义及其性质.

6.1.2 知识考点概述

1.定积分

(1) 定积分的定义.

设函数 $y=f(x)$ 在区间 $[a,b]$ 上有定义：

① 在区间 (a,b) 内任意插入 $(n-1)$ 个分点,有

$$a=x_0<x_1<x_2<\cdots<x_{i-1}<x_i<\cdots<x_{n-1}<x_n=b$$

把 $[a,b]$ 分成 n 个子区间：$[x_{i-1},x_i]$,其长度为 $\Delta x_i=x_i-x_{i-1},i=1,2,\cdots,n$;

② 在每个子区间 $[x_{i-1},x_i]$ 上任取一点 ξ_i,作积 $f(\xi_i)\Delta x_i$;

③ 作和 $S_n=\sum\limits_{i=1}^{n}f(\xi_i)\Delta x_i$;

④ 记为 $\lambda=\max\{\Delta x_1,\Delta x_2,\cdots,\Delta x_n\}$.

取极限 $\lim\limits_{\lambda\to 0}S_n=\lim\limits_{\lambda\to 0}\sum\limits_{i=1}^{n}f(\xi_i)\Delta x_i$. 如果极限存在,则称 $f(x)$ 在 $[a,b]$ 上是可积的,称极限值为 $f(x)$ 在 $[a,b]$ 上的定积分,记作

$$\int_a^b f(x)\,dx$$

其中,$f(x)$ 称为被积函数;$f(x)\,dx$ 称为被积表达式;x 称为积分变量;$\int_a^b$ 称为定积分号;a 称为积分下限;b 称为积分上限;$[a,b]$ 称为积分区间.

(2) 定积分的几何意义.

当被积函数 $f(x)\geqslant 0$ 时,$\int_a^b f(x)\,dx$ 表示以 $f(x)$ 为曲边的曲边梯形的面积.

(3) 定积分的物理意义.

变力 $F=F(x)$,$\int_a^b F(x)\,\mathrm{d}x$ 表示物体由 $x=a$ 沿直线运动到 $x=b$ 时,力 $F=F(x)$ 所做的功.

速度 $v=v(t)$,$\int_a^b v(t)\,\mathrm{d}t$ 表示物体由时刻 $t=a$ 沿直线运动到时刻 $t=b$ 时物体所走过的路程.

2. 定积分的存在性定理

(1) 设 $y=f(x)$ 在 $[a,b]$ 上连续,则 $f(x)$ 在 $[a,b]$ 上可积.

(2) 设 $y=f(x)$ 在 $[a,b]$ 上有界,且最多有有限个第一类间断点,则 $f(x)$ 在 $[a,b]$ 上可积.

(3) 设 $y=f(x)$ 在 $[a,b]$ 上单调,则 $f(x)$ 在 $[a,b]$ 上可积.

3. 定积分的性质

(1) $\int_a^a f(x)\,\mathrm{d}x=0$.

(2) $\int_a^b f(x)\,\mathrm{d}x=\int_a^b f(t)\,\mathrm{d}t$,定积分与积分变量无关!

(3) $\int_a^b f(x)\,\mathrm{d}x=-\int_b^a f(x)\,\mathrm{d}x$.

(4) 当 a,b 是常数时,$\int_a^b f(x)\,\mathrm{d}x$ 是个常数.

(5) $\int_a^b kf(x)\,\mathrm{d}x=k\int_a^b f(x)\,\mathrm{d}x$,k 为常数.

(6) $\int_a^b [f(x)\pm g(x)]\,\mathrm{d}x=\int_a^b f(x)\,\mathrm{d}x\pm\int_a^b g(x)\,\mathrm{d}x$.

注:对于任意有限个函数的和、差都是成立的.

(7) $\int_a^b f(x)\,\mathrm{d}x=\int_a^c f(x)\,\mathrm{d}x+\int_c^b f(x)\,\mathrm{d}x$.

只要各式可积,无论 C 在 $[a,b]$ 之内还是在 $[a,b]$ 之外,都成立.

(8) 如果在 $[a,b]$ 上,$f(x)\equiv 1$,则

$$\int_a^b 1\,\mathrm{d}x=\int_a^b \mathrm{d}x=b-a$$

(9) 如果在区间 $[a,b]$ 上,$f(x)\geqslant 0,a<b$,则

$$\int_a^b f(x)\,\mathrm{d}x\geqslant 0 , \qquad \left|\int_a^b f(x)\,\mathrm{d}x\right|\leqslant\int_a^b |f(x)|\,\mathrm{d}x \quad (a<b)$$

如果在区间 $[a,b]$ 上,$a<b,f(x)\leqslant g(x)$,则

$$\int_a^b f(x)\,\mathrm{d}x\leqslant\int_a^b g(x)\,\mathrm{d}x$$

注:如果 $f(x)$ 与 $g(x)$ 连续时,只要不恒等,则一定是 $\int_a^b f(x)\,\mathrm{d}x<\int_a^b g(x)\,\mathrm{d}x$.

柯西-斯瓦茨不等式:

$$\left(\int_a^b f(x)g(x)\mathrm{d}x\right)^2\leqslant\int_a^b f^2(x)\,\mathrm{d}x\int_a^b g^2(x)\,\mathrm{d}x$$

(10) 设 m 与 M 分别是 $f(x)$ 在 $[a,b]$ 上的最小值和最大值,则

$$m(b-a) \leqslant \int_a^b f(x)\,\mathrm{d}x \leqslant M(b-a) \quad (a < b)$$

(11)(定积分中值定理) 如果函数 $f(x)$ 在 $[a,b]$ 上连续,则在 (a,b) 内至少存在一点 ξ,使

$$\int_a^b f(x)\,\mathrm{d}x = f(\xi)(b-a) \quad (\xi \in (a,b))$$

(12) 推广的第一积分中值定理:$f(x)$ 在 $[a,b]$ 上连续,$g(x)$ 在 $[a,b]$ 上连续且不变号,则在 (a,b) 内至少存在一点 ξ,使

$$\int_a^b f(x)g(x)\,\mathrm{d}x = f(\xi)\int_a^b g(x)\,\mathrm{d}x \quad (\xi \in (a,b))$$

(13) 推广的第二积分中值定理:$f(x)$ 在 $[a,b]$ 上可积,$g(x)$ 在 $[a,b]$ 上单调,则在 (a,b) 内至少存在一点 ξ,使

$$\int_a^b f(x)g(x)\,\mathrm{d}x = g(a)\int_a^\xi g(x)\,\mathrm{d}x + g(b)\int_\xi^b g(x)\,\mathrm{d}x \quad (\xi \in (a,b))$$

(14) 平均值公式:$\dfrac{1}{b-a}\int_a^b f(x)\,\mathrm{d}x$ 为函数 $f(x)$ 在区间 $[a,b]$ 上的平均值.

(15) 对称性:$f(x)$ 是可积的奇函数,则

$$\int_{-a}^a f(x)\,\mathrm{d}x = 0$$

$f(x)$ 是可积的偶函数,则

$$\int_{-a}^a f(x)\,\mathrm{d}x = 2\int_0^a f(x)\,\mathrm{d}x$$

6.1.3　常用解题技巧

1. 利用中值定理求极限

例 1　求 $\lim\limits_{n\to\infty}\displaystyle\int_n^{n+1}\dfrac{\cos^3 x}{x}\mathrm{d}x.$

解
$$\int_n^{n+1}\frac{\cos^3 x}{x}\mathrm{d}x = \frac{\cos^3\xi}{\xi}\cdot 1 \quad (\xi \in (n,n+1))$$
$$\lim_{n\to\infty}\int_n^{n+1}\frac{\cos^3 x}{x}\mathrm{d}x = \lim_{\xi\to\infty}\frac{\cos^3\xi}{\xi} = 0$$

2. 利用对称性求极限

(1) $f(x)$ 是可积的奇函数,则

$$\int_{-a}^a f(x)\,\mathrm{d}x = 0$$

(2) $f(x)$ 是可积的偶函数,则

$$\int_{-a}^a f(x)\,\mathrm{d}x = 2\int_0^a f(x)\,\mathrm{d}x$$

例 2　求 $\displaystyle\int_{-1}^1 \ln(x+\sqrt{x^2+1})\,\mathrm{d}x.$

解　由于 $y = \ln(x+\sqrt{x^2+1})$ 是连续奇函数,于是

$$\int_{-1}^{1} \ln(x + \sqrt{x^2 + 1}) \, \mathrm{d}x = 0$$

3.利用定积分的定义求(无穷项和)极限

$$\int_{a}^{b} f(x) \, \mathrm{d}x = \lim_{\lambda \to 0} \sum_{i=1}^{n} f(\xi_i) \Delta x_i$$

注:计算时一般是等分区间 $[a,b]$,$\Delta x_i = \dfrac{b-a}{n}$,$\xi_i$ 一般取区间 $[x_{i-1}, x_i]$ 的端点.

例3 求 $\lim\limits_{n \to \infty} \left(\dfrac{1}{n+1} + \dfrac{1}{n+2} + \cdots + \dfrac{1}{n+n} \right)$.

解 $\dfrac{1}{n+1} + \dfrac{1}{n+2} + \cdots + \dfrac{1}{n+n} =$

$$\frac{1-0}{n} \left(\frac{1}{1+\dfrac{1}{n}} + \frac{1}{1+\dfrac{2}{n}} + \cdots + \frac{1}{1+\dfrac{n}{n}} \right) = \sum_{i=1}^{n} \frac{1-0}{n} \frac{1}{1+\dfrac{i}{n}}$$

$$\lim_{n \to \infty} \left(\frac{1}{n+1} + \frac{1}{n+2} + \cdots + \frac{1}{n+n} \right) = \lim_{n \to \infty} \sum_{i=1}^{n} \frac{1}{1+\dfrac{i}{n}} \frac{1-0}{n} = \int_{0}^{1} \frac{1}{1+x} \mathrm{d}x = \ln 2$$

4.利用柯西-斯瓦茨不等式证明不等式

$$\left[\int_{a}^{b} f(x) g(x) \mathrm{d}x \right]^2 \leqslant \int_{a}^{b} f^2(x) \, \mathrm{d}x \int_{a}^{b} g^2(x) \mathrm{d}x$$

例4 证明: $\left[\int_{a}^{b} f(x) \mathrm{d}x \right]^2 \leqslant (b-a) \int_{a}^{b} f^2(x) \mathrm{d}x$.

证明 取 $\left(\int_{a}^{b} f(x) g(x) \mathrm{d}x \right)^2 \leqslant \int_{a}^{b} f^2(x) \, \mathrm{d}x \int_{a}^{b} g^2(x) \mathrm{d}x$,$g(x) = 1$,即证.

6.1.4 典型题解

例5 利用定积分的几何意义,计算下列积分.

(1) $\displaystyle\int_{0}^{a} \sqrt{a^2 - x^2} \, \mathrm{d}x$;

(2) $\displaystyle\int_{-\pi}^{\pi} \sin x \mathrm{d}x$.

解 (1) 由于 $y = \sqrt{a^2 - x^2}$ 是上半圆 $x^2 + y^2 = a^2 (y > 0)$ 的方程,所以 $\displaystyle\int_{0}^{a} \sqrt{a^2 - x^2} \, \mathrm{d}x$ 的几何意义就是半径为 a 的圆的面积的 $\dfrac{1}{4}$,故

$$\int_{0}^{a} \sqrt{a^2 - x^2} \, \mathrm{d}x = \frac{\pi a^2}{4}$$

特别是

$$\int_{0}^{1} \sqrt{1 - x^2} \, \mathrm{d}x = \frac{\pi}{4}$$

(2) $f(x) = \sin x$ 是奇函数,在对称区间的图形关于原点对称,故

$$\int_{-\pi}^{\pi} f(x) \mathrm{d}x = 0$$

例 6 证明不等式 $\sqrt{2}\,\mathrm{e}^{-\frac{1}{2}} \leqslant \int_{-\frac{1}{\sqrt{2}}}^{\frac{1}{\sqrt{2}}} \mathrm{e}^{-x^2}\mathrm{d}x \leqslant \sqrt{2}$.

证明 用定积分的估值定理,函数 $y = \mathrm{e}^{-x^2}$ 在 $\left[-\dfrac{1}{\sqrt{2}}, \dfrac{1}{\sqrt{2}}\right]$ 上的最值为 $y' = \mathrm{e}^{-x^2}(-2x)$,令 $y'=0 \Rightarrow x=0, x<0, y'>0$,若 y 增加,$x>0, y'<0, y$ 减小. 所以 $x=0$.
y 的极大值为

$$\left\{ f\left[-\frac{1}{\sqrt{2}} \cdot f(0) \cdot f\left(\frac{1}{\sqrt{2}}\right)\right]\right\} = \{\mathrm{e}^{-\frac{1}{2}} \cdot 1 \cdot \mathrm{e}^{-\frac{1}{2}}\}$$

所以在 $\left[-\dfrac{1}{\sqrt{2}}, \dfrac{1}{\sqrt{2}}\right]$ 上,最大值为 $f(0)=1$,最小值为

$$f\left(-\frac{1}{\sqrt{2}}\right) = f\left(\frac{1}{\sqrt{2}}\right) = \mathrm{e}^{-\frac{1}{2}}$$

由估值定理,有

$$\sqrt{2}\,\mathrm{e}^{-\frac{1}{2}} \leqslant \int_{-\frac{1}{\sqrt{2}}}^{\frac{1}{\sqrt{2}}} \mathrm{e}^{-x^2}\mathrm{d}x \leqslant \sqrt{2}$$

例 7 比较 $\displaystyle\int_0^1 \sin x^2 \mathrm{d}x$ 与 $\displaystyle\int_0^1 \sin x^3 \mathrm{d}x$ 的大小.

解 $y = \sin u$ 在 $\left[0, \dfrac{\pi}{2}\right]$ 上是增函数,$0 \leqslant x \leqslant 1, x^2 \geqslant x^3$,所以 $\sin x^2 \geqslant \sin x^3$,因此

$$\int_0^1 \sin x^2 \mathrm{d}x > \int_0^1 \sin x^3 \mathrm{d}x$$

例 8 证明 $\displaystyle\lim_{n\to\infty}\int_n^{n+1} \frac{\sin x}{x}\mathrm{d}x = 0$.

证明
$$\int_n^{n+1} \frac{\sin x}{x}\mathrm{d}x = \frac{\sin \xi}{\xi} \quad (\xi \in [n, n+1])$$

所以

$$\lim_{n\to\infty}\int_n^{n+1} \frac{\sin x}{x}\mathrm{d}x = \lim_{\xi\to\infty} \frac{\sin \xi}{\xi} = 0$$

例 9 求极限 $\displaystyle\lim_{n\to\infty}\int_0^1 \frac{x^n}{1+x^2}\mathrm{d}x$.

解 当 $0 \leqslant x \leqslant 1$ 时,$0 \leqslant \dfrac{x^n}{1+x^2} \leqslant x^n$,所以

$$0 \leqslant \int_0^1 \frac{x^n}{1+x^2}\mathrm{d}x \leqslant \int_0^1 x^n \mathrm{d}x = \frac{1}{n+1}$$

$$\frac{1}{n+1} \to 0 \quad (n \to \infty)$$

由夹逼定理有

$$\lim_{n\to\infty}\int_0^1 \frac{x^n}{1+x^2}\mathrm{d}x = 0$$

例 10 函数 $f(x)$ 在 $[a,b]$ 上有界,是 $f(x)$ 在 $[a,b]$ 上(常义)可积的＿＿＿＿条件,而 $f(x)$ 在 $[a,b]$ 上连续是 $f(x)$ 在 $[a,b]$ 上可积的＿＿＿＿条件.

解　必要　充分

例 11　设函数 $f(x)$ 在 $[0,1]$ 上连续，在 $(0,1)$ 内可导，且 $3\int_{\frac{2}{3}}^{1} f(x)\mathrm{d}x = f(0)$. 证明在 $(0,1)$ 内存在一点 c，使 $f'(c)=0$.

证明　由积分中值定理

$$\int_{\frac{2}{3}}^{1} f(x)\mathrm{d}x = \frac{1}{3}f(\xi) \quad \left(\frac{2}{3} \leqslant \xi \leqslant 1\right)$$

于是 $f(\xi)=f(0)$，又因为 $f(x)$ 在 $[0,1]$ 上连续，在 $(0,1)$ 内可导，由罗尔定理有 $c \in (0, \xi) \subset (0,1)$，使 $f'(c)=0$.

例 12　求 $\lim\limits_{n\to\infty} \dfrac{1}{n^2}(\sqrt[3]{n^2} + \sqrt[3]{2n^2} + \cdots + \sqrt[3]{n^3})$.

解　
$$\lim_{n\to\infty} \frac{1}{n^2}(\sqrt[3]{n^2} + \sqrt[3]{2n^2} + \cdots + \sqrt[3]{n^3}) =$$

$$\lim_{n\to\infty} \frac{1}{n}\left(\sqrt[3]{\frac{1}{n}} + \sqrt[3]{\frac{2}{n}} + \cdots + \sqrt[3]{\frac{n}{n}}\right) =$$

$$\int_0^1 \sqrt[3]{x}\,\mathrm{d}x = \frac{1}{\frac{1}{3}+1}x^{\frac{1}{3}+1}\bigg|_0^1 = \frac{3}{4}$$

例 13　$\dfrac{\mathrm{d}}{\mathrm{d}x}\int_a^b \arctan x\,\mathrm{d}x = (\qquad)$.

A. $\arctan x$ 　　　　　　　　B. $\dfrac{1}{1+x^2}$

C. $\arctan b - \arctan a$ 　　　D. 0

解　$\int_a^b \arctan x\,\mathrm{d}x$ 是一个数，故 $\dfrac{\mathrm{d}}{\mathrm{d}x}\int_a^b \arctan x\,\mathrm{d}x = 0$，故选 D.

例 14　比较 $M_1 = \int_{-\frac{\pi}{2}}^{\frac{\pi}{2}} \dfrac{\sin x}{1+x^2}\cos^4 x\,\mathrm{d}x$　$M_2 = \int_{-\frac{\pi}{2}}^{\frac{\pi}{2}} (\sin^3 x + \cos^4 x)\,\mathrm{d}x$　$M_3 = \int_{-\frac{\pi}{2}}^{\frac{\pi}{2}} (x^2\sin^3 x - \cos^4 x)\,\mathrm{d}x$.

解　$\dfrac{\sin x}{1+x^2}\cdot\cos^4 x$ 是奇函数 $\Rightarrow M_1 = 0$.

$\sin^3 x$ 是奇函数 $\Rightarrow M_2 = \int_{-\frac{\pi}{2}}^{\frac{\pi}{2}}\cos^4 x\,\mathrm{d}x = 2\int_0^{\frac{\pi}{2}}\cos^4 x\,\mathrm{d}x > 0$.

$x^2\cdot\sin^3 x$ 是奇函数 $\Rightarrow M_3 = -\int_{-\frac{\pi}{2}}^{\frac{\pi}{2}}\cos^4 x\,\mathrm{d}x = -2\int_0^{\frac{\pi}{2}}\cos^4 x\,\mathrm{d}x < 0$.

故 $M_3 < M_1 < M_2$.

6.2　微积分的基本定理

6.2.1　基本要求

(1) 掌握变限积分及其性质

（2）掌握牛顿－莱布尼兹公式.

6.2.2　知识考点概述

1.变限积分的定义

$y=f(x)$ 在 $[a,b]$ 上可积，$x\in[a,b]$，则 $\int_a^x f(t)dt$ 就是区间 $[a,b]$ 上的一个变上限函数，或称变上限积分.

2.变限积分的性质

（1）连续性.

设 $y=f(x)$ 在 $[a,b]$ 上可积，则 $\varphi(x)=\int_a^x f(t)dt$ 是 $[a,b]$ 上的连续函数.

（2）可导性.

设 $f(x)$ 在 $[a,b]$ 上连续，则 $\varphi(x)=\int_a^x f(t)dt$ 在 $[a,b]$ 上可导，并且它的导数为

$$\varphi'(x)=\frac{d}{dx}\int_a^x f(t)dt=f(x)$$

推广：$\varphi(x)=\int_{g(x)}^{f(x)}h(t)dt$，其中 $f(x),g(x)$ 在 $[a,b]$ 上可导，则

$$\varphi'(x)=h[f(x)]f'(x)-h[g(x)]g'(x)$$

（3）设 $f(x)$ 在区间 $[a,b]$ 上连续，则函数 $\varphi(x)=\int_a^x f(t)dt$ 是 $f(x)$ 在 $[a,b]$ 上的一个原函数.

3.牛顿-莱布尼兹公式

如果函数 $F(x)$ 是连续函数 $f(x)$ 在 $[a,b]$ 上的一个原函数，则

$$\int_a^b f(x)dx=F(b)-F(a)$$

6.2.3　常用解题技巧

1.变限积分与洛必达法则

例 1　求 $\lim\limits_{x\to 0}\dfrac{\int_0^x \arctan t dt}{x^2}$.

解　$\lim\limits_{x\to 0}\dfrac{\int_0^x \arctan t dt}{x^2}\xlongequal{\frac{0}{0}}\lim\limits_{x\to 0}\dfrac{\arctan x}{2x}=\dfrac{1}{2}$.

2.分段函数的定积分（要对分段点进行连续补）

例 2　设 $f(x)=\begin{cases}3x^2,&0\leqslant x\leqslant 1\\4,&1<x\leqslant 2\end{cases}$，求 $\int_0^2 f(x)dx$.

解　把区间 $[0,2]$ 分成 $[0,1]$ 与 $[1,2]$ 两个子区间，并在子区间 $[1,2]$ 上规定 $x=1$ 时，$f(1)=4$，从而

$$\int_0^2 f(x)dx=\int_0^1 3x^2 dx+\int_1^2 4dx=x^3\Big|_0^1+4=5$$

6.2.4 典型题解

例 3 若一汽车以速度 $u(t) = 27 - 3t^2$ 沿直线做减速运动,则从时刻 $t = 0$ 到汽车停下,所行驶的距离为_____.

解 当 $u(t) = 27 - 3t^2 = 0$ 时,汽车停下,$t = 3$,从 $t = 0$ 到 $t = 3$,汽车行驶的距离为

$$s = \int_0^3 u(t)\,dt = \int_0^3 (27 - 3t^2)\,dt = 54$$

例 4 下列计算是否正确,试说明理由.

$$\int_{-1}^1 \frac{1}{1+x^2}\,dx = -\int_{-1}^1 \frac{1}{1+\left(\frac{1}{x}\right)^2}\,d\left(\frac{1}{x}\right) = \arctan \frac{1}{x}\Big|_{-1}^1 = -\frac{\pi}{2}$$

解 这个结果是错误的。因为 $f(x) = \dfrac{1}{1+x^2}$ 的原函数有 $\arctan x$ 及 $-\arctan \dfrac{1}{x}$,但 $-\arctan \dfrac{1}{x}$ 在 $[-1,1]$ 不连续,故它不满足牛顿—莱布尼兹公式,而 $\arctan x$ 满足公式,即

$$\int_{-1}^1 \frac{1}{1+x^2}\,dx = \arctan x\Big|_{-1}^1 = \frac{\pi}{2} \text{ 为正确.}$$

例 5 $\displaystyle \lim_{x \to 0} \frac{\int_0^x (\arcsin t - t)\,dt}{x(e^x - 1)^3} = ($ $)$.

A. 0   B. 1   C. $\dfrac{1}{24}$ D. 不存在

解 等价无穷小及洛必达法则:

$$\text{原式} = \lim_{x \to 0} \frac{\int_0^x (\arcsin t - t)\,dt}{x^4} = \lim_{x \to 0} \frac{\arcsin x - x}{4x^3} = \lim_{x \to 0} \frac{\frac{1}{\sqrt{1-x^2}} - 1}{12x^2} =$$

$$\lim_{x \to 0} \frac{\frac{-2x}{2(1-x^2)^{\frac{5}{2}}}}{24x} = \frac{1}{24}$$

故选 C.

例 6 计算下列导数.

(1) $\dfrac{d}{dx}\displaystyle\int_{\sin x}^{\cos x} e^{t^2}\,dt$.

(2) $\dfrac{d}{dx}\displaystyle\int_{x^2}^0 x\cos(t^2)\,dt$.

解 (1) $\dfrac{d}{dx}\displaystyle\int_{\sin x}^{\cos x} e^{t^2}\,dt = \dfrac{d}{dx}\left(\int_{\sin x}^0 e^{t^2}\,dt + \int_0^{\cos x} e^{t^2}\,dt\right) = -\cos x e^{\sin^2 x} - \sin x e^{\cos^2 x}$.

(2) $\dfrac{d}{dx}\displaystyle\int_{x^2}^0 x\cos t^2\,dt = -\dfrac{d}{dx}x\int_0^{x^2} \cos t^2\,dt = -\left(\int_0^{x^2} \cos t^2\,dt + x \cdot 2x\cos x^4\right) =$

$$\left(2x^2\cos x^4 + \int_0^{x^2} \cos t^2\,dt\right).$$

例 7 已知 $f(x) = 3x^2 + \displaystyle\int_0^2 f(x)\,dx$,求 $f(x)$.

解 设 $\int_0^2 f(x)\mathrm{d}x = c$，则 $f(x)=3x^2+c$. 所以

$$c = \int_0^2 f(x)\mathrm{d}x = \int_0^2 (3x^2+c)\mathrm{d}x = x^3\mid_0^2 + 2c = 8 + 2c$$

所以 $c=-8$，故 $f(x)=3x^2-8$.

例 8 $f(x)=\begin{cases} -1, & -1 \leqslant x < 0 \\ 0, & x=0 \\ 1, & 0 < x \leqslant 1 \end{cases}$，试求 $F(x)=\int_{-1}^x f(t)\mathrm{d}t$ 及 $F'(x)$.

解 $F(x)=\int_{-1}^x f(t)\mathrm{d}t = \begin{cases} -\int_{-1}^x \mathrm{d}t = 1-x, & -1 \leqslant x < 0 \\ -1, & x=0 \\ \int_{-1}^0 (-1)\mathrm{d}t + \int_0^x \mathrm{d}t = -1+x, & 0 < x \leqslant 1 \end{cases}$

$$F'(x)=\begin{cases} -1, & -1 \leqslant x < 0 \\ \text{不存在}, & x=0 \\ 1, & 0 < x \leqslant 1 \end{cases}$$

例 9 求极限 $\lim\limits_{x\to\infty} \dfrac{\left(\int_0^x \mathrm{e}^{t^2}\mathrm{d}t\right)^2}{\int_0^x \mathrm{e}^{2t^2}\mathrm{d}t}$.

解 显然此极限属 $\dfrac{\infty}{\infty}$ 型，应用洛必达法则有

$$\text{原式} = \lim_{x\to\infty} \frac{2\mathrm{e}^{x^2}\int_0^x \mathrm{e}^{t^2}\mathrm{d}t}{\mathrm{e}^{2x^2}} = \lim_{x\to\infty} \frac{2\int_0^x \mathrm{e}^{t^2}\mathrm{d}t}{\mathrm{e}^{x^2}} = \lim_{x\to\infty} \frac{2\mathrm{e}^{x^2}}{2x\mathrm{e}^{x^2}} = 0$$

例 10 证明不等式 $\int_0^1 \ln(1+x)\mathrm{d}x > \int_0^1 \dfrac{x}{1+x}\mathrm{d}x$.

分析 这类不等式可将上限 1 换成 x，构造一个函数.

证明 令 $F(x)=\int_0^x \ln(1+x)\mathrm{d}x - \int_0^x \dfrac{x}{1+x}\mathrm{d}x \quad (x\in [0\ 1])$

$$F'(x)=\ln(1+x) - \frac{x}{1+x}$$

$$F''(x)=\frac{1}{1+x} - \frac{1}{(1+x)^2} = \frac{x}{(1+x)^2} > 0 \quad (x>0)$$

所以 $F'(x)\uparrow$，$F'(0)=0$，所以当 $x>0$ 时，$F'(x)>F'(0)=0$.

所以 $F(x)\uparrow$，$F(0)=0$，所以 $F(1)>F(0)=0$，即

$$\int_0^1 \ln(1+x)\mathrm{d}x - \int_0^1 \frac{x}{1+x}\mathrm{d}x > 0$$

故

$$\int_0^1 \ln(1+x)\mathrm{d}x > \int_0^1 \frac{x}{1+x}\mathrm{d}x$$

例 11 设 $f(x)$ 为可导函数，且 $f(0)=0$，$f'(0)=2$，计算 $\lim\limits_{x\to 0} \dfrac{\int_0^x f(t)\mathrm{d}t}{x^2}$.

解　$$\lim_{x \to 0} \frac{\int_0^x f(t)\,dt}{x^2} = \lim_{x \to 0} \frac{f(x)}{2x} = \lim_{x \to 0} \frac{f(x) - f(0)}{2x} =$$

$\dfrac{1}{2} f'(0) = 1$(注 $\lim_{x \to 0} \dfrac{f(x)}{2x}$ 不可用洛必达法则,因为 $\lim_{x \to 0} f'(x)$ 存在性未知)

例 12　若 $f(x) = \begin{cases} \dfrac{\int_0^x (e^t - 1)\,dt}{x^2} & x \neq 0 \\ 0 & x = 0 \end{cases}$,计算 $f'(0)$.

解　$f'(x) = \begin{cases} \dfrac{x^2(e^{x^2} - 1) - 2x\int_0^x (e^{t^2} - 1)\,dt}{x^4} & x \neq 0 \\ f'(0) & x = 0 \end{cases}$

$$\lim_{x \to 0} f'(x) = \lim_{x \to 0} \frac{x^2(e^{x^2} - 1) - 2x\int_0^x (e^{t^2} - 1)\,dt}{x^4}$$

$$\lim_{x \to 0} \frac{x^2(e^{x^2} - 1)}{x^4} = \lim_{x \to 0} \frac{x^2 \cdot x^2}{x^4} = 1$$

$$\lim_{x \to 0} \frac{2x\int_0^x (e^{t^2} - 1)\,dt}{x^4} = \lim_{x \to 0} \frac{2\int_0^x (e^{t^2} - 1)\,dt}{x^3} = \lim_{x \to 0} \frac{2(e^{x^2} - 1)}{3x^2} = \frac{2}{3}$$

故　$$\lim_{x \to 0} f'(x) = 1 - \frac{2}{3} = \frac{1}{3}$$

例 13　求 $\int_0^1 |3x - 1|\,dx$.

解　$I = \int_0^{\frac{1}{3}} |3x - 1|\,dx + \int_{\frac{1}{3}}^1 |3x - 1|\,dx =$

$$\int_0^{\frac{1}{3}} (1 - 3x)\,dx + \int_{\frac{1}{3}}^1 (3x - 1)\,dx =$$

$$\left(x - \frac{3}{2}x^2\right) \Big|_0^{\frac{1}{3}} + \left(\frac{3}{2}x^2 - x\right) \Big|_{\frac{1}{3}}^1 = \frac{5}{6}$$

例 14　若 $f(x) = \begin{cases} x & x \geqslant 0 \\ e^x & x < 0 \end{cases}$,计算 $\int_{-1}^2 f(x)\,dx$.

解　$f(x) = \begin{cases} x & -1 \leqslant x \leqslant 0 \\ e^x & 0 < x \leqslant 2 \end{cases}$,在$[0,2]$上规定当 $x = 0$ 时,$f(0 = 1)$.

$$I = \int_{-1}^0 f(x)\,dx + \int_0^2 f(x)\,dx = \int_{-1}^0 e^x\,dx + \int_0^2 x\,dx =$$

$$e^x \Big|_{-1}^0 + \frac{1}{2}x^2 \Big|_0^2 = 1 - e^{-1}$$

例 15　已知 $f(x) = \begin{cases} x^2 & 0 \leqslant x < 1 \\ 1 & 1 \leqslant x \leqslant 2 \end{cases}$,计算 $F(x) = \int_0^x f(t)\,dt, 0 \leqslant x \leqslant 2$.

解　在 $[0,1]$ 上规定 $f(1)=1$.

$$F(x)=\begin{cases}\displaystyle\int_0^x x^2\,\mathrm{d}x & 0\leqslant x<1 \\[2mm]\displaystyle\int_0^1 x^2\,\mathrm{d}x+\int_1^x 1\,\mathrm{d}x & 1\leqslant x\leqslant 2\end{cases}=\begin{cases}\dfrac{1}{3}x^3 & 0\leqslant x<1 \\[2mm]x-\dfrac{2}{3} & 1\leqslant x\leqslant 2\end{cases}$$

6.3　定积分的换元法与分部积分法

6.3.1　基本要求

(1) 掌握定积分的换元法.
(2) 掌握定积分的分部积分法.

6.3.2　知识考点概述

1.定积分的换元法
设函数 $f(x)$ 在区间 $[a,b]$ 上连续,而函数 $x=\varphi(t)$ 满足下列条件:
(1) $\varphi(t)$ 是定义在区间 $[\alpha,\beta]$ 上的单调连续函数.
(2) $\varphi'(t)$ 在 $[\alpha,\beta]$ 上连续.
(3) $\varphi(\alpha)=a,\varphi(\beta)=b$.
则有换元积分公式:

$$\int_a^b f(x)\,\mathrm{d}x=\int_\alpha^\beta f[\varphi(t)]\varphi'(t)\,\mathrm{d}t$$

注:(1) 利用代换 $x=\varphi(t)$ 进行换元时,积分限要相应地变换,即换元时要换积分限,求出 $f[\varphi(t)]\varphi'(t)$ 的原函数后,直接按牛顿－莱布尼兹公式计算出定积分值,而不必将换元后的变量再代回原变量.

(2) 当设 $\varphi(x)=u$ 时,一定要换积分限,如果不设 $\varphi(x)=u$ 时,就不用换积分限。

2.定积分的分部积分法
设 $u'(x)$ 和 $v'(x)$ 在 $[a,b]$ 上连续,则有

$$\int_a^b uv'\,\mathrm{d}x=uv\,\Big|_a^b-\int_a^b u'v\,\mathrm{d}x$$

6.3.3　常用解题技巧

1.周期函数定积分的性质
设 $f(x)$ 是以 $T(T>0)$ 为周期的连续函数,则对任何常数 a 有:
(1) $\displaystyle\int_a^{a+T} f(x)\,\mathrm{d}x=\int_0^T f(x)\,\mathrm{d}x$;
(2) $\displaystyle\int_a^{a+nT} f(x)\,\mathrm{d}x=n\int_0^T f(x)\,\mathrm{d}x\,(n\in\mathbf{N})$.

2. 三角函数定积分的性质

设 $f(x)$ 是 $[0,1]$ 上的连续函数,证明:

$(1)\displaystyle\int_0^{\frac{\pi}{2}} f(\sin x)\mathrm{d}x = \int_0^{\frac{\pi}{2}} f(\cos x)\mathrm{d}x;$

$(2)\displaystyle\int_0^{\pi} xf(\sin x)\mathrm{d}x = \frac{\pi}{2}\int_0^{\pi} f(\sin x)\mathrm{d}x = \pi\int_0^{\frac{\pi}{2}} f(\sin x)\mathrm{d}x.$

3. 变限积分的奇偶性

$f(x)$ 是可积的奇函数(偶函数),则 $F(x) = \displaystyle\int_0^x f(t)\mathrm{d}t$ 一定是偶(奇)函数.

4. 瓦里斯公式

$$I_n = \int_0^{\frac{\pi}{2}} \sin^n x\,\mathrm{d}x \left(=\int_0^{\frac{\pi}{2}} \cos^n x\,\mathrm{d}x\right) = \begin{cases} \dfrac{(n-1)!!}{n!!} & ,n\text{ 为奇数} \\[3mm] \dfrac{(n-1)!!}{n!!}\cdot\dfrac{\pi}{2} & ,n\text{ 为偶数} \end{cases}$$

6.3.4 典型题解

例 1 求 $\displaystyle\int_{\frac{1}{e}}^{e} |\ln x|\,\mathrm{d}x.$

解
$$\int_{\frac{1}{e}}^{e} |\ln x|\,\mathrm{d}x = \int_{\frac{1}{e}}^{1} -\ln x\,\mathrm{d}x + \int_1^e \ln x\,\mathrm{d}x =$$
$$-\left(x\ln x\Big|_{\frac{1}{e}}^{1} - \int_{\frac{1}{e}}^{1} x\mathrm{d}\ln x\right) + x\ln x\Big|_1^e - \int_1^e x\mathrm{d}\ln x =$$
$$-\left(0 - \frac{1}{e}\ln\frac{1}{e} - \int_{\frac{1}{e}}^{1}\mathrm{d}x\right) + e - \int_1^e \mathrm{d}x = 2 - \frac{2}{e}$$

例 2 (1) 求 $\displaystyle\int_0^1 \ln(x+\sqrt{x^2+1})\mathrm{d}x.$

(2) 设 $f(x) = \begin{cases} x\sin x, & x > 0 \\ -1, & x \leqslant 0 \end{cases}$,求 $\displaystyle\int_0^{2\pi} f(x-\pi)\mathrm{d}x.$

解 (1) $\displaystyle\int_0^1 \ln(x+\sqrt{x^2+1})\mathrm{d}x = x\ln(x+\sqrt{x^2+1})\Big|_0^1 - \int_0^1 x\mathrm{d}\ln(x+\sqrt{x^2+1}) =$
$$\ln(1+\sqrt{2}) - \int_0^1 \frac{x}{\sqrt{x^2+1}}\mathrm{d}x =$$
$$\ln(1+\sqrt{2}) - \frac{1}{2}\int_0^1 \frac{1}{\sqrt{x^2+1}}\mathrm{d}(x^2+1) =$$
$$\ln(1+\sqrt{2}) - \sqrt{x^2+1}\Big|_0^1 = \ln(1+\sqrt{2}) + 1 - \sqrt{2}$$

$(2)\displaystyle\int_0^{2\pi} f(x-\pi)\mathrm{d}x \xrightarrow{x-\pi=t} \int_{-\pi}^{\pi} f(t)\mathrm{d}t = \int_{-\pi}^0 f(t)\mathrm{d}t + \int_0^{\pi} f(t)\mathrm{d}t =$
$$\int_{-\pi}^0 (-1)\mathrm{d}t + \int_0^{\pi} t\sin t\,\mathrm{d}t = -\pi - \int_0^{\pi} t\mathrm{d}\cos t =$$
$$-\pi - \left(t\cos t\Big|_0^{\pi} - \int_0^{\pi}\cos t\,\mathrm{d}t\right) =$$

$$-\pi-(-\pi-\sin t\,|_0^\pi)=0$$

例 3　若 $f(t)$ 是连续的奇函数(偶函数),证明 $\int_0^x f(t)\mathrm{d}t$ 是偶函数(奇函数).

证明　设 $F(x)=\int_0^x f(t)\mathrm{d}t$,有

$$F(-x)=\int_0^{-x} f(t)\mathrm{d}t\xrightarrow{t=-u}-\int_0^x f(-u)\mathrm{d}u=\int_0^x f(u)\mathrm{d}u=F(x)$$

所以 $\int_0^x f(t)\mathrm{d}t$ 是偶函数.

例 4　计算 $I=\int_0^{2\pi}\sin^n x\,\mathrm{d}x$,$n$ 为自然数.

解
$$I=\int_{-\pi}^{\pi}\sin^n x\,\mathrm{d}x=\begin{cases}0 & ,n\text{ 为奇数}\\ 2\displaystyle\int_0^\pi\sin^n x\,\mathrm{d}x & ,n\text{ 为偶数}\end{cases}=$$

$$4\int_0^{\frac{\pi}{2}}\sin^n x\,\mathrm{d}x=4\cdot\frac{(n-1)!!}{n!!}\cdot\frac{\pi}{2}$$

$$2\int_0^\pi\sin^n x\,\mathrm{d}x=$$

$$2\pi\cdot\frac{(n-1)!!}{n!!}$$

例 5　$\displaystyle\int_{-1}^1(x+\sqrt{1-x^2})^2\mathrm{d}x=\underline{\qquad}$.

解　$\displaystyle\int_{-1}^1(x+\sqrt{1-x^2})^2\mathrm{d}x=\int_{-1}^1(x^2+1-x^2+2x\sqrt{1-x^2})\mathrm{d}x=2$.

例 6　设 $f(x)=\displaystyle\int_1^{x^2}\mathrm{e}^{-t^2}\mathrm{d}t$,求 $\displaystyle\int_0^1 xf(x)\mathrm{d}x$.

解　$\displaystyle\int_0^1 xf(x)\mathrm{d}x=\frac{1}{2}\int_0^1 f(x)\mathrm{d}x^2=\frac{1}{2}\left[x^2 f(x)\,|_0^1-\int_0^1 x^2\mathrm{d}f(x)\right]=$

$$\frac{1}{2}\left[\left(x^2\int_1^{x^2}\mathrm{e}^{-t^2}\mathrm{d}t\right)\Big|_0^1-\int_0^1 x^2\cdot 2x\mathrm{e}^{-x^4}\mathrm{d}x\right]=$$

$$\frac{1}{2}\int_0^1 2x^3\mathrm{e}^{-x^4}\mathrm{d}x=\frac{1}{4}\int_0^1\mathrm{e}^{-x^4}\mathrm{d}(-x^4)=\frac{1}{4}\mathrm{e}^{-x^4}\Big|_0^1=\frac{1}{4}(\mathrm{e}^{-1}-1)$$

例 7　证明积分等式 $\displaystyle\int_0^{\frac{\pi}{2}}f(\sin 2x)\mathrm{d}x=\int_0^{\frac{\pi}{4}}f(\cos x)\mathrm{d}x$.

证明　$\displaystyle\int_0^{\frac{\pi}{2}}f(\sin 2x)\mathrm{d}x\xrightarrow{2x=\frac{\pi}{2}-t}-\frac{1}{2}\int_{\frac{\pi}{2}}^{-\frac{\pi}{2}}f\left[\sin\left(\frac{\pi}{2}-t\right)\right]\mathrm{d}t=$

$$\frac{1}{2}\int_{-\frac{\pi}{2}}^{\frac{\pi}{2}}f(\cos t)\mathrm{d}t=\int_0^{\frac{\pi}{2}}f(\cos t)\mathrm{d}t$$

例 8　求 $\displaystyle\int_{-\frac{\pi}{2}}^{\frac{\pi}{2}}\frac{\mathrm{e}^x}{\mathrm{e}^x+1}\sin^4 x\,\mathrm{d}x$.

解　令 $x=-t,\mathrm{d}x=-\mathrm{d}t$,则有

$$\text{原式} = -\int_{\frac{\pi}{2}}^{-\frac{\pi}{2}} \frac{e^{-t}}{e^{-t}+1}\sin^4 t\,dt = \int_{-\frac{\pi}{2}}^{\frac{\pi}{2}} \frac{e^{-x}}{e^{-x}+1}\sin^4 x\,dx =$$

$$\int_{-\frac{\pi}{2}}^{\frac{\pi}{2}} \frac{1}{e^x+1}\sin^4 x\,dx = \int_{-\frac{\pi}{2}}^{\frac{\pi}{2}} \frac{1+e^x-e^x}{e^x+1}\sin^4 x\,dx =$$

$$\int_{-\frac{\pi}{2}}^{\frac{\pi}{2}} \sin^4 x\,dx - \int_{-\frac{\pi}{2}}^{\frac{\pi}{2}} \frac{e^x}{e^x+1}\sin^4 x\,dx$$

故
$$\int_{-\frac{\pi}{2}}^{\frac{\pi}{2}} \frac{e^x}{1+e^x}\sin^4 x\,dx = \frac{1}{2}\int_{-\frac{\pi}{2}}^{\frac{\pi}{2}} \sin^4 x\,dx = \int_{0}^{\frac{\pi}{2}} \sin^4 x\,dx = \frac{3!!}{4!!}\cdot\frac{\pi}{2}$$

例 9　求 $I = \int_0^3 \arcsin\sqrt{\dfrac{x}{1+x}}\,dx$.

解　令 $u = \arcsin\sqrt{\dfrac{x}{1+x}}\,dx$,得 $\sin^2 a = \dfrac{x}{1+x}$,$x = \tan^2 u$,$dx = d(\tan^2 u)$,当 $x=0$ 时,$u=0$,当 $x=3$ 时,$u=\dfrac{\pi}{3}$,代入得

$$I = \int_0^{\frac{\pi}{3}} u\,d(\tan^2 u) = u\cdot\tan^2 u\Big|_0^{\frac{\pi}{3}} - \int_0^{\frac{\pi}{3}} \tan^2 u\,du =$$

$$\pi - \int_0^{\frac{\pi}{3}} (\sec^2 a - 1)\,du = \pi - \tan a\Big|_0^{\frac{\pi}{3}} + u\Big|_0^{\frac{\pi}{3}} =$$

$$\frac{4}{3}\pi - \sqrt{3}$$

例 10　求 $I = \int_0^{\frac{\pi}{4}} \ln(1+\tan x)\,dx$.

解　令 $x = \dfrac{\pi}{4} - t$,代入原式有

$$I = -\int_{\frac{\pi}{4}}^{0} \ln\left[1 + \tan\left(\frac{\pi}{4} - t\right)\right]dt =$$

$$\int_0^{\frac{\pi}{4}} \ln\left(1 + \frac{\tan\frac{\pi}{4} - \tan t}{1 + \tan\frac{\pi}{4}\cdot\tan t}\right)dt =$$

$$\int_0^{\frac{\pi}{4}} \ln\left(1 + \frac{1-\tan t}{1+\tan t}\right)dt =$$

$$\int_0^{\frac{\pi}{4}} \ln\left(\frac{2}{1+\tan t}\right)dt =$$

$$\int_0^{\frac{\pi}{4}} \ln 2\,dt - \int_0^{\frac{\pi}{4}} \ln(1+\tan t)\,dt$$

$$2I = \ln 2\cdot\frac{\pi}{4} \Rightarrow I = \frac{\pi}{8}\ln 2$$

例 11　求 $I = \int_0^1 \dfrac{x}{e^x + e^{1-x}}\,dx$.

解　令 $1-x = t$,代入原式有

$$I = -\int_1^0 \frac{1-t}{e^t + e^{1-t}}\,dt = \int_0^1 \frac{1-x}{e^x + e^{1-x}}\,dx = \int_0^1 \frac{1}{e^x + e^{1-x}}\,dx - \int_0^1 \frac{x}{e^x + e^{1-x}}\,dx$$

$$2I = \int_0^1 \frac{1}{e^x + e^{1-x}} dx = \int_0^1 \frac{1}{e^x + \frac{e}{e^x}} dx = \int_0^1 \frac{e^x}{e + (e^x)^2} dx =$$

$$\int_0^1 \frac{1}{e + (e^x)^2} de^x = \frac{1}{\sqrt{e}} \arctan \frac{u}{\sqrt{e}} \Big|_1^e = \frac{1}{\sqrt{e}} \left(\arctan \sqrt{e} - \arctan \frac{1}{\sqrt{e}} \right)$$

所以
$$I = \frac{1}{2\sqrt{e}} \left(\arctan \sqrt{e} - \arctan \frac{1}{\sqrt{e}} \right)$$

例 12 若 $f(x) = \begin{cases} \dfrac{1}{1+x} & x \geqslant 0 \\ \dfrac{1}{1+e^x} & x < 0 \end{cases}$,计算 $I = \int_0^2 f(x-1) dx$.

解 令 $x - 1 = t, I = \int_{-1}^1 f(t) dt = \int_{-1}^1 f(x) dx$,在 $[0,1]$ 上规定 $f(0) = \dfrac{1}{2}$.

$$I = \int_{-1}^0 \frac{1}{1+e^x} dx + \int_0^1 \frac{1}{1+x} dx =$$

$$\int_{-1}^0 \frac{1 + e^x - e^x}{1 + e^x} dx + \ln(1+x) \Big|_0^1 =$$

$$\int_{-1}^0 1 dx - \int_{-1}^0 \frac{1}{1+e^x} d(e^x + 1) + \ln 2 =$$

$$1 - \ln(1 + e^x) \Big|_{-1}^0 + \ln 2 = \ln(1 + e)$$

6.4 反常积分

6.4.1 基本要求

(1) 掌握反常积分的定义及其性质.

(2) 掌握反常积分的计算.

(3) 掌握 Γ 函数.

6.4.2 知识考点概述

1. 无穷限的反常积分

(1) 定义.

上限为无穷的反常积分:设函数 $f(x)$ 在区间 $[a, +\infty)$ 上连续,取 $b > a$,有

$$\int_a^{+\infty} f(x) dx = \lim_{b \to +\infty} \int_a^b f(x) dx$$

下限为无穷的反常积分:设函数 $f(x)$ 在区间 $(-\infty, b]$ 上连续,取 $b > a$,有

$$\int_{-\infty}^b f(x) dx = \lim_{a \to -\infty} \int_a^b f(x) dx$$

上、下限为无穷的反常积分:如果 $f(x)$ 在 $(-\infty, +\infty)$ 上连续,有

$$\int_{-\infty}^{+\infty} f(x)\mathrm{d}x = \int_{-\infty}^{a} f(x)\mathrm{d}x + \int_{a}^{+\infty} f(x)\mathrm{d}x$$

(2) 无穷级限反常积分的计算.

上限为无穷的反常积分:设 $F(x)$ 是 $f(x)$ 在 $[a, +\infty)$ 上的一个原函数,有

$$\int_{a}^{+\infty} f(x)\mathrm{d}x = F(x)\big|_{a}^{+\infty}$$

下限为无穷的反常积分:设 $F(x)$ 是 $f(x)$ 在 $(-\infty, b]$ 上的一个原函数,有

$$\int_{-\infty}^{b} f(x)\mathrm{d}x = F(x)\big|_{-\infty}^{b}$$

上、下限为无穷的反常积分:设 $F(x)$ 是 $f(x)$ 在 $(-\infty, +\infty)$ 上的一个原函数,有

$$\int_{-\infty}^{+\infty} f(x)\mathrm{d}x = F(x)\big|_{-\infty}^{+\infty}$$

注:计算时要解出原函数,再代入上、下限,不要求出部分原函数就代入上、下限.

(3) 性质.

① $\int_{a}^{+\infty} Af(x)\mathrm{d}x$ 与 $\int_{a}^{+\infty} Af(x)\mathrm{d}x\,(A \neq 0$ 常数$)$ 具有相同的敛散性.

② $\int_{a}^{+\infty} f(x)\mathrm{d}x$ 与 $\int_{a}^{+\infty} g(x)\mathrm{d}x$ 都收敛,则 $\int_{a}^{+\infty} [f(x) \pm g(x)]\mathrm{d}x$ 收敛,且

$$\int_{a}^{+\infty} [f(x) \pm g(x)]\mathrm{d}x = \int_{a}^{+\infty} f(x)\mathrm{d}x \pm \int_{a}^{+\infty} g(x)\mathrm{d}x$$

注:① 若 $\int_{a}^{+\infty} f(x)\mathrm{d}x$ 与 $\int_{a}^{+\infty} g(x)\mathrm{d}x$ 都发散,则 $\int_{a}^{+\infty} [f(x) \pm g(x)]\mathrm{d}x$ 也可能收敛.

② 定积分的换元法和分部积分法在反常积分中成立.

2. 无界函数的反常积分(瑕积分)

(1) 定义.

瑕点:如果函数 $f(x)$ 在点 a 的任一邻域内都无界,称点 a 为函数 $f(x)$ 的瑕点(也称为无界间断点).

下限为瑕点的瑕积分:设函数 $f(x)$ 在 $(a, b]$ 上连续,点 a 为 $f(x)$ 的瑕点,取 $\varepsilon > 0$,有

$$\int_{a}^{b} f(x)\mathrm{d}x = \lim_{\varepsilon \to 0} \int_{a+\varepsilon}^{b} f(x)\mathrm{d}x$$

上限为瑕点的瑕积分:设函数 $f(x)$ 在 $[a, b)$ 上连续,点 b 为 $f(x)$ 的瑕点,取 $\varepsilon > 0$,有

$$\int_{a}^{b} f(x)\mathrm{d}x = \lim_{\varepsilon \to 0} \int_{a}^{b-\varepsilon} f(x)\mathrm{d}x$$

上、下限为瑕点的瑕积分:设函数 $f(x)$ 在 (a, b) 内连续,点 a, b 为 $f(x)$ 的瑕点,取 $\varepsilon > 0, \delta > 0, a < c < b$,有

$$\int_{a}^{b} f(x)\mathrm{d}x = \lim_{\varepsilon \to 0} \int_{a+\varepsilon}^{c} f(x)\mathrm{d}x + \lim_{\delta \to 0} \int_{c}^{b-\delta} f(x)\mathrm{d}x \quad (\varepsilon, \delta \text{ 独立})$$

瑕点在中间的瑕积分:如果函数 $f(x)$ 在 $[a, c), (c, b]$ 上连续,c 是瑕点,有

$$\int_{a}^{b} f(x)\mathrm{d}x = \lim_{\varepsilon \to 0^{+}} \int_{a}^{c-\delta} f(x)\mathrm{d}x + \lim_{\varepsilon \to 0^{+}} \int_{c+\varepsilon}^{b} f(x)\mathrm{d}x \quad (\varepsilon, \delta \text{ 独立})$$

(2) 瑕积分的计算.

设 $x = a$ 为 $f(x)$ 的瑕点,在 $(a, b]$ 上,$F'(x) = f(x)$,有

$$\int_a^b f(x)\mathrm{d}x = F(x)\big|_a^b = F(b) - F(a^+)$$

其他情况类似.

3. Γ 函数

(1) 定义.

$\int_0^{+\infty} x^{a-1}\mathrm{e}^{-x}\mathrm{d}x$（其中 a 称为参变量）作为参变量 a 的函数,称为 Γ 函数,记为

$$\Gamma(a) = \int_0^{+\infty} x^{a-1}\mathrm{e}^{-x}\mathrm{d}x$$

(2) 性质.

① 当 $a > 0$ 时, $\Gamma(a) = \int_0^{+\infty} x^{a-1}\mathrm{e}^{-x}\mathrm{d}x$, 收敛.

② $\Gamma(a+1) = a\Gamma(a)$.

③ $\Gamma(1) = 1$.

④ $\Gamma(n+1) = n!$（n 为自然数）.

6.4.3　常用解题技巧

1. 两个常见反常积分的敛散性

(1) $\int_a^{+\infty} \dfrac{1}{x^p}\mathrm{d}x\,(a > 0)$.

当 $p > 1$ 时,收敛,当 $p \leqslant 1$ 时,发散,有

$$\int_a^{+\infty} \frac{1}{x^p}\mathrm{d}x = \begin{cases} +\infty, & p \leqslant 1 \\ \dfrac{a^{1-p}}{p-1}, & p > 1 \end{cases}$$

特例:当 $a = 1$ 时, $p > 1$, 有

$$\int_1^{+\infty} \frac{1}{x^p}\mathrm{d}x = \frac{1}{p-1}$$

(2) $\int_0^1 \dfrac{1}{x^p}\mathrm{d}x$ 的敛散性.

当 $P < 1$ 时,收敛,当 $p \geqslant 1$ 时,发散.

$$\int_0^1 \frac{1}{x^p}\mathrm{d}x = \begin{cases} \dfrac{1}{1-p}, & p < 1 \\ \text{发散}, & p > 1 \end{cases}$$

$\int_a^b \dfrac{1}{(x-a)^p}\mathrm{d}x$ 的敛散性.

当 $P < 1$ 时,收敛,当 $p \geqslant 1$ 时,发散.

$$\int_0^1 \frac{1}{x^p}\mathrm{d}x = \begin{cases} \dfrac{(b-a)^{1-p}}{1-p}, & p < 1 \\ \text{发散}, & p > 1 \end{cases}$$

6.4.4　典型题解

例 1　反常积分(　　)发散.

A. $\displaystyle\int_{-1}^{1}\frac{1}{\sqrt{1-x^2}}\mathrm{d}x$ B. $\displaystyle\int_{0}^{+\infty}\mathrm{e}^{-x^2}\mathrm{d}x$ C. $\displaystyle\int_{e}^{+\infty}\frac{1}{x\ln^2 x}\mathrm{d}x$ D. $\displaystyle\int_{-1}^{1}\frac{1}{\sin x}\mathrm{d}x$

分析 A. $\dfrac{1}{1-x^2}$ 的原函数为 $\arcsin x$，± 1 为瑕点.

$$\int_{-1}^{1}\frac{1}{\sqrt{1-x^2}}\mathrm{d}x=\arcsin x\,\Big|_{-1}^{1}=\frac{\pi}{2}-\left(-\frac{\pi}{2}\right)=\pi,\text{收敛.}$$

B. $\displaystyle\int_{0}^{+\infty}\mathrm{e}^{-x^2}\mathrm{d}x=\frac{\sqrt{\pi}}{2}$，收敛.

C. $\displaystyle\int_{e}^{+\infty}\frac{1}{x\ln^2 x}\mathrm{d}x=\int_{e}^{+\infty}\frac{1}{\ln^2 x}\mathrm{d}\ln x=-\frac{1}{\ln x}\Big|_{e}^{+\infty}=1$，收敛.

D. $x=0$，$\dfrac{1}{\sin x}$ 无意义. $\displaystyle\int_{0}^{1}\frac{1}{\sin x}\mathrm{d}x=\ln\left|\frac{1}{\sin x}-\cot x\right|\,\Big|_{0}^{1}=\infty$，发散.

所以 $\displaystyle\int_{-1}^{1}\frac{1}{\sin x}\mathrm{d}x$ 发散.

注：此时不能用奇函数在对称区间上的积分为 0 的结论.

例 2 下列命题中正确的有 _____ 个.

(1) 设 $f(x)$ 是在 $(+\infty,-\infty)$ 连续的奇函数，则 $\displaystyle\int_{-\infty}^{+\infty}f(x)\mathrm{d}x=0$.

(2) 设 $f(x)$ 在 $(+\infty,-\infty)$ 连续，且 $\displaystyle\lim_{R\to+\infty}\int_{-R}^{R}f(x)\mathrm{d}x$ 存在，则 $\displaystyle\int_{-\infty}^{+\infty}f(x)\mathrm{d}x$ 收敛.

(3) $\displaystyle\int_{a}^{+\infty}f(x)\mathrm{d}x,\int_{a}^{+\infty}g(x)\mathrm{d}x$ 均发散，则不能确定 $\displaystyle\int_{a}^{+\infty}[f(x)+g(x)]\mathrm{d}x$ 是否发散.

(4) 若 $\displaystyle\int_{-\infty}^{0}f(x)\mathrm{d}x$ 与 $\displaystyle\int_{0}^{+\infty}f(x)\mathrm{d}x$ 均发散，则不能确定 $\displaystyle\int_{-\infty}^{+\infty}f(x)\mathrm{d}x$ 是否发散.

分析 要逐一分析.

(1) $f(x)$ 是在 $(+\infty,-\infty)$ 上连续的奇函数，推不出 $\displaystyle\int_{-\infty}^{+\infty}f(x)\mathrm{d}x=0$.

例如，$\displaystyle\int_{-\infty}^{+\infty}x\mathrm{d}x=\int_{-\infty}^{0}x\mathrm{d}x+\int_{0}^{+\infty}x\mathrm{d}x$，而 $\displaystyle\int_{0}^{+\infty}x\mathrm{d}x$ 发散，故 $\displaystyle\int_{-\infty}^{+\infty}x\mathrm{d}x$ 发散.

(2) 显然 (2) 也是错误的.

(3) 正确，如 $f(x)=\dfrac{1}{x^2}+\dfrac{1}{x}$，$\displaystyle\int_{1}^{+\infty}\left(\frac{1}{x^2}+\frac{1}{x}\right)\mathrm{d}x$ 发散，$g(x)=\displaystyle\int_{1}^{+\infty}\left(-\frac{1}{x}\right)\mathrm{d}x$ 发散. 但

$$\int_{1}^{+\infty}[f(x)+g(x)]\mathrm{d}x=\int_{1}^{+\infty}\frac{1}{x^2}\mathrm{d}x\ \text{收敛，所以 (3) 正确.}$$

(4) 只要有一个发散，如 $\displaystyle\int_{-\infty}^{0}f(x)\mathrm{d}x$，则 $\displaystyle\int_{-\infty}^{+\infty}f(x)\mathrm{d}x$ 一定发散，所以 (4) 一定发散.

综上分析，只有一个正确.

例 3 求 $I=\displaystyle\int_{0}^{+\infty}\frac{x\mathrm{e}^x}{(1+\mathrm{e}^x)^2}\mathrm{d}x$.

解
$$I=\int_{0}^{+\infty}\frac{x}{(1+\mathrm{e}^x)^2}\mathrm{d}(\mathrm{e}^x+1)=-\int_{0}^{+\infty}x\mathrm{d}\frac{1}{\mathrm{e}^x+1}=$$
$$\left(\frac{x}{\mathrm{e}^x+1}\Big|_{0}^{+\infty}-\int_{0}^{+\infty}\frac{1}{\mathrm{e}^x+1}\mathrm{d}x\right)=$$

$$\int_0^{+\infty}\frac{1}{e^x+1}dx=-\int_0^{+\infty}\frac{1}{1+e^{-x}}d(1+e^{-x})=$$
$$\ln(1+e^{-x})\big|_0^{+\infty}=\ln 2$$

例 4　求 $I=\int_1^{+\infty}\dfrac{1}{x\sqrt{x-1}}dx$.

解　$I\xmapsto{\sqrt{x-1}=t}\int_0^{+\infty}\dfrac{1}{(t^2+1)t}2tdt=2\arctan t\big|_0^{+\infty}=\pi.$

例 5　(1) 若 $\int_0^1\dfrac{1}{x^{3p-1}}dx$,则 $P=$ _____.

(2) 若 $\int_1^{+\infty}\dfrac{1}{x^{5p+2}}dx=\dfrac{1}{3}$,则 $P=$ _____.

分析　(1) $\int_0^1\dfrac{1}{x^{3p-1}}dx=\dfrac{1}{1-(3p-1)}=\dfrac{1}{2-3p}=\dfrac{1}{2}\Rightarrow p=0.$

(2) $\int_1^{+\infty}\dfrac{1}{x^{5p+2}}dx=\dfrac{1}{5p+2-1}=\dfrac{1}{3}\Rightarrow p=\dfrac{2}{5}.$

例 6　下列积分发散的是_____.

A. $\int_0^1\dfrac{\arcsin x}{\sqrt{1-x^2}}dx$ 　　　　　　B. $\int_1^e\dfrac{1}{x\sqrt{1-\ln^2 x}}dx$

C. $\int_0^{+\infty}\dfrac{\arctan x}{1+x^2}dx$ 　　　　　　D. $\int_1^2\dfrac{1}{(x-1)^2}dx$

解　D

例 7　求积分 $\int_0^{+\infty}\min\left\{e^{-x},\dfrac{1}{2}\right\}dx.$

解　$\min\left\{e^{-x},\dfrac{1}{2}\right\}=\begin{cases}\dfrac{1}{2},x\in[0,\ln 2]\\ e^{-x},x\in[\ln 2,+\infty]\end{cases}$

$$\int_0^{+\infty}\min\left\{e^{-x},\dfrac{1}{2}\right\}dx=\int_0^{\ln 2}\dfrac{1}{2}dx+\int_{\ln 2}^{+\infty}e^{-x}dx=\dfrac{1}{2}\ln 2-e^{-x}\big|_{\ln 2}^{+\infty}=\dfrac{1}{2}\ln 2+\dfrac{1}{2}$$

例 8　已知 $\int_0^{+\infty}\dfrac{\sin x}{x}dx=\dfrac{\pi}{2}$,证明 $\int_0^{+\infty}\dfrac{\sin^2 x}{x^2}dx=\dfrac{\pi}{2}.$

证明　$\int_0^{+\infty}\dfrac{\sin^2 x}{x^2}dx=-\int_0^{+\infty}\sin^2 x\,d\dfrac{1}{x}=-\left(\dfrac{\sin^2 x}{x}\Big|_0^{+\infty}-\int_0^{+\infty}\dfrac{1}{x}d\sin^2 x\right)=$

$$\int_0^{+\infty}\dfrac{2\sin x\cos x}{x}dx=\int_0^{+\infty}\dfrac{\sin 2x}{2x}d(2x)=\dfrac{\pi}{2}$$

单元测试题 6.1

1. 填空题

(1) $\int_0^{\frac{\pi}{2}}\sin^5 x\,dx=$ _____.

(2) $\int_0^{\frac{\pi}{2}}\cos^6 x\,dx=$ _____.

(3) $\int_{-3}^{3} \sqrt{9-x^2}\,dx =$ _____.

(4) $\int_{-1}^{1} (x^2)\ln[(x+\sqrt{x^2+1})+\sin x]\,dx =$ _____.

(5) $\int_{-1}^{2} x\sqrt{|x|}\,dx =$ _____.

(6) 若 $\int_{1}^{+\infty} \dfrac{1}{x^{3-5p}}\,dx = \int_{0}^{1} \dfrac{1}{x^{2+7p}}\,dx$，则 $P =$ _____.

(7) $\lim\limits_{x\to 0} \dfrac{\int_{0}^{x} \arctan t\,dt}{x^2} =$ _____.

(8) $\lim\limits_{x\to 0} \dfrac{\int_{0}^{x} (1-\cos t)\,dt}{\sin^3 x} =$ _____.

(9) $\lim\limits_{x\to 0} \dfrac{\int_{0}^{x} \sin t\,dt}{x^2} =$ _____.

(10) $\lim\limits_{x\to 0} \dfrac{\int_{0}^{x} (1-\cos t)\,dt}{\ln(1+x^3)} =$ _____.

(11) $\lim\limits_{x\to 0} \dfrac{\int_{0}^{x} (\tan t-\sin t)\,dt}{x^4} =$ _____.

(12) $\lim\limits_{x\to 0} \dfrac{\int_{0}^{x} \arctan t\,dt}{\ln(1+x^2)} =$ _____.

(13) 若 $\int_{0}^{y} e^t\,dt + \int_{0}^{x} \cos t\,dt = 0$，则 $\dfrac{dy}{dx} =$ _____.

(14) 若 $f(x) = \int_{a}^{e^x} \dfrac{\ln t}{t}\,dt$，则 $f'(x) =$ _____.

(15) 若 $f(x) = \int_{x^2}^{5} \sqrt{1+t^2}\,dt$，则 $f'(1) =$ _____.

(16) 若 $\int_{0}^{1} \dfrac{1}{x^{3p-1}}\,dx = \dfrac{1}{2}$，则 $P =$ _____.

(17) $\int_{0}^{+\infty} x^4 e^{-x}\,dx =$ _____.

2. 选择题

(1) 设 $M = \int_{-\frac{\pi}{2}}^{\frac{\pi}{2}} \dfrac{\sin x}{1+x^2}\cos^6 x\,dx$，$N = \int_{-\frac{\pi}{2}}^{\frac{\pi}{2}} (\sin^3 x + \cos^4 x)\,dx$，$P = \int_{-\frac{\pi}{2}}^{\frac{\pi}{2}} (x^2\sin^3 x - \cos^4 x)\,dx$，则有( ).

A. $N < P < M$ B. $M < P < N$ C. $N < M < P$ D. $P < M < N$

(2) $f(x)$ 是连续的偶函数,下列函数一定是奇函数的是( ).

A. $\int f(x)\,dx$ B. $\int_{a}^{x} f(t)\,dt$ C. $\int_{0}^{x} f(t)\,dt$ D. $\int_{x}^{1} f(t)\,dt$

(3) 若 $\int_1^{+\infty} \dfrac{1}{x^{5p+2}} \mathrm{d}x = \dfrac{1}{3}$，则 $p = (\quad)$.

A. $-\dfrac{2}{5}$　　　　　　B. $\dfrac{2}{5}$　　　　　　C. $\dfrac{3}{5}$　　　　　　D. $-\dfrac{3}{5}$

(4) 下列反常积分发散的是(　).

A. $\int_{-\infty}^{+\infty} \cos x \, \mathrm{d}x$　　B. $\int_1^{+\infty} \dfrac{1}{x^3} \mathrm{d}x$　　C. $\int_0^2 \dfrac{1}{\sqrt{2-x}} \mathrm{d}x$　　D. $\int_0^{+\infty} \mathrm{e}^{-x} \mathrm{d}x$

(5) $\int_0^{\frac{\pi}{2}} \sin x \cos x \, \mathrm{d}x (\quad)$.

A. 1　　　　　　　　B. $\dfrac{1}{2}$　　　　　　C. $\dfrac{1}{4}$　　　　　　D. 0

(6) $\int_{-1}^1 x \cos x \, \mathrm{d}x = (\quad)$.

A. -1　　　　　　B. 0　　　　　　C. 1　　　　　　D. 2

(7) $\int_0^2 \sqrt{4-x^2} \, \mathrm{d}x = (\quad)$.

A. 2π　　　　　　B. π　　　　　　C. 4π　　　　　　D. 3π

(8) $\int_{-\infty}^{+\infty} \dfrac{1}{a+x^2} \mathrm{d}x = (\quad)$.

A. $\dfrac{\pi}{3}$　　　　　　B. π　　　　　　C. 0　　　　　　D. $-\dfrac{\pi}{3}$

(9) $\int_0^1 x \mathrm{e}^x \mathrm{d}x (\quad)$.

A. e　　　　　　　　B. 0　　　　　　C. 1　　　　　　D. $\mathrm{e}-1$

(10) $\int_0^1 \mathrm{e}^{2x} \mathrm{d}x = (\quad)$.

A. $\dfrac{1}{2}(\mathrm{e}^2 - 1)$　　B. $\dfrac{1}{2}(\mathrm{e}^2 - \mathrm{e})$　　C. e　　　　　　D. 2e

(11) $\int_{-1}^1 x^3 \mathrm{e}^{x^2} \mathrm{d}x = (\quad)$.

A. -1　　　　　　B. 0　　　　　　C. 1　　　　　　D. 2

(12) $\int_{-\frac{\pi}{2}}^{\frac{\pi}{2}} \sqrt{1 - \cos^2 x} \, \mathrm{d}x = (\quad)$.

A. 4　　　　　　　　B. 0　　　　　　C. 1　　　　　　D. 2

(13) 若 $\int_0^1 (2x + a) \mathrm{d}x = 2$，则 $a = (\quad)$.

A. 2　　　　　　　　B. -1　　　　　　C. 0　　　　　　D. 1

(14) $\int_{-\frac{\pi}{2}}^{\frac{\pi}{2}} (\sin x + \cos x) \mathrm{d}x = (\quad)$.

A. 0　　　　　　　　B. $\dfrac{\pi}{4}$　　　　　　C. 2　　　　　　D. 4

(15) $\int_{-1}^1 x^3 \sin x^2 \mathrm{d}x = (\quad)$.

A. -1 B. 0   C. 1   D. 2

3. 计算题

(1) 求 $\displaystyle\int_1^e \ln x \, dx$.

(2) 求 $\displaystyle\int_1^e x \ln x \, dx$.

(3) 求 $\displaystyle\int_0^2 x e^x \, dx$.

(4) 求 $\displaystyle\int_0^1 x \cos x \, dx$.

(5) 已知 $f(x) = x^2 + \displaystyle\int_0^2 f(x) \, dx$, 求 $f(x)$.

(6) 求 $\displaystyle\int_1^4 \frac{1}{x(1+\sqrt{x})} \, dx$.

(7) 求 $\displaystyle\int_1^{\sqrt{3}} \frac{1}{x^2\sqrt{1+x^2}} \, dx$.

(8) 求 $\displaystyle\int_{-2}^2 \max(x, x^2) \, dx$.

(9) 求 $\displaystyle\int_0^\pi \sqrt{1+\sin 2x} \, dx$.

(10) 求 $\displaystyle\int_{-\frac{\pi}{2}}^{\frac{\pi}{2}} (x^3 + \sin^2 x)\cos^2 x \, dx$.

(11) 设 $f(x) = x - \displaystyle\int_0^\pi f(x)\cos x \, dx$, 求 $f(x)$.

(12) 求 $\displaystyle\int_0^1 x \arctan x \, dx$.

(13) 若 $f(x)$ 连续, 则 $\dfrac{d}{dx}\displaystyle\int_0^x t f(x^2 - t^2) \, dt$.

(14) 求 $\displaystyle\lim_{x\to 0} \frac{\displaystyle\int_0^{x^2} t e^t \sin t \, dt}{x^6 e^x}$.

(15) 求 $\displaystyle\int_0^{\frac{\pi}{2}} \frac{e^{\sin x}}{e^{\sin x} + e^{\cos x}} \, dx$.

(16) 求 $\displaystyle\int_0^2 f(t-1) \, dt$, 其中 $f(x) = \begin{cases} e^{-2x}, & -1 \leqslant x \leqslant 0 \\ \dfrac{x^2}{1+x^2}, & 0 < x \leqslant 1 \end{cases}$.

(17) 设 $f'(x)\displaystyle\int_0^2 f(x) \, dx = 50$, 且 $f(0) = 0$, $f(x) \geqslant 0$, 求 $\displaystyle\int_0^2 f(x) \, dx$ 及 $f(x)$.

(18) 求函数 $f(x) = \displaystyle\int_0^{x^2} (2-t) e^{-t} \, dt$ 的最大值和最小值.

(19) 设当 $x > 0$ 时, $f(x)$ 可导, 且满足方程 $f(x) = 1 + \dfrac{1}{x}\displaystyle\int_1^x f(t) \, dt$ $(x > 0)$, 求 $f(x)$.

单元测试题 6.2

1. 选择题

设 $F(x) = \int_x^{x+2\pi} e^{\sin t} \sin t \, dt$，则 $F(x)$ _____.

A. 为正常数　　　　　B. 为负常数　　　　　C. 恒为零　　　　　D. 不为常数

2. 填空题

设 $f(x) = \int_0^x \dfrac{\sin t}{\pi - t} dt$，则 $\int_0^\pi f(x) dx =$ _____.

3. 计算题

(1) 求 $\displaystyle\int_{-\frac{\pi}{4}}^{\frac{\pi}{4}} \dfrac{\sin^2 x}{1 + e^{-x}} dx$.

(2) 求 $I = \displaystyle\int_{-\frac{\pi}{2}}^{\frac{\pi}{2}} \dfrac{e^x}{1 + e^x} \sin^4 x \, dx$.

(3) 求 $\dfrac{d}{dx} \displaystyle\int_0^x \sin(x - t)^2 dt$.

(4) 设 $f(x)$ 连续，求 $\dfrac{d}{dx} \phi(x)$.

(5) a, b, c 取何实数值才能使 $\displaystyle\lim_{x \to 0} \dfrac{1}{\sin x - ax} \int_b^x \dfrac{t^2}{\sqrt{1 + t^2}} dt = c$ 成立.

(6) 设函数 $f(x)$ 在 $(-\infty, +\infty)$ 上连续，且 $F(x) = \displaystyle\int_0^x (x - 2t) f(t) dt$，证明：

① 如果 $f(x)$ 是偶函数，则 $F(x)$ 也是偶函数.

② $f(x)$ 非增，则 $F(x)$ 非减.

(7) 设 $f(x)$ 在 $[0,1]$ 上连续，在 $(0,1)$ 内可导，且满足 $f(1) = k \displaystyle\int_0^{\frac{1}{k}} x e^{1-x} f(x)(k > 1)$.

证明至少存在一点 $\xi \in (0,1)$，使得 $f'(\xi) = (1 - \xi^{-1}) f(\xi)$.

(8) 设 $f(x)$ 在 $[0,1]$ 上连续且递减，证明当 $0 < \lambda < 1$ 时，有

$$\int_0^\lambda f(x) dx \geqslant \lambda \int_0^1 f(x) dx$$

单元测试题 6.1 答案

1. 填空题

(1) $\dfrac{8}{15}$　(2) $\dfrac{5}{32}\pi$　(3) $\dfrac{9}{2}\pi$　(4) 0

(5) $\displaystyle\int_{-1}^2 x \sqrt{|x|} \, dx = \int_{-1}^1 x \sqrt{|x|} \, dx + \int_1^2 x \sqrt{x} \, dx = 0 + \dfrac{2}{5} x^{\frac{5}{2}} \Big|_1^2 = \dfrac{2}{5}(4\sqrt{2} - 1)$

(6) $-\dfrac{3}{2}$　(7) $\dfrac{1}{2}$　(8) $\dfrac{1}{6}$　(9) $\dfrac{1}{2}$　(10) $\dfrac{1}{6}$　(11) $\dfrac{1}{8}$　(12) $\dfrac{1}{2}$

(13)$-\mathrm{e}^{-y}\cos x$　(14)x　(15)$-2\sqrt{2}$　(16)0　(17)24

2.选择题

(1)D　(2)C　(3)B　(4)A　(5)B　(6)B　(7)B　(8)A　(9)C　(10)A　(11)B (12)C　(13)D　(14)C　(15)B

3.计算题

(1) $\displaystyle\int_1^{\mathrm{e}}\ln x\,\mathrm{d}x=x\ln x\Big|_1^{\mathrm{e}}-x\Big|_1^{\mathrm{e}}=1.$

(2) $\displaystyle\int_1^{\mathrm{e}}x\ln x\,\mathrm{d}x=\frac{1}{2}\int_1^{\mathrm{e}}\ln x\,\mathrm{d}x^2=\frac{1}{2}x^2\ln x\Big|_1^{\mathrm{e}}-\frac{1}{2}\int_1^{\mathrm{e}}x\,\mathrm{d}x=$
$$\frac{1}{2}x^2\ln x\Big|_1^{\mathrm{e}}-\frac{1}{4}x^2\Big|_1^{\mathrm{e}}=\frac{1}{4}(\mathrm{e}^2+1).$$

(3) $\displaystyle\int_0^2 x\mathrm{e}^x\,\mathrm{d}x=\int_0^2 x\,\mathrm{d}\mathrm{e}^x=(x\mathrm{e}^x-\mathrm{e}^x)\Big|_0^2=\mathrm{e}^2+1.$

(4) $\displaystyle\int_0^1 x\cos x\,\mathrm{d}x=\int_0^1 x\,\mathrm{d}\sin x=x\sin x\Big|_0^1-\int_0^1\sin x\,\mathrm{d}x=\sin 1+\cos x\Big|_0^1=\sin 1+\cos 1-1.$

(5) 令$\displaystyle\int_0^2 f(x)\,\mathrm{d}x=c$, $f(x)=x^2+c$, $\Rightarrow\displaystyle\int_0^2 f(x)\,\mathrm{d}x=\int_0^2(x^2+c)\,\mathrm{d}x\Rightarrow c=\int_0^2(x^2+c)\,\mathrm{d}x=\frac{8}{3}+2c\Rightarrow c=-\frac{8}{3}$, 故$\displaystyle\int_0^2 f(x)\,\mathrm{d}x=-\frac{8}{3}$, 于是$f(x)=x^2-\frac{8}{3}.$

(6) $\displaystyle\int_1^4\frac{1}{x(1+\sqrt{x})}\,\mathrm{d}x\xlongequal{\sqrt{x}=t}\int_1^2\frac{2t}{t^2(1+t)}\,\mathrm{d}t=2\int_1^2\left(\frac{1}{t}-\frac{1}{1+t}\right)\mathrm{d}t=$
$$2\left[\ln t\Big|_1^2-\ln(1+t)\Big|_1^2\right]=2(\ln 2-\ln 3+\ln 2)=$$
$$2(2\ln 2-\ln 3)=2\ln\frac{4}{3}$$

(7) $\displaystyle\int_1^{\sqrt{3}}\frac{1}{x^2\sqrt{1+x^2}}\,\mathrm{d}x\xlongequal{x=\tan t}\int_{\frac{\pi}{4}}^{\frac{\pi}{3}}\frac{\sec^2 t}{\tan^2 t\cdot\sec t}\,\mathrm{d}t=\int_{\frac{\pi}{4}}^{\frac{\pi}{3}}\frac{\cos t}{\sin^2 t}\,\mathrm{d}t=\int_{\frac{\pi}{4}}^{\frac{\pi}{3}}\frac{1}{\sin^2 t}\,\mathrm{d}\sin t=$
$$-\frac{1}{\sin t}\Big|_{\frac{\pi}{4}}^{\frac{\pi}{3}}=-\left(\frac{2}{\sqrt{3}}-\frac{2}{\sqrt{2}}\right)=2\left(\frac{1}{\sqrt{2}}-\frac{1}{\sqrt{3}}\right).$$

(8) $\displaystyle\int_{-2}^2\max(x,x^2)\,\mathrm{d}x=\int_{-2}^0 x^2\,\mathrm{d}x+\int_0^1 x\,\mathrm{d}x+\int_1^2 x^2\,\mathrm{d}x=\frac{1}{3}x^3\Big|_{-2}^0+\frac{1}{2}x^2\Big|_0^1+\frac{1}{3}x^3\Big|_1^2=$
$$\frac{8}{3}+\frac{1}{2}+\frac{7}{3}=\frac{11}{2}.$$

(9) $\displaystyle\int_0^{\pi}\sqrt{1+\sin 2x}\,\mathrm{d}x\int_0^{\pi}\sqrt{(\sin x+\cos x)^2}\,\mathrm{d}x=\int_0^{\pi}|\sin x+\cos x|\,\mathrm{d}x=$
$$\int_0^{\frac{3}{4}\pi}(\sin x+\cos x)\,\mathrm{d}x-\int_{\frac{3}{4}\pi}^{\pi}(\sin x+\cos x)\,\mathrm{d}x$$
$$-\cos\Big|_0^{\frac{3}{4}\pi}+\sin x\Big|_0^{\frac{3}{4}\pi}+\cos x\Big|_{\frac{3}{4}\pi}^{\pi}-\sin x\Big|_{\frac{3}{4}\pi}^{\pi}$$
$$1+\frac{\sqrt{2}}{2}+\frac{\sqrt{2}}{2}+\left(-1+\frac{\sqrt{2}}{2}\right)-\left(0-\frac{\sqrt{2}}{2}\right)=2\sqrt{2}.$$

(10) $\displaystyle\int_{-\frac{\pi}{2}}^{\frac{\pi}{2}} (x^3 + \sin^2 x)\cos^2 x\,\mathrm{d}x = \int_{-\frac{\pi}{2}}^{\frac{\pi}{2}} \sin^2 x\cos^2 x\,\mathrm{d}x =$

$\displaystyle\frac{1}{4}\int_{-\frac{\pi}{2}}^{\frac{\pi}{2}} \sin^2 2x\,\mathrm{d}x = \frac{1}{4}\int_{0}^{\frac{\pi}{2}}(1-\cos 4x)\,\mathrm{d}x = \frac{1}{4}\left(\frac{\pi}{2} - \frac{1}{4}\sin 4x\,\Big|_0^{\frac{\pi}{2}}\right) = \frac{\pi}{8}.$

(11) 若 $\displaystyle\int_0^{\pi} f(x)\cos x\,\mathrm{d}x$，则 $f(x) = x - c.$

$\displaystyle c = \int_0^{\pi}(x-c)\cos x\,\mathrm{d}x = \int_0^{\pi} x\,\mathrm{d}\sin x - c\sin x\,\Big|_0^{\pi} = x\sin x\,\Big|_0^{\pi} - \int_0^{\pi}\sin x\,\mathrm{d}x =$

$\cos x\,\Big|_0^{\pi} = -2.$

所以 $f(x) = x - c = x + 2.$

(12) $\displaystyle\int_0^1 x\arctan x\,\mathrm{d}x = \frac{1}{2}\int_0^1 \arctan x\,\mathrm{d}x^2 = \frac{1}{2}\left[x^2\arctan x\,\Big|_0^1 - \int_0^1 x^2\,\mathrm{d}\arctan x\right] =$

$\displaystyle\frac{1}{2}\left(\frac{\pi}{4} - \int_0^1\frac{x^2}{1+x^2}\,\mathrm{d}x\right) = \frac{\pi}{8} - \frac{1}{2}\int_0^1\left(1 - \frac{1}{1+x^2}\right)\mathrm{d}x =$

$\displaystyle\frac{\pi}{8} - \frac{1}{2} + \frac{1}{2}\arctan x\,\Big|_0^1 = \frac{\pi}{4} - \frac{1}{2}.$

(13) $\displaystyle\int_0^x tf(x^2 - t^2)\,\mathrm{d}t \xrightarrow{u=x^2-t^2} \int_{x^2}^0 \sqrt{x^2-u}\,f(u)\left(-\frac{1}{2\sqrt{x^2-u}}\right)\mathrm{d}u = \frac{1}{2}\int_0^{x^2} f(u)\,\mathrm{d}u.$

所以

$$\frac{\mathrm{d}}{\mathrm{d}x}\int_0^x tf(x^2-t^2)\,\mathrm{d}t = \frac{\mathrm{d}}{\mathrm{d}x}\left(\frac{1}{2}\int_0^{x^2} f(u)\,\mathrm{d}u\right) = \frac{1}{2}2xf(x^2) = xf(x^2)$$

(14) 原式 $\displaystyle= \lim_{x\to 0}\frac{1}{\mathrm{e}^x}\lim_{x\to 0}\frac{\displaystyle\int_0^{x^2} t\mathrm{e}^t\sin t\,\mathrm{d}t}{x^6} = \lim_{x\to 0}\frac{2x\cdot x^2\mathrm{e}^{x^2}\sin x^2}{6x^5} = \lim_{x\to 0}\frac{2x^3\mathrm{e}^{x^2}x^2}{6x^5} = \frac{1}{3}.$

(15) $\displaystyle\int_0^{\frac{\pi}{2}}\frac{\mathrm{e}^{\sin x}}{\mathrm{e}^{\sin x} + \mathrm{e}^{\cos x}}\,\mathrm{d}x \xrightarrow{x=\frac{\pi}{2}-t} \int_0^{\frac{\pi}{2}}\frac{\mathrm{e}^{\sin\left(\frac{\pi}{2}-t\right)}}{\mathrm{e}^{\sin\left(\frac{\pi}{2}-t\right)} + \mathrm{e}^{\cos\left(\frac{\pi}{2}-t\right)}}\,\mathrm{d}t = \int_0^{\frac{\pi}{2}}\frac{\mathrm{e}^{\cos t}}{\mathrm{e}^{\cos t}+\mathrm{e}^{\sin t}}\,\mathrm{d}t.$

$\displaystyle I + I = 2I = \int_0^{\frac{\pi}{2}}\frac{\mathrm{e}^{\sin x}}{\mathrm{e}^{\sin x}+\mathrm{e}^{\cos x}}\,\mathrm{d}x + \int_0^{\frac{\pi}{2}}\frac{-\mathrm{e}^{\cos x}}{\mathrm{e}^{\sin x}+\mathrm{e}^{\cos x}}\,\mathrm{d}x = \int_0^{\frac{\pi}{2}}\mathrm{d}x = \frac{\pi}{2}$

所以 $\displaystyle I = \int_0^{\frac{\pi}{2}}\frac{\mathrm{e}^{\sin x}}{\mathrm{e}^{\sin x}+\mathrm{e}^{\cos x}}\,\mathrm{d}x = \frac{\pi}{4}$

(16) $f(x-1) = \begin{cases} \mathrm{e}^{-2(x-1)}, & -1 \leqslant x-1 \leqslant 0, 0 \leqslant x \leqslant 1 \\[2mm] \dfrac{(x-1)^2}{1+(x-1)^2}, & 0 < x-1 \leqslant 1, 1 < x \leqslant 2 \end{cases}$

$\displaystyle\int_0^2 f(t-1)\,\mathrm{d}t = \int_0^1 \mathrm{e}^{-2(t-1)}\,\mathrm{d}t + \int_1^2\frac{(t-1)^2}{1+(t-1)^2}\,\mathrm{d}t =$

$\displaystyle-\frac{1}{2}\mathrm{e}^{-2(t-1)}\,\Big|_0^1 + 1 - \arctan(x-1)\,\Big|_1^2 = -\frac{1}{2}[1-\mathrm{e}^2] + 1 - \left(\frac{\pi}{4}-0\right) = \frac{1}{2}(\mathrm{e}^2+1) - \frac{\pi}{4}$

(17) 因为 $\displaystyle f'(x)\int_0^2 f(x)\,\mathrm{d}x = 50$，两边积分，有

$$\int_0^x f'(t)\left[\int_0^2 f(x)\,\mathrm{d}x\right]\mathrm{d}t = \int_0^x 50\,\mathrm{d}t$$

$$\int_0^2 f(x)\mathrm{d}x \cdot [f(x)-f(0)]=50x$$

因为 $f(0)=0$，所以 $f(x)=kx$ 有

$$\int_0^2 f(x)\mathrm{d}x=\int_0^2 kx\,\mathrm{d}x=2k$$

所以 $2k^2x=50x\Rightarrow k=5(K>0)$，$f(x)=5x$，$\int_0^2 f(x)\mathrm{d}x=10$.

(18) $f'(x)=(2-x^2)\mathrm{e}^{-x^2}\cdot 2x$. 令 $f'(x)=0\Rightarrow x=0$，$x=\pm\sqrt{2}$，$f(x)$ 是偶函数，故只需求 $f(x)$ 在 $[0,+\infty)$ 内的最大值与最小值. $x=\sqrt{2}$ 是 $(0,+\infty)$ 内唯一驻点，有

$$f(\sqrt{2})=\int_0^2 (2-t)\mathrm{e}^{-t}\mathrm{d}t=-(2-t)\mathrm{e}^{-t}\Big|_0^2-\int_0^2 \mathrm{e}^{-t}\mathrm{d}t=1+\mathrm{e}^{-2}$$

$$\lim_{x\to+\infty}f(x)=\int_0^{+\infty}(2-t)\mathrm{e}^{-t}\mathrm{d}t=1$$

因此，$f(x)$ 的最大值为 $1+\mathrm{e}^{-2}$，最小值为 0.

(19) $f(x)=1+\dfrac{1}{x}\int_1^x f(t)\mathrm{d}t(x>0)$ 等价于 $xf(x)=x+\int_1^x f(t)\mathrm{d}t$.

两边对 x 求导，有

$$f(x)+xf'(x)=1+f(x)$$

$$f'(x)=\frac{1}{x}, \quad f(x)=\ln x+c$$

令 $x=1$，$f(1)=1$，故 $c=1$.

所以 $f(x)=\ln x+1$.

单元测试题 6.2 答案

1. 选择题

A

因为

$$F'(x)=-\mathrm{e}^{\sin x}\sin x+\mathrm{e}^{\sin(x+2\pi)}\sin(x+2\pi)=0$$

所以 $F(x)=$ 常数 $=F(0)=\displaystyle\int_0^{2\pi}\sin t\cdot\mathrm{e}^{\sin t}\mathrm{d}t=\int_0^{\pi}\mathrm{e}^{\sin t}\sin t\,\mathrm{d}t+\int_{\pi}^{2\pi}\mathrm{e}^{\sin t}\mathrm{d}t$

$$\int_0^{\pi}\sin t[\mathrm{e}^{\sin t}-\mathrm{e}^{-\sin t}]\mathrm{d}t>0$$

$$\left[\int_{\pi}^{2\pi}\mathrm{e}^{\sin t}\sin t\,\mathrm{d}t\xrightarrow{t=\pi+u}\int_0^{\pi}\mathrm{e}^{\sin(\pi+u)}\sin(\pi+u)\mathrm{d}u=-\int_0^{\pi}\mathrm{e}^{-\sin u}\sin u\,\mathrm{d}u\right]$$

2. 填空题

$$\int_0^{\pi}f(x)\mathrm{d}x=\int_0^{\pi}f(x)\mathrm{d}(x-\pi)=(x-\pi)f(x)\Big|_0^{\pi}-\int_0^{\pi}(x-\pi)\mathrm{d}f(x)=$$

$$(x-\pi)\left(\int_0^x\frac{\sin t}{\pi-t}\mathrm{d}t\right)\Big|_0^{\pi}-\int_0^{\pi}(x-\pi)\frac{\sin x}{\pi-x}\mathrm{d}x=$$

$$\int_0^{\pi}\sin x\,\mathrm{d}x=-\cos x\Big|_0^{\pi}=2$$

3.计算题

(1)
$$I = \int_{-\frac{\pi}{4}}^{\frac{\pi}{4}} \frac{\sin^2 x}{1+e^{-x}} dx \xlongequal{x=-u} \int_{-\frac{\pi}{4}}^{\frac{\pi}{4}} \frac{\sin^2 u}{1+e^u} du$$

又
$$I = \int_{-\frac{\pi}{4}}^{\frac{\pi}{4}} \frac{\sin^2 x}{1+e^{-x}} dx = \int_{-\frac{\pi}{4}}^{\frac{\pi}{4}} \frac{e^x \sin^2 x}{e^x + 1} dx = \int_{-\frac{\pi}{4}}^{\frac{\pi}{4}} \frac{\sin^2 x}{1+e^x} dx$$

因为
$$I = \int_{-\frac{\pi}{4}}^{\frac{\pi}{4}} \frac{e^x \sin^2 x}{e^x + 1} dx + \int_{-\frac{\pi}{4}}^{\frac{\pi}{4}} \frac{\sin^2 x}{e^x + 1} dx = \frac{1}{2} \int_{-\frac{\pi}{4}}^{\frac{\pi}{4}} \sin^2 x \, dx =$$

$$\frac{1}{2} \int_0^{\frac{\pi}{4}} (1-\cos 2x) dx = \frac{\pi}{8} - \frac{1}{4}$$

(2)$I = \int_{-\frac{\pi}{2}}^{\frac{\pi}{2}} \frac{e^x}{1+e^x} \sin^4 x \, dx \xlongequal{x=-u} \int_{-\frac{\pi}{2}}^{\frac{\pi}{2}} \frac{e^{-u}}{1+e^{-u}} \sin^4 u \, du = \int_{-\frac{\pi}{2}}^{\frac{\pi}{2}} \frac{1}{1+e^x} \sin^4 x \, dx =$

$$\int_{-\frac{\pi}{2}}^{\frac{\pi}{2}} \frac{1+e^x - e^x}{1+e^x} \sin^4 x \, dx = \int_{-\frac{\pi}{2}}^{\frac{\pi}{2}} \sin^4 x \, dx - I = 2\int_0^{\frac{\pi}{2}} \sin^4 x \, dx - I$$

所以
$$I = \int_0^{\frac{\pi}{2}} \sin^4 x \, dx = \frac{3 \times 1}{4 \times 2} \cdot \frac{\pi}{2} = \frac{3}{16}\pi$$

(3)
$$\int_0^x \sin(x-t)^2 dt \xlongequal{u=x-t} \int_0^x \sin u^2 \, du$$

所以
$$\frac{d}{dx} \int_0^x \sin(x-t)^2 dt = \frac{d}{dx} \int_0^x \sin u^2 \, du = \sin x^2$$

(4)$\phi(x) = \int_0^1 f(x^2 + t) dt \xlongequal{u=x^2+t} \int_{x^2}^{x^2+1} f(u) du = -\int_0^{x^2} f(u) du + \int_0^{x^2+1} f(u) du$

$$\frac{d}{dx} \phi(x) = -2xf(x^2) + 2xf(x^2+1) = 2x[f(x^2+1) - f(x^2)]$$

(5)　由于 $\lim_{x\to 0}(\sin x - ax) = 0$,所以 $b=0$,有

$$左式 = \lim_{x\to 0} \frac{\frac{x^2}{\sqrt{1+x^2}}}{\cos x - a} = \begin{cases} 0 & ,a \neq 1 \\ -2 & ,a = 1 \end{cases}$$

则 $a=1, b=0, c=-2$ 或 $a \neq 1, b=0, c=0$.

(6)①$F(-x) = \int_0^{-x} (-x-2t) f(t) dt \xlongequal{t=-u} \int_0^x (-x+2u) f(-u) d(-u) =$

$$\int_0^x (x-2u) f(u) du = F(x)$$

所以当 $f(x)$ 为偶函数时,$F(x)$ 也是偶函数.

②$F'(x) = \left[x\int_0^x f(t) dt - \int_0^x 2tf(t) dt \right]'_x = \int_0^x f(t) dt + xf(x) - 2xf(x) =$

$$\int_0^x f(t) dt - xf(x) = xf(\xi) - xf(x) = x[f(\xi) - f(x)]$$

ξ 是介于 0 与 x 之间,当 $x>0$ 时,$x>\xi$,$f(x)$ 非增.$f(\xi) - f(x) \geqslant 0$,即 $F'(x) \geqslant 0$,当 $x<0$ 时,$\xi > x$,$f(x)$ 非增,则 $f(\xi) - f(x) \leqslant 0$,即 $F'(x) \geqslant 0$.综上所证,$F(x)$ 非减.

(7)由 $f(1) = k\int_0^{\frac{1}{k}} xe^{1-x} f(x) dx = \xi_1 e^{1-\xi_1} f(\xi_1)$,在 $[\xi_1, 1]$ 上,令 $\phi(x) = xe^{1-x} f(x)$,则

$\phi(x)$ 在 $[\xi_1,1]$ 上连续,在 $(\xi_1,1)$ 内可导,且 $\phi(\xi_1)=f(1)=\phi(1)$ 由罗尔定理知,至少存在一点 $\xi\in(\xi_1,1)\subset(0,1)$,使得

$$\varphi'(\xi)=e^{1-\xi}[f(\xi)-\xi f(\xi)+\xi f'(\xi)]$$

即

$$f'(\xi)=(1-\xi^{-1})f(\xi)$$

(8) 令

$$F(\lambda)=\int_0^\lambda f(x)\mathrm{d}x-\lambda\int_0^1 f(x)\mathrm{d}x, F(0)=F(1)=0$$

且

$$F'(\lambda)=f(\lambda)-\int_0^1 f(x)\mathrm{d}x=f(\lambda)-f(\xi)\quad(\xi\in[0,1])$$

由于 $f(x)$ 在 $[0,1]$ 上连续且递减,当 $\lambda>\xi$ 时,$F'(\lambda)\leqslant 0$,故

$$F(\lambda)\geqslant F(1)=0$$

当 $\lambda\leqslant\xi$ 时,$F'(\lambda)\geqslant 0$,故

$$F(\lambda)\geqslant F(0)=0$$

所以当 $\lambda\in(0,1)$ 时,$F(\lambda)\geqslant 0$,即

$$\int_0^\lambda f(x)\mathrm{d}x\geqslant\lambda\int_0^1 f(x)\mathrm{d}x$$

第7章

定积分的应用

7.1 平面图形的面积

7.1.1 基本要求

(1) 掌握定积分的微元法.

(2) 掌握平面图形面积的求法.

7.1.2 知识考点概述

1. 微元法的基本步骤

(1) 确定变量 x 的变化区间 $[a, b]$.

(2) 任意分割取典型: $[a, b] = [a, x_1] \cup [x_1, x_2] \cup \cdots \cup [x_{i-1}, x_i] \cup \cdots \cup [x_{n-1}, b]$.

取典型区间: $[x_{i-1}, x_i] \xlongequal{\text{记成}} [x, x + \mathrm{d}x]$.

注: 应用时, 在 $[a, b]$ 内任取一点 x, 做出典型区间 $[x, x + \mathrm{d}x]$ 即可.

(3) 典型区间求微元: $\mathrm{d}y = f(x)\mathrm{d}x$.

(4) 无限累加求和, 即 $y = \int_a^b f(x)\mathrm{d}x$.

2. 使用微元法的条件

(1) 所求量 y 是与一个变量 x 的变化区间 $[a, b]$ 有关的量.

(2) 所求量 y 对区间 $[a, b]$ 具有可加性。即: 当

$$[a, b] = [a, x_1] \cup [x_1, x_2] \cup \cdots \cup [x_{i-1}, x_i] \cup \cdots \cup$$
$$[x_{n-1}, b]$$

时, 所求量

$$y = y_1 + y_2 + \cdots + y_n$$

(3) 在典型区间 $[x, x + \mathrm{d}x]$ 上, 可求所求量 y 的微元, 即

$$\mathrm{d}y = f(x)\mathrm{d}x \quad \text{(可近似求值)}$$

3. 微元法的应用

(1) 曲边梯形的面积.

① 在$[a,b]$内任取一点x,做出典型区间$[x,x+dx]$(图7.1);

② 典型区间上求面积微元:$dS=f(x)dx$.

③ 无限累加求和,即

$$S=\int_a^b f(x)dx.$$

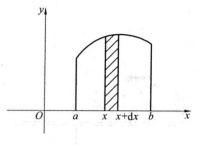

图7.1

(2) 变速直线运动路程.

已知某物体做直线运动,其速度$v=v(t)$是个变速运动,求t在$[a,b]$上走的路程.

① 在$[a,b]$内任取一点t,做出典型区间$[t,t+dt]$.

② 在典型区间上求路程微元:$ds=v(t)dt$($[t,t+dt]$上近似看做匀速运动)

③ 无限累加求和,即$s=\int_a^b v(t)dt$.

4.平面图形面积

(1) 直角坐标情形.

① X型(图7.2):

$$S=\int_a^b [f_2(x)-f_1(x)]dx$$

② Y型(图7.3):

$$S=\int_c^d [f_2(y)-f_1(y)]dy$$

③ 混合型:既不是X型,也不是Y型,则称为混合型.

做法:将混合型分解成X型、Y型,分别求面积再加和.

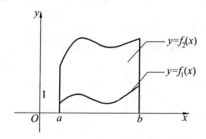

图7.2

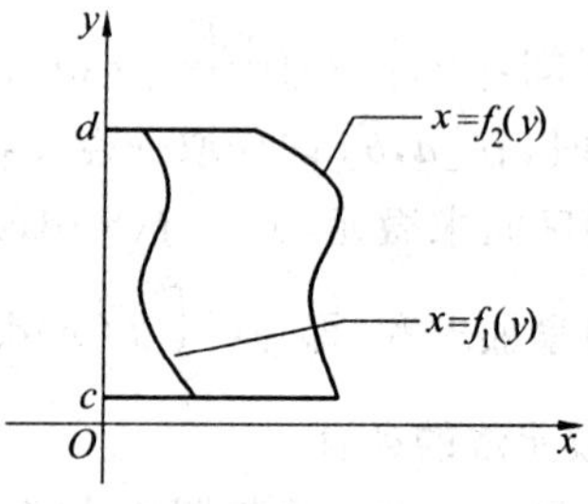

图7.3

(2) 极坐标情形(图7.4).

$$S=\int_\alpha^\beta \frac{1}{2}\rho^2(\theta)d\theta$$

(3) 曲线为参数方程.

曲线为$\begin{cases} x=\varphi(t) \\ y=\psi(t) \end{cases}$($\alpha \leqslant t \leqslant \beta$,$\varphi'(t)$,$\psi'(t)$) 在$[\alpha,\beta]$上连续,有

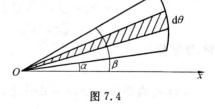

图7.4

$$S=\int_a^b |y|dx=\int_\alpha^\beta |\psi(t)||\varphi'(t)|dt$$

7.1.3　常用解题技巧

微元法

(1) 确定变量 x 的变化区间 $[a,b]$.

(2) 任意分割取典型：

$$[x_{i-1},x_i] \xlongequal{\text{记成}} [x,x+\mathrm{d}x]$$

注：应用时，在 $[a,b]$ 内任取一点 x，做出典型区间 $[x,x+\mathrm{d}x]$ 即可.

(3) 典型区间求微元：$\mathrm{d}y = f(x)\mathrm{d}x$.

(4) 无限累加求和，即 $y = \displaystyle\int_a^b f(x)\mathrm{d}x$.

例 1　一质点 m 的坐标为 $(a,0)$，一射线平行于 x 轴，起点为 $(2a,0)$，方向为 x 轴正 yy 向，密度为 μ（均匀），求射线对质点的引力.

解　(1) 确定变量 x 的变化区间 $[2a,+\infty]$.

(2) 在 $[2a,+\infty]$ 内任取一点 x，做出典型 区间 $[x,x+\mathrm{d}x]$（图 7.5）.

(3) 典型区间求微元：

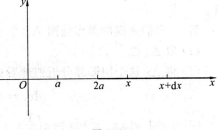

图 7.5

$$\mathrm{d}F = \frac{km_1m_2}{r^2} = \frac{km\mu\,\mathrm{d}x}{(x-a)^2} = \frac{km\mu}{(x-a)^2}\mathrm{d}x$$

(4) 无限累加求和，即

$$F = \int_{2a}^{+\infty} \frac{km\mu}{(x-a)^2}\mathrm{d}x = -km\mu\left.\frac{1}{x-a}\right|_{2a}^{+\infty} = \frac{1}{a}km\mu$$

故射线对质点的引力为 $\dfrac{1}{a}km\mu$.

思考　若质点的坐标为 $(0,a)$，此时射线对质点的引力为多少？

7.1.4　典型题解

例 2　用元素法求由 $y=\ln x, y=0, x=\mathrm{e}$ 所围的平面图形的面积.

解　它们所围的图形如图 7.6 所示.

(1) 取 $\Delta x \subset [1,\mathrm{e}]$.

(2) 这一条的面积 o 为

$$\Delta s \approx f(x)\Delta x = \ln x(\Delta x) = (\ln x)\mathrm{d}x$$

(3) $s = \displaystyle\int_1^{\mathrm{e}} \ln x\,\mathrm{d}x = x\ln x\big|_1^{\mathrm{e}} - \int_1^{\mathrm{e}} x\mathrm{d}\ln x = \mathrm{e} - \int_1^{\mathrm{e}} \mathrm{d}x = 1$.

例 3　用元素法计算心脏线 $p = a(1+\sin\theta)(a>0)$ 所围成的图形的面积.

解　(1) θ 的变化区间为 $[0,2\pi]$，任取其上的一个小区间 $[\theta,\theta+\mathrm{d}\theta]$ 的窄曲边扇形的 面积（阴影部分），其面积近似于半径为 $a(1+\sin\theta)$，中心角为 $\mathrm{d}\theta$ 的圆扇形的面积.

(2) $\mathrm{d}s = \dfrac{1}{2}a^2(1+\sin\theta)^2\mathrm{d}\theta$.

$$(3) s = \int_0^{2\pi} \frac{1}{2} a^2 (1+\sin\theta)^2 d\theta = \frac{a^2}{2} \int_0^{2\pi} (1+\sin\theta+\sin^2\theta)d\theta =$$

$$\frac{a^2}{2} \int_0^{2\pi} \left(1+2\sin\theta + \frac{1-\cos 2\theta}{2}\right) d\theta = \frac{a^2}{2} (2\pi+0+\pi-0) = \frac{3}{2}\pi a^2.$$

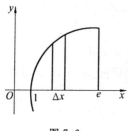

图 7.6　　　　　　图 7.7

例 4　用元素法求 $y=\sqrt{x}$，$y=x$ 所围平面图形，绕 Ox 轴、Oy 轴旋转而成的立体体积.

解　它们所围的图形如图 7.8 所示.

(1) 取 $\Delta x \subset [0,1]$.

(2) 将 Δx 这个阴影部分近似地看成矩形,这一条绕 Ox 轴旋转成一环柱体,则

$$dv_x = \pi[(\sqrt{x})^2 - x^2]dx$$

$$(3) v_x = \int_0^1 \pi(x-x^2)dx = \pi\left(\frac{1}{2}x^2\Big|_0^1 - \frac{1}{3}x^3\Big|_0^1\right) = \frac{\pi}{6}.$$

例 5　用元素法求曲线 $y=\frac{2}{3}x^{\frac{3}{2}}$(图 7.9),由点 $(0,0)$ 到点 $\left(1,\frac{2}{3}\right)$ 的一段弧长.

(1) 取 $\Delta x \subset [0,1]$.

(2) 将 Δx 对应的这段弧长近似地认为是

$$dl = \sqrt{1+y'^2}\,dx$$

$$(3) l = \int_0^1 \sqrt{1+y'^2}\,dx = \int_0^1 \sqrt{1+x}\,dx = \frac{2}{3}(1+x)^{\frac{3}{2}}\Big|_0^1 = \frac{2}{3}(2\sqrt{2}-1).$$

例 6　求由曲线 $x=1-y^2$ 及 $y=x+1$ 所围成的平面图形的面积(图 7.10).

解　由公式得

$$S = \int_{-2}^1 [(1-y^2)-(y-1)]dy = \left(2y-\frac{1}{2}y^2-\frac{1}{3}y^3\right)\Big|_{-2}^1 = \frac{9}{2}$$

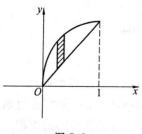

图 7.8

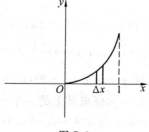

图 7.9

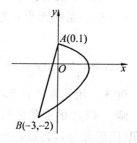

图 7.10

例 7　求由 $y = e^x, y = e^{-x}, x = 1$ 所围成的图形的面积 S.

解　$S = \int_0^1 (e^x - e^{-x}) \mathrm{d}x = e^x \big|_0^1 + e^{-x} \big|_0^1 = e + e^{-1} - 2$.

7.2　体积与曲线的弧长

7.2.1　基本要求

(1) 掌握旋转体体积的体积公式.

(2) 掌握已知平行截面面积的立体体积.

(3) 掌握平面曲线的弧长公式.

7.2.2　知识考点概述

1. 旋转体的体积

(1) 平面图形绕 x 轴旋转的旋转体体积公式.

① $y = f(x) \geqslant 0$, 直线 $x = a, x = b$ 及 x 轴所围成的曲边梯形绕 x 轴旋转一周生成的立体(图 7.11), 计算其体积.

② $y = f(x) \geqslant 0, y = g(x) \geqslant 0 (f(x) \geqslant g(x))$ 及直线 $x = a, x = b$ 所围成的图形(图 7.12), 绕 x 轴旋转生成的立体的体积为

$$V_x = \pi \int_a^b \left[f^2(x) - g^2(x) \right] \mathrm{d}x$$

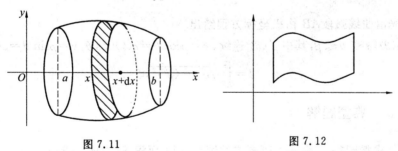

图 7.11　　　　　　　　图 7.12

(2) 平面图形绕 y 轴旋转的旋转体体积公式.

① 由曲线 $x = \varphi(y)$, 直线 $y = c, y = d (c < d)$ 与 y 轴所围成的图形(图 7.13), 绕 y 轴旋转一周而生成的旋转体的体积为

$$V_y = \pi \int_c^d \varphi^2(y) \mathrm{d}y$$

② 由两条连续曲线 $x = \varphi(y) \geqslant 0, x = h(y) \geqslant 0, \varphi(y) \geqslant h(y)$ 及直线 $y = c, y = d$ 所围成的图形(图 7.14) 绕 y 轴旋转一周, 生成的立体体积为

$$V_y = \pi \int_c^d \varphi^2(y) \mathrm{d}y - \pi \int_c^d h^2(y) \mathrm{d}y$$

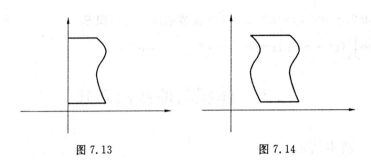

图 7.13   图 7.14

2. 已知平行截面面积的立体体积为

$$v = \int_a^b s(x)\,\mathrm{d}x$$

其中，$s(x)$ 为截面面积.

3. 平面曲线弧长

(1) 设光滑曲线弧段 $\overset{\frown}{AB}$ 的参数方程为

$$x = \varphi(t), \quad y = \psi(t) \quad (\alpha \leqslant t \leqslant \beta)$$

$\varphi'(t), \psi'(t)$ 在 $[\alpha, \beta]$ 上连续，有

$$l = \int_\alpha^\beta \sqrt{[\psi'(t)]^2 + [\varphi'(t)]^2}\,\mathrm{d}t$$

(2) 曲线弧段由直角坐标方程给出. $y = f(x), a \leqslant x \leqslant b, f'(x)$ 在 $[a,b]$ 上连续，有

$$l = \int_a^b \sqrt{1 + [f'(x)]^2}\,\mathrm{d}x$$

(3) 光滑曲线弧段 $\overset{\frown}{AB}$ 由极坐标方程给出.

$\rho = \rho(\theta), \alpha \leqslant \theta \leqslant \beta$，其中 $\rho'(\theta)$ 连续，$x = \rho\cos\theta = \rho(\theta)\cos\theta, y = \rho\sin\theta = \rho(\theta)\sin\theta$，有

$$l = \int_\alpha^\beta \sqrt{\rho^2 + (\rho')^2}\,\mathrm{d}\theta$$

7.2.3 典型题解

例 1 求椭圆 $\dfrac{x^2}{a^2} + \dfrac{y^2}{b^2} = 1$ 所围成的图形：(1) 面积 S；(2) v_x；(3) v_y.

解 (1) 由对称性可知

$$S = 4\int_0^a \sqrt{b^2\left(1 - \frac{x^2}{a^2}\right)}\,\mathrm{d}x = \frac{4b}{a}\int_0^a \sqrt{a^2 - x^2}\,\mathrm{d}x =$$

$$\frac{4b}{a} \cdot \frac{\pi a^2}{4} = \pi ab$$

(2) $V_x = 2\pi\int_0^a b^2\left(1 - \dfrac{x^2}{a^2}\right)\mathrm{d}x = 2b^2\pi\left(a - \dfrac{x^3}{3a^2}\bigg|_0^a\right) = \dfrac{4}{3}\pi ab^2.$

(3) $V_y = 2\pi\int_0^b a^2\left(1 - \dfrac{y^2}{b^2}\right)\mathrm{d}y = \dfrac{4}{3}\pi a^2 b.$

例 2 求由曲线 $x = 1 - y^2$ 及 $y = x + 1$ 所围成的平面图形（图 7.15）的面积.

解　由公式有
$$S = \int_{-2}^{1} \left[(1-y^2)-(y-1)\right]\mathrm{d}y = \left(2y - \frac{1}{2}y^2 - \frac{1}{3}y^3\right)\Big|_{-2}^{1} = \frac{9}{2}$$

例 3　求在圆 $\rho = 2\cos\theta$ 之内，心脏线 $\rho = 2(1-\cos\theta)$ 之外的平面图形的面积（图 7.16 中阴影部分）.

圆与心脏线的交点 P 的坐标为 $\left(1, \frac{\pi}{3}\right)$. 由于平面图形关于极轴对称，因此其面积

$$S = 2\int_{0}^{\frac{\pi}{3}} \frac{1}{2}\left[(2\cos\theta)^2 - (2(1-\cos\theta))^2\right]\mathrm{d}\theta =$$

$$\int_{0}^{\frac{\pi}{3}} (4\cos^2\theta - 4 + 8\cos\theta - 4\cos^2\theta)\mathrm{d}\theta = 4\left(\sqrt{3} - \frac{\pi}{3}\right)$$

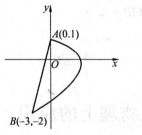

图 7.15

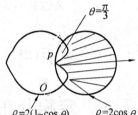

图 7.16

例 4　求由 $y = \mathrm{e}^x, y = \mathrm{e}^{-x}, x = 1$ 所围图形 V_x.

解　
$$V_x = \pi\int_{0}^{1}(\mathrm{e}^{2x} - \mathrm{e}^{-2x})\mathrm{d}x = \pi\left(\frac{1}{2}\mathrm{e}^{2x}\Big|_{0}^{1} + \frac{1}{2}\mathrm{e}^{-2x}\Big|_{0}^{1}\right) =$$

$$\frac{\pi}{2}(\mathrm{e}^2 + \mathrm{e}^{-2} - 2) = \frac{\pi}{2}(\mathrm{e} - \mathrm{e}^{-1})^2$$

例 5　求摆线 $x = a(t-\sin t), y = a(1-\cos t)$ 一拱（$0 \leqslant t \leqslant 2\pi$）的弧长（图 7.17）.

解　由公式有

$$l = \int_{0}^{2\pi}\sqrt{x'^2 + y'^2}\,\mathrm{d}t = \int_{0}^{2\pi} a\sqrt{(1-\cos t)^2 + \sin^2 t}\,\mathrm{d}t =$$

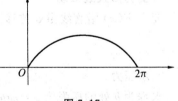

图 7.17

$$a\int_{0}^{2\pi}\sqrt{2-2\cos t}\,\mathrm{d}t = 2a\int_{0}^{2\pi}\sqrt{\sin^2\frac{t}{2}}\,\mathrm{d}t =$$

$$2a\int_{0}^{2\pi}\sin\frac{t}{2}\,\mathrm{d}t = 8a$$

例 6　求摆线 $\begin{cases} x = a(t-\sin t) \\ y = a(1-\cos t) \end{cases}$ （$0 \leqslant t \leqslant 2\pi$）与 x 轴围成的面积 S 及绕 x 轴旋转而成的旋转体的体积 V_x.

解　
$$S = \int_{0}^{2\pi} y(t)x'(t)\mathrm{d}t = \int_{0}^{2\pi} a(1-\cos t)\cdot a(1-\cos t)\mathrm{d}t =$$

$$a^2\int_{0}^{2\pi}(1 - 2\cos t + \cos^2 t)\mathrm{d}t = 3\pi a^2$$

$$V_x = \pi \int_0^{2\pi} y^2(t) \,\mathrm{d}[x(t)] = \pi \int_0^{2\pi} a^3 (1 - \cos t)^3 \,\mathrm{d}t = 5\pi^2 a^3$$

例 7 计算底面是半径为 R 的圆,而垂直于底面上一条固定直径的所有截面都是等边三角形的立体体积(图7.18).

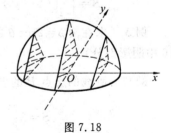

图 7.18

解 以底面圆中心为原点,固定直径为 x 轴建立坐标系,设过点 x 且垂直于 x 轴的截面面积为 $A(x)$.已知此截面为等边三角形,由于底面是半径为 R^2 的圆,所以相应于点 x 的截面的底边长为 $2\sqrt{R^2-x^2}$,高为 $\sqrt{3}\sqrt{R^2-x^2}$,因此

$$A(x) = \sqrt{3}(R^2 - x^2)$$

所以

$$V = 2\int_0^R \sqrt{3}(R^2 - x^2)\,\mathrm{d}x = \frac{4}{3}\sqrt{3}R^3$$

7.3 定积分在物理上的应用

7.3.1 基本要求

(1)掌握变力沿直线做功.

(2)掌握水压力.

7.3.2 知识考点概述

1.变力沿直线做功

变力 $F(x)$ 沿直线由 a 位移到 b 所做的功为

$$W = \int_a^b F(x)\,\mathrm{d}x$$

2.水压力

水深为 h 处的压强为 $p = \rho g h$,$F = PS$(压强为恒压),水深不同的点的压强 P 不相等,计算平板所受的水压力要采用微元法:求出典型深度区间上的压力微元,对放置深度区间积分即可。

7.3.3 常用解题技巧

微元法

(1)确定变量 x 的变化区间 $[a,b]$.

(2)任意分割取典型:将 $[x_{i-1}, x_i]$ 记成 $[x, x+\mathrm{d}x]$.

注:应用时在 $[a,b]$ 内任取一点 x,做出典型区间 $[x, x+\mathrm{d}x]$ 即可.

(3)典型区间求微元:$\mathrm{d}y = f(x)\mathrm{d}x$.

(4) 无限累加求和：$y = \int_a^b f(x)\mathrm{d}x$.

7.3.4　典型题解

例 1　有一圆柱形的大蓄水池，直径为 20 m，高为 30 m，盛水的深度为 27 m，求将水从池口全部抽出所需做的功.

解　建立坐标系(图 7.19).

水深区间为 $[3,30]$，考察小区间 $[x, x + \mathrm{d}x]$ 上的水层，这一水层到池口的距离为 x m，由于水的密度为 10^3 kg/m^3，因此该水层的质量为 $\pi \cdot 10^2 \cdot 10^3 \, \mathrm{d}x = 10^5 \pi \mathrm{d}x$(kg)，所以要把这层水抽出水池所需的力为

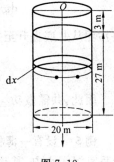

图 7.19

$$F/\mathrm{N} = g \cdot m = 9.8 \times 10^5 \pi \mathrm{d}x$$

从而功元素为

$$\mathrm{d}w = 9.8 \times 10^5 \pi x \mathrm{d}x$$

故

$$W/\mathrm{J} = \int_3^{30} 9.8 \times 10^5 \pi x \mathrm{d}x = 9.8 \times 10^5 \pi \left. \frac{x^2}{2} \right|_3^{30} = 1.4 \times 10^9$$

例 2　有一长为 1 m 的木桩埋在泥中，它的上端刚巧与地面相齐，为了要把木桩拔出，必须沿木桩方向用力，已知所用的力为 $F(x) = 50(1-x)$，其中 x 为木桩已拔出部分的长，求把木桩全部拔出所做的功。

解　功元素为 $\mathrm{d}w = 50(1-x)\mathrm{d}x$，所以

$$w/\mathrm{J} = \int_0^1 50(1-x)\mathrm{d}x = 50\left(x - \frac{x^2}{2} \right) \Big|_0^1 = 25$$

例 3　有一弹簧，用 5 N 的力，可以把它拉长 0.01 m，要把弹簧拉长 0.4 m，求拉力所做的功。

解　在弹性限度内，弹簧弹力 F 的大小与弹簧伸展(或压缩)的长度 x 成正比，即

$$F = kx$$

当 $x = 0.01$ m 时，$F = 5$ N $\Rightarrow K = 500$ N/m，从而 $F = 500x$.

功元素在 $[0, 0.4]$ 上积分

$$W/\mathrm{J} = \int_0^{0.4} 500x \mathrm{d}x = 500\left(\frac{x^2}{2} \right) \Big|_0^{0.4} = 40$$

例 4　为消除井底的污泥，用缆绳将抓斗放入井底，抓起污泥后提出井口，已知井深 30 m，抓斗自重 400 N，缆绳每米重 50 N，抓斗抓起污泥重 2 000 N，提升速度为 3 m/s，在提升过程中污泥以 20 N/s 的速度从抓斗缝隙中漏掉，现将抓起的污泥的抓斗提升到井口，问克服重力需做多少焦耳的功？

解　作 x 轴如图 7.20 所示，将抓起的污泥抓斗提升至井口需做功

$$w = w_1 + w_2 + w_3$$

其中，w_1 是克服抓斗自重所做的功；w_2 是克服缆绳力所做的功；w_3 是提出污泥所做的功.

由题意知　　　　　　　　$w_1/\mathrm{J} = 400 \times 300 = 12\,000$

将抓斗由 x 处提升到 $x+\mathrm{d}x$ 处,克服缆绳重力所做的功为

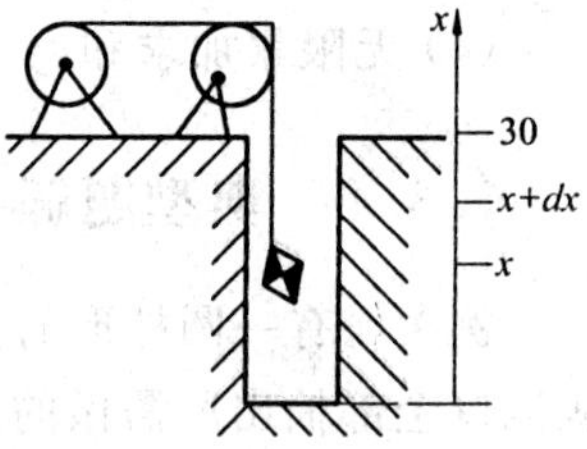

$$\mathrm{d}w_2 = 50(30-x)\mathrm{d}x$$

$$w_2/\mathrm{J} = \int_0^{30} 50(30-x)\mathrm{d}x = 22\,500$$

在时间间隔 $[t,t+\mathrm{d}t]$ 内提升污泥需做功为

$$\mathrm{d}w_3 = 3(2\,000-20t)\mathrm{d}t$$

将污泥从井底提升至井口共需时间为 $\dfrac{30}{3}=10$ s,所以

$$w_3/\mathrm{J} = \int_0^{10} 3(2\,000-20t)\mathrm{d}t = 57\,000$$

因此,共需做功

$$w/\mathrm{J} = 12\,000 + 22\,500 + 57\,000 = 91\,500$$

图 7.20

例5 设有一薄板,其边缘为一抛物线,如图7.21所示. 铅垂直沉入水中,其顶点恰在水平面上,试求薄板所受的静压力.

解 易知抛物线方程 $x=\dfrac{5}{9}y^2$,则在水下 x 到 $x+\mathrm{d}x$ 这一小块所受的静压力为

$$\mathrm{d}p = x \cdot 6\sqrt{\dfrac{x}{5}}\,\mathrm{d}x$$

$$P = \int_0^{20} \dfrac{6}{\sqrt{5}} x^{\frac{3}{2}}\,\mathrm{d}x = 1\,920$$

图 7.21

例6 一质量为 M,长为 L 的均匀杆 AB 吸引着质量为 m 的一质点 C,此质点 C 位于 AB 杆的延长线上,并与较近的端点 B 的距离为 a,如图7.22所示,试求杆与质点间的相互吸引力.

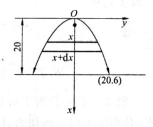

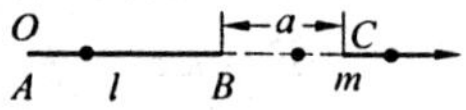

图 7.22 杆与质点间的相互吸引力

解 根据万有引力定律,由元素法有

$$\mathrm{d}F = \dfrac{km \cdot \dfrac{M}{L}\mathrm{d}x}{(L+a-x)^2} = \dfrac{lmM}{L}\dfrac{\mathrm{d}x}{(L+a-x)^2}$$

$$F = \int_0^L \dfrac{kmM}{L}\dfrac{1}{(L+a-x)^2}\mathrm{d}x = \dfrac{kmM}{a(a+L)} \qquad (k \text{ 为常数})$$

单元测试题

1. 填空题

(1) 求由抛物线 $y=x^2+2x$,直线 $x=1$ 和 x 轴所围图形的面积为_____.

(2) 曲线 $y = \dfrac{2}{3}\sqrt{x^3}$ 相应于区间 $[0,1]$ 上的一段弧的长度为_____．

(3) 由双曲线 $y = \dfrac{1}{x}$ 和直线 $x = 1, x = \mathrm{e}$ 与 x 轴围成的平面图形绕 x 轴旋转生成的旋转体的体积为_____．

(4) 由曲线 $y = \sin x$ 和它在 $x = \dfrac{\pi}{2}$ 处的切线以及直线 $x = \pi$ 所围成的图形的面积是_____，以及它绕 x 轴旋转而成的旋转体的体积为_____．

(5) 由 $y = x^3, x = 2, y = 0$ 所围成的图形，分别绕 x 轴及 y 轴旋转，计算所得两个旋转体的体积分别为_____．

(6) 由曲线 $y = \sqrt{x}, y = x^2$ 所围成图形的面积是_____．

(7) 由 $y^2 = 4x$ 与直线 $y = 2x - 4$ 所围成图形的面积为_____．

(8) 物体 A 的运动速度 v 与时间 t 之间的关系为 $v = 2t - 1$（v 的单位是 m/s，t 的单位是 s），物体 B 的运动速度 v 与时间 t 之间的关系为 $v = 1 + 8t$，两个物体在相距为 405 m 的同一直线上同时相向运动。则它们相遇时，A 物体的运动路程为_____．

(9) 求抛物线 $y^2 = 2x$ 与直线 $y = 4 - x$ 围成的平面图形的面积_____．

(10) 一物体沿直线以速度 $v(t) = 2t - 3$（t 的单位为：秒，v 的单位为：m/s）的速度做变速直线运动，求该物体从时刻 $t = 0$ s 至时刻 $t = 5$ s 间运动的路程为_____

(11) 计算由曲线 $y = \sqrt{2x}$、直线 $y = x - 4$ 以及 x 轴所围成的图形的面积为_____

(12) 物体做非匀速直线运动速度为 $v(t) = 3t^2 + 1$，则物体从时刻 $t = 0$ 到 $t = 1$ 所走过的路程 $s = $_____．

2. 选择题

(1) 由曲线 $y = x^2, x = y^2$ 所围成的平面图形的面积为（　　　）．

A. $\dfrac{1}{3}$ 　　　　　B. $\dfrac{2}{3}$ 　　　　　C. $\dfrac{1}{2}$ 　　　　　D. $\dfrac{3}{2}$

(2) 心形线 $r = a(1 + \cos\theta)$ 相应于 $\pi \leqslant x \leqslant 2\pi$ 的一段弧与极轴所围成的平面图形的面积为（　　　）．

A. $\dfrac{3\pi}{2}a^2$ 　　　　B. $\dfrac{3\pi}{4}a^2$ 　　　　C. $\dfrac{3\pi}{8}a^2$ 　　　　D. $3\pi a^2$

(3) 由曲线 $y = \mathrm{e}^x, x = 0, y = 2$ 所围成的曲边梯形的面积为（　　　）．

A. $\displaystyle\int_1^2 \ln y \, \mathrm{d}y$ 　　B. $\displaystyle\int_0^{\mathrm{e}^2} \mathrm{e}^x \, \mathrm{d}y$ 　　C. $\displaystyle\int_1^{\ln 2} \ln y \, \mathrm{d}y$ 　　D. $\displaystyle\int_1^2 (2 - \mathrm{e}^x) \, \mathrm{d}x$

(4) 由曲线 $y = \sqrt{x}, x = 4$ 和 x 轴所围成的平面图形绕 x 轴旋转生成的旋转体的体积为（　　　）．

A. 16π 　　　　　B. 32π 　　　　　C. 8π 　　　　　D. 4π

(5) 水下有一个矩形闸门，铅直地浸没在水中，它的宽为 2 m，高为 3 m，水面超过门顶 2 m，则闸门上所受水的压力为（　　　）（$g = 10$）．

A. 330 kN 　　　　B. 330 N 　　　　C. 160 kN 　　　　D. 160 N

(6) 如下图，阴影部分面积为（　　　）．

A. $\int_a^b [f(x) - g(x)] dx$

B. $\int_a^c [g(x) - f(x)] dx + \int_c^b [f(x) - g(x)] dx$

C. $\int_a^b [f(x) - g(x)] dx + \int_c^b [g(x) - f(x)] dx$

D. $\int_a^b [g(x) + f(x)] dx$

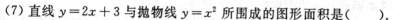

(7) 直线 $y = 2x + 3$ 与抛物线 $y = x^2$ 所围成的图形面积是（　　）.

A. 20 　　　　　B. $\dfrac{28}{3}$ 　　　　　C. $\dfrac{32}{3}$ 　　　　　D. $\dfrac{43}{3}$

(8) 如果 1 N 能拉长弹簧 1 cm，为了将弹簧拉长 6 cm，需做功（　　）.

A. 0.18 J 　　　　B. 0.26 J 　　　　C. 0.12 J 　　　　D. 0.28 J

3. 计算题

(1) 求由 $y = x^2$，$y = \sqrt{x}$ 所围平面图形的面积 S，及由该图形绕 x 轴旋转一周所生成的旋转体的体积 V_x.

(2) 求由 $y = x^2$，$y = x$ 所围平面图形的面积 S，及由该图形绕 x 轴、y 轴旋转一周所生成的旋转体的体积 V_x、V_y.

(3) 求由曲线 $y = \dfrac{3}{x}$，$x + y = 4$ 所围成的图形：

① 求所围图形的面积；

② 绕 x 轴旋转生成立体的体积.

(4) 求椭圆 $\dfrac{x^2}{a^2} + \dfrac{y^2}{b^2} = 1$ 所围成的图形的面积及绕 x 轴、y 轴旋转一周所得立体的体积。

(5) 由 $y = x$，$y = -x^2$ 所围的平面图形：

求 ① 所围平面图形的面积 S；

② 绕 x 轴旋转一周所得的立体体积 V_x；

③ 绕 y 轴旋转一周所得的立体体积 V_y.

(6) 由 $y^2 = 2x$ 与直线 $y = x - 4$ 所围的平面图形：

求 ① 所围平面图形的面积 S；② 绕 y 轴旋转一周所得的立体体积 V_y.

(7) 由 $y = \dfrac{1}{x}$，$y = x$，$x = 2$ 及 x 轴围成的图形的面积及绕 x 轴旋转一周所得的立体体积 V_x.

(8) 已知 $y = 1 - x^2$ 与 x 轴所围的图形的面积被 $y = ax^2$ 平分，求 a 值.

(9) 计算阿基米得螺线 $\rho = 3\theta$ 上相当于 θ 从 0 到 2π 的一段弧与极轴所围成的图形的面积及 0 到 2π 一段弧长.

(10) 求 $\rho = 2a\sin\theta$ 所围成的图形的面积.

(11) 求心脏线 $\rho = a(1 + \cos\theta)$ 的全长.

(12) 用铁锤将一铁钉击入木板，设木板对铁钉的阻力与铁钉击入木板的深度成正比,在击第一次时,将铁钉击入木板 1 cm,如果铁锤每次打击铁钉所做的功相等,问铁锤打击木板第二次时,铁钉又击入多少?

(13)一正方形木板垂直放入水中,边长为 1 m,木板上边刚好与水面平齐,求木板一侧所受到的压力.($\rho = 10^3 \text{ kg/m}^3, g = 9.8 \text{ m/s}^2$)

(14)有一等腰梯形水闸门,上底为 6 m,下底为 2 m,高为 10 m,试求当水面与上底平齐时,闸门一侧所受的总压力.

单元测试题答案

1.填空题

(1)1　(2)$\dfrac{2}{3}(2\sqrt{2}-1)$　(3)$\pi(1-\dfrac{1}{e})$　(4)$\pi-2, \dfrac{1}{2}\pi^2$　(5)$\dfrac{128\pi}{7}, \dfrac{64\pi}{5}$

(6)$\dfrac{1}{3}$　(7)9　(8)72 m　(9)18　(10)$\dfrac{29}{2}$　(11)$\dfrac{40}{3}$　(12)2

2.选择题

(1)A　(2)B　(3)A　(4)A　(5)A　(6)B　(7)C　(8)A

3.计算题

(1) 两条曲线交点 $\begin{cases} y=\sqrt{x} \\ y=x^2 \end{cases}$ 为 $(0,0),(1,1)$.

$$S=\int_0^1(\sqrt{x}-x^2)\,\mathrm{d}x=\left(\dfrac{2}{3}x^{\frac{3}{2}}-\dfrac{1}{3}x^3\right)\Big|_0^1=\dfrac{1}{3}$$

$$V_x=\pi\int_0^1(x-x^4)\,\mathrm{d}x=\pi\left(\dfrac{1}{2}x^2\Big|_0^1-\dfrac{1}{5}x^5\Big|_0^1\right)=\dfrac{3}{10}\pi$$

(2) 交点 $\begin{cases} y=x \\ y=x^2 \end{cases}$ 为 $(0,0),(1,1)$.

$$S=\int_0^1(x-x^2)\,\mathrm{d}x=\left(\dfrac{1}{2}x^2-\dfrac{1}{3}x^3\right)\Big|_0^1=\dfrac{1}{6}$$

$$V_x=\pi\int_0^1(x^2-x^4)\,\mathrm{d}x=\pi\left(\dfrac{1}{3}x^3\Big|_0^1-\dfrac{1}{5}x^5\Big|_0^1\right)=\dfrac{2}{15}\pi$$

(3) 交点 $\begin{cases} y=\dfrac{3}{x} \\ y=4-x \end{cases}$ 为 $(1,3),(3,1)$.

$$S=\int_1^3(4-x-\dfrac{3}{x})\,\mathrm{d}x=4-3\ln 3$$

$$V_x=\pi\int_1^3\left[(4-x)^2-\dfrac{9}{x^2}\right]\mathrm{d}x=\dfrac{8}{3}\pi$$

(4) 由椭圆的对称性,知其面积为

$$S=4\int_0^a\sqrt{b^2\left(1-\dfrac{x^2}{a^2}\right)}\,\mathrm{d}x=\dfrac{4b}{a}\int_0^a\sqrt{a^2-x^2}\,\mathrm{d}x=\dfrac{4b}{a}\cdot\dfrac{\pi a^2}{4}=\pi ab$$

体积可由公式得到

$$V_x = \pi \int_{-a}^{a} b^2 \left(1 - \frac{x^2}{a^2}\right) dx = \pi b^2 \left(2a - \frac{1}{3a^2} x^3 \bigg|_{-a}^{a}\right) = \frac{4}{3}\pi ab^2$$

$$V_y = \pi \int_{-b}^{b} a^2 \left(1 - \frac{y^2}{b^2}\right) dy = \pi a^2 \left(2b - \frac{1}{3b^2} y^3 \bigg|_{-b}^{b}\right) = \frac{4}{3}\pi ba^2$$

(5) 它们所围成的图形如图 7.23 所示.

① $S = \int_{-1}^{0} (-x^2 - x) dx =$

$$-\frac{1}{3} x^3 \bigg|_{-1}^{0} - \frac{1}{2} x^2 \bigg|_{-1}^{0} = \frac{1}{6}.$$

② $V_x = \pi \int_{-1}^{0} [x^2 - (-x^2)^2] dx =$

$$\pi \left(\frac{1}{3} x^3 \bigg|_{-1}^{0} - \frac{1}{5} x^5 \bigg|_{-1}^{0}\right) = \frac{2}{15}\pi.$$

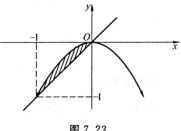

图 7.23

③ $V_y = \pi \int_{-1}^{0} (-y - y^2) dy = \frac{\pi}{6}.$

(6) 所围成的图形如 7.24 所示. $\begin{cases} y^2 = 2x \\ y = x - 4 \end{cases} \Rightarrow$

$y = -2, y = 4.$

① 面积 $S = \int_{-2}^{4} \left(y + 4 - \frac{y^2}{2}\right) dy =$

$$\left(\frac{1}{2} y^2 + 4y - \frac{1}{6} y^3\right) \bigg|_{-2}^{4} = 18.$$

② $V_y = \pi \int_{-2}^{4} \left[(y+4)^2 - \frac{y^4}{4}\right] dy =$

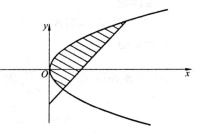

图 7.24

$$\pi \left[\frac{1}{3} (y+4)^3 \bigg|_{-2}^{4} - \frac{1}{20} y^5 \bigg|_{-2}^{4}\right] =$$

$$\pi \left[\frac{1}{3} (8^3 - 2^3) - \frac{1}{20} (4^5 + 2^5)\right] = 115\frac{1}{5}\pi.$$

(7) 所围成的图形如图 7.25 所示.

① $S = \int_{0}^{1} x dx + \int_{1}^{2} \frac{1}{x} dx = \frac{1}{2} + \ln 2.$

② $V_x = \pi \int_{0}^{1} x^2 dx + \pi \int_{1}^{2} \frac{1}{x^2} dx = \frac{5}{6}\pi.$

(8) 所围成的图形如图 7.26 所示.

$y = 1 - x^2$ 与 x 轴所围的平面图形的面积为

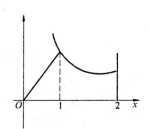

图 7.25

$$S = \int_{-1}^{1} (1 - x^2) dx = 2 - \frac{1}{3} x^3 \bigg|_{-1}^{1} = \frac{4}{3}$$

$$\begin{cases} y = 1 - x^2 \\ y = ax^2 \end{cases} \Rightarrow x = \pm \frac{1}{\sqrt{1+a}}$$

$y = 1 - x^2$ 与 $y = ax^2$ 所围图形的面积为 $\frac{2}{3}$,即

$$\int_{-\frac{1}{\sqrt{1+a}}}^{\frac{1}{\sqrt{1+a}}}(1-x^2-ax^2)\,\mathrm{d}x=\frac{2}{\sqrt{1+a}}-\frac{1+a}{3}x^3\Big|_{-\frac{1}{\sqrt{1+a}}}^{\frac{1}{\sqrt{1+a}}}=$$

$$\frac{4}{3\sqrt{1+a}}=\frac{2}{3}\Rightarrow a=3$$

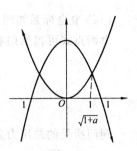

图 7.26

(9) ① $S=\dfrac{1}{2}\displaystyle\int_0^{2\pi}(3\theta)^2\,\mathrm{d}\theta=\dfrac{9}{2}\cdot\dfrac{1}{3}\theta^3\Big|_0^{2\pi}=\dfrac{3}{2}(8\pi^3)=12\pi^3.$

② $l=\displaystyle\int_0^{2\pi}\sqrt{(3\theta)^2+3^2}\,\mathrm{d}\theta=3\int_0^{2\pi}\sqrt{1+\theta^2}\,\mathrm{d}\theta=$

$$\frac{3}{2}\Big[2\pi\sqrt{1+4\pi^2}+\ln(2\pi+\sqrt{1+4\pi^2}\,)\Big].$$

(10) 所围成的图形如图 7.27 所示.

$$S=\frac{1}{2}\int_0^\pi(2a\sin\theta)^2\,\mathrm{d}\theta=2a^2\int_0^\pi\frac{1-\cos2\theta}{2}\,\mathrm{d}\theta=a^2\pi$$

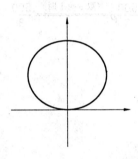

图 7.27

(11) 由公式得

$$l=\int_0^{2\pi}\sqrt{e^2+\rho'^2}\,\mathrm{d}\theta=\int_0^{2\pi}\sqrt{a^2(1+\cos\theta)^2+a^2\sin^2\theta}\,\mathrm{d}\theta=$$

$$a\int_0^{2\pi}\sqrt{2(1+\cos\theta)}\,\mathrm{d}\theta=2a\int_0^{2\pi}\Big|\cos\frac{\theta}{2}\Big|\,\mathrm{d}\theta=$$

$$2a\Big(\int_0^\pi\cos\frac{\theta}{2}\,\mathrm{d}\theta-\int_\pi^{2\pi}\cos\frac{\theta}{2}\,\mathrm{d}\theta\Big)=$$

$$2a\Big(2\sin\frac{\theta}{2}\Big|_0^\pi-2\sin\frac{\theta}{2}\Big|_\pi^{2\pi}\Big)=8a$$

(12) 取 x 轴沿木板的深度方向铅直向下,原点置于木板表面处,于是第一次击铁钉做功为

$$W_1=\int_0^1 kx\,\mathrm{d}x=\frac{k}{2}$$

第二次击铁钉做功为

$$W_2=\int_1^{x_2}kx\,\mathrm{d}x=\frac{k}{2}(x_2^2-1)$$

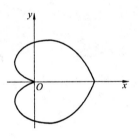

图 7.28

由 $W_1=W_2\Rightarrow x_2=\sqrt{2}$,故第二次锤击,铁钉又击入木板$(\sqrt{2}-1)$cm.

(13) 建立如图 7.29 所示坐标系.

在区间$[0,1]$上任取一小区间$[x,x+\mathrm{d}x]$,在小区间两面端点作 Ox 轴的垂线,得一小条矩形,这小条矩形的面积为 $\mathrm{d}x$,压强近似于 $p=\rho gx$.

这一小条的压力微元为

$$\mathrm{d}F=\rho gx\,\mathrm{d}x$$

所以

$$F/\mathrm{N}=\int_0^1\rho gx\,\mathrm{d}x=10^3\times9.8\times\frac{x^2}{2}\Big|_0^1=4.9\times10^3$$

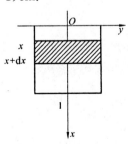

图 7.29

（14）取坐标系如图 7.30 所示.

由两点式可得闸门右边一直线方程为

$$\frac{y-3}{1-3}=\frac{x-0}{10-0}$$

即
$$y=-\frac{x}{5}+3$$

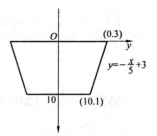

图 7.30

闸门所受的总压力为

$$P/N=2\int_0^{10}\rho x\left(-\frac{x}{5}+3\right)\mathrm{d}x=2P\left(\frac{3}{2}x^2-\frac{1}{15}x^3\right)\Big|_0^{10}=$$

$$\frac{500}{3}\rho \xrightarrow{\text{（取 }\rho=1\text{ 时）}}\frac{500}{3}$$

第 **8** 章

微 分 方 程

8.1 微分方程的基本概念

8.1.1 基本要求

(1) 掌握微分方程的概念.

(2) 掌握微分方程的阶.

(3) 掌握微分方程的解、通解及积分曲线.

8.1.2 知识考点概述

1.微分方程

(1) 微分方程的定义.

含有未知函数的导数(或微分)方程称为微分方程.

(2) 微分方程的分类.

未知函数是一元函数的微分方程称为常微分方程;未知函数是多元函数的微分方程称为偏微分方程. 本章研究的是常微分方程,以后简称为方程.

2.微分方程的阶

微分方程中未知函数的导数的最高阶数称为微分方程的阶.

一般的, n 阶微分方程的形式是

$$F(x,y,y',\cdots,y^{(n)})=0 \quad 或 \quad y^{(n)}=f(x,y,y',\cdots,y^{(n-1)})$$

3.微分方程的解及通解

(1) 方程的解.

满足微分方程的函数称为微分方程的解.

(2) 方程的通解.

如果微分方程的解中含有独立任意常数的个数与微分方程的阶数相同,这样的解称为微分方程的通解.

(3) 方程的特解.

方程通解中的常数被确定后,通解变成特解.

要想得到一个特殊的解,必须给出一组条件,来确定通解中任意常数,这组条件称为初始条件,由初始条件得出的解称为特解.

4.微分方程的积分曲线

微分方程的解的图形是一条曲线,称为微分方程的积分曲线.

8.1.3 典型题解

例 指出下列方程是哪一类方程,若是微分方程,请并指出阶数。

(1)$y'' + 3y' + 2y = 0$.

(2)$\mathrm{d}y - 2x\mathrm{d}x = 0$.

(3)$(y''')^2 + 5(y')^5 - y^5 + x^7 = 0$.

(4)$x^2 + y^2 = 2x$.

(5)$\dfrac{\partial^2 u}{\partial x^2} + \dfrac{\partial^2 u}{\partial y^2} + \dfrac{\partial^2 u}{\partial z^2} = 0$.

解 (1)2 阶微分方程.

(2)1 阶微分方程.

(3)3 阶微分方程.

(4) 代数方程.

(5)2 阶偏微分方程.

8.2 可分离变量的一阶微分方程

8.2.1 基本要求

(1) 理解可分离变量的一阶微分方程的形式.

(2) 掌握可分离变量的一阶微分方程的解法.

8.2.2 知识考点概述

1.可分离变量的一阶微分方程的形式

一阶微分方程可写成如下形式

$$\frac{\mathrm{d}y}{\mathrm{d}x} = h(x)g(y)$$

其中,$h(x)$,$g(y)$ 都是已知的连续函数,称之为一阶可分离变量的微分方程.

2.可分离变量的一阶微分方程的解法

步骤:(1)$\mathrm{d}x$,$\mathrm{d}y$ 以分子的身份,分别放到方程的两边;

(2) 含 x 的到 $\mathrm{d}x$ 一边,含 y 的到 $\mathrm{d}y$ 一边;

(3) 两边积分.

8.2.3 常用解题技巧

1.运算时对数的真数不需要加绝对值,绝对值的正负号可以转化到通解中的独立常数里面去

例 1 求微分方程 $\dfrac{\mathrm{d}y}{\mathrm{d}x} = -\dfrac{y}{x}$ 的通解.

解 分离变量

$$\frac{\mathrm{d}y}{y} = -\frac{\mathrm{d}x}{x}$$

两边积分,有

$$\int \frac{\mathrm{d}y}{y} = \int -\frac{1}{x}\mathrm{d}x$$

$$\ln|y| = -\ln|x| + C_1$$

$$|y| = \mathrm{e}^{-\ln|x|+C_1} = \mathrm{e}^{C_1}\mathrm{e}^{\ln|x|^{-1}} = \frac{\mathrm{e}^{C_1}}{|x|}$$

$$y = \pm\frac{\mathrm{e}^{C_1}}{x}$$

令 $\mathrm{e}^{C_1} = C_2$,$\pm C_2 = C$,C 任意常数,所以 $y = \dfrac{C}{x}$,C 为任意常数.

2.可转化为可分离变量的一类方程

$$\frac{\mathrm{d}y}{\mathrm{d}x} = f(ax + by + c)$$

例 2 证明方程 $\dfrac{\mathrm{d}y}{\mathrm{d}x} = f(ax + by + c)$ 可变成可分离变量的微分方程.

证明 设 $u = ax + by + c$,则

$$\frac{\mathrm{d}u}{\mathrm{d}x} = a + b\frac{\mathrm{d}y}{\mathrm{d}x}$$

代入原方程,有

$$\frac{\mathrm{d}u}{\mathrm{d}x} = a + b\frac{\mathrm{d}y}{\mathrm{d}x} = a + bf(u)$$

从而有

$$\frac{\mathrm{d}u}{a + bf(u)} = \mathrm{d}x$$

8.2.4 典型题解

例 3 求方程 $y' = 1 + x + y^2 + xy^2$ 的通解.

解 原方程可化为
$$\frac{\mathrm{d}y}{1 + y^2} = (x + 1)\mathrm{d}x$$

两边积分得

$$\arctan y = \frac{x^2}{2} + x + c$$

故 $y = \tan\left(\dfrac{x^2}{2} + x + c\right)$ 是原放方程的通解.

例 4 求一曲线的方程,该曲线通过点 $(0,1)$,且曲线上任一点处的切线垂直于此点与原点的连线.

解 设所求曲线为 $y = y(x)$,点 $p(x,y)$ 是曲线上任一点,则 $\overrightarrow{op}$ 的斜率为

$$k_{\overrightarrow{op}} = \frac{y}{x}$$

曲线在点 p 处的切线斜率为

$$k = -\frac{x}{y}$$

即

$$\frac{\mathrm{d}y}{\mathrm{d}x} = -\frac{x}{y}, x\mathrm{d}x + y\mathrm{d}y = 0$$

$$x^2 + y^2 = c$$

由 $y(0) = 1$ 知 $c = 1$,故 $x^2 + y^2 = 1$ 即为所求.

例 5 求方程 $\dfrac{x}{1+y}\mathrm{d}x - \dfrac{y}{1+x}\mathrm{d}y = 0$,$y\big|_{x=0} = 1$ 的特解.

解 分离变量后得

$$x(1+x)\mathrm{d}x = y(1+y)\mathrm{d}y$$

积分得

$$\frac{x^2}{2} + \frac{x^3}{3} = \frac{y^2}{2} + \frac{y^3}{3} + c$$

由 $y\big|_{x=0} = 1$,得 $c = -\dfrac{5}{6}$.所要求的解为

$$\frac{x^2}{2} + \frac{x^3}{3} = \frac{y^2}{2} + \frac{y^3}{3} - \frac{5}{6}$$

例 6 求方程 $(1 + \mathrm{e}^x)yy' = \mathrm{e}^x$,$y\big|_{x=1} = 1$ 的特解.

解 分离变量后得

$$y\mathrm{d}y = \frac{\mathrm{e}^x}{1 + \mathrm{e}^x}\mathrm{d}x$$

两边积分得

$$\frac{y^2}{2} = \ln(1 + \mathrm{e}^x) + c$$

因为 $y\big|_{x=1} = 1$,所以

$$c = \frac{1}{2} - \ln(1 + \mathrm{e})$$

则特解为

$$y^2 = 2\ln(1 + \mathrm{e}^x) + 1 - 2\ln(1 + \mathrm{e})$$

8.3　一阶齐次微分方程

8.3.1　基本要求

(1) 理解齐次微分方程的形式.
(2) 掌握齐次方程的解法.

8.3.2　知识考点概述

1.齐次微分方程

形如 $\dfrac{\mathrm{d}y}{\mathrm{d}x}=f\left(\dfrac{y}{x}\right)$ 称为一阶齐次微分方程.

2.齐次微分方程的解法

设 $\dfrac{y}{x}=u,y=xu$,则

$$\frac{\mathrm{d}y}{\mathrm{d}x}=u+x\,\frac{\mathrm{d}u}{\mathrm{d}x}$$

代入 $\dfrac{\mathrm{d}y}{\mathrm{d}x}=f\left(\dfrac{y}{x}\right)$,得

$$u+x\,\frac{\mathrm{d}u}{\mathrm{d}x}=f(u)$$

分离变量,有

$$\frac{\mathrm{d}u}{f(u)-u}=\frac{\mathrm{d}x}{x}$$

两边积分,有

$$\int\frac{\mathrm{d}u}{f(u)-u}=\int\frac{\mathrm{d}x}{x}$$

求出积分后,再以 $\dfrac{y}{x}$ 代替 u,便得所给的齐次方程的通解.

8.3.3　常用解题技巧

可化为齐次方程的一类方程

$$\frac{\mathrm{d}y}{\mathrm{d}x}=\frac{ax+by+C}{a_1x+b_1y+C_1}$$

(1) 当 $C=C_1=0$ 时是齐次的,否则不是齐次的.
(2) 在非齐次的情况下,可用变换化为齐次方程.

令 $x=X+h,y=Y+k$ 其中 h,k 是待定的常数,于是 $\mathrm{d}x=\mathrm{d}X,\mathrm{d}y=\mathrm{d}Y.$ 将方程

$$\frac{\mathrm{d}y}{\mathrm{d}x}=\frac{ax+by+C}{a_1x+b_1y+C_1}$$

化成

$$\frac{\mathrm{d}Y}{\mathrm{d}x}=\frac{aX+bY+ah+bk+C}{a_1X+b_1Y+a_1h+b_1k+C_1}$$

① 如果 $\begin{cases} ah+bk+C=0 \\ a_1h+b_1k+C_1=0 \end{cases}$ 的系数行列式 $\begin{vmatrix} a & b \\ a_1 & b_1 \end{vmatrix} \neq 0$，即 $\frac{a_1}{a} \neq \frac{b_1}{b}$，那么可以求出 h

及 k，满足上述方程组.

方程 $\frac{\mathrm{d}y}{\mathrm{d}x}=\frac{ax+by+C}{a_1x+b_1y+C_1}$ 化成齐次方程为

$$\frac{\mathrm{d}Y}{\mathrm{d}x}=\frac{aX+bY}{a_1X+b_1Y}$$

求出这个齐次方程的通解后，在通解中以 $x-h$ 代替 X，以 $y-k$ 代替 Y，便得方程 $\frac{\mathrm{d}y}{\mathrm{d}x}=\frac{ax+by+C}{a_1x+b_1y+C_1}$ 的通解.

② 当 $\frac{a_1}{a}=\frac{b_1}{b}$ 时，h 及 k 无法求得，因此上述方法不能应用，但这时令 $\frac{a_1}{a}=\frac{b_1}{b}=\lambda$，从而方程可写成

$$\frac{\mathrm{d}y}{\mathrm{d}x}=\frac{ax+by+C}{\lambda(ax+by)+C_1}$$

引入新变量 $u=ax+by$，则

$$\frac{\mathrm{d}u}{\mathrm{d}x}=a+b\frac{\mathrm{d}y}{\mathrm{d}x}$$

$$\frac{\mathrm{d}y}{\mathrm{d}x}=\frac{1}{b}\left(\frac{\mathrm{d}u}{\mathrm{d}x}-a\right)$$

于是方程变成

$$\frac{1}{b}\left(\frac{\mathrm{d}u}{\mathrm{d}x}-a\right)=\frac{u+C}{\lambda u+C_1}$$

这便是可分离变量的方程.

8.3.4　典型题解

例 1　$xy'-x\sin\frac{y}{x}-y=0$，求通解.

解
$$y'=\sin\frac{y}{x}+\frac{y}{x}$$

令 $\frac{y}{x}=u$，则

$$y=xu, \quad \frac{\mathrm{d}y}{\mathrm{d}x}=u+x\frac{\mathrm{d}u}{\mathrm{d}x}$$

原方程化为

$$u+x\frac{\mathrm{d}u}{\mathrm{d}x}=\sin u+u \quad \frac{1}{\sin u}\mathrm{d}u=\frac{1}{x}\mathrm{d}x$$

两边积分，得

$$\ln\tan\frac{u}{2}=\ln x+\ln c$$

$$u = 2\arctan cx$$

原方程的通解为

$$y = 2x\arctan cx$$

例 2　求 $y' = \dfrac{y}{x}(1 + \ln y - \ln x)$ 的通解.

解
$$y' = \frac{y}{x}\left(1 + \ln \frac{y}{x}\right)$$

令 $\dfrac{y}{x} = u$，则

$$y = xu, \quad y' = u + x\frac{\mathrm{d}u}{\mathrm{d}x}$$

原方程可化为

$$x\frac{\mathrm{d}u}{\mathrm{d}x} = u\ln u, \quad \frac{\mathrm{d}u}{u\ln u} = \frac{\mathrm{d}x}{x}$$

$$\ln(\ln u) = \ln x + \ln c, \quad u = \mathrm{e}^{cx}$$

故 $y = x\mathrm{e}^{cx}$ 是通解.

例 3　求 $(y + \sqrt{x^2 + y^2})\mathrm{d}x - x\mathrm{d}y = 0, y\,|_{x=1} = 0$ 的特解.

解　原方程可化为

$$\frac{\mathrm{d}y}{\mathrm{d}x} = \frac{y}{x} + \sqrt{1 + \left(\frac{y}{x}\right)^2}$$

令 $\dfrac{y}{x} = u$，则

$$u + x\frac{\mathrm{d}y}{\mathrm{d}x} = u + \sqrt{1 + u^2}, \quad \frac{\mathrm{d}u}{\sqrt{1 + u^2}} = \frac{\mathrm{d}x}{x}$$

两边积分有

$$\ln(u + \sqrt{1 + u^2}) = \ln x + \ln c, \quad u + \sqrt{1 + u^2} = cx$$

代回原方程，有

$$\frac{y}{x} = u, \quad y + \sqrt{x^2 + y^2} = cx^2$$

由 $y\,|_{x=1} = 0$，得 $c = 1$，故

$$y + \sqrt{x^2 + y^2} = x^2$$

从此式可解出 $y = \dfrac{1}{2}(x^2 - 1)$ 即为所需求的解.

例 4　求 $xy' + x\tan \dfrac{y}{x} - y = 0, y\,|_{x=2} = \dfrac{\pi}{3}$ 的特解.

解　令 $\dfrac{y}{x} = u$，则

$$y = xu, \quad \frac{\mathrm{d}y}{\mathrm{d}x}u + x\frac{\mathrm{d}y}{\mathrm{d}x}$$

原方程可化为

$$x \frac{\mathrm{d}u}{\mathrm{d}x} = -\tan u$$

分离变量得

$$\frac{\mathrm{d}u}{\tan u} = -\frac{\mathrm{d}x}{x}$$

即

$$\frac{\cos u}{\sin u} \mathrm{d}u = -\frac{\mathrm{d}x}{x}$$

两边积分得

$$\ln \sin u = -\ln x + \ln c, \quad \sin u = \frac{c}{x}, \quad u = \arcsin \frac{c}{x}$$

则通解为

$$y = x \arcsin \frac{c}{x}$$

因 $y\mid_{x=2} = \frac{\pi}{3}$,所以 $\frac{\pi}{3} = 2\arcsin \frac{c}{2}, c = 1$,则所要求的解为

$$y = x \arcsin \frac{1}{x}$$

8.4　一阶线性微分方程

8.4.1　基本要求

(1) 理解一阶线性微分方程的形式.

(2) 掌握一阶线性微分方程的解法.

8.4.2　知识考点概述

1.一阶线性微分方程

一阶线性非齐次方程:形如 $y' + p(x)y = q(x)$,其中 $p(x), q(x) \neq 0$ 为已知函数.

一阶线性齐次方程:如果 $q(x) \equiv 0$,称 $y' + p(x)y = 0$ 为一阶线性齐次方程.

2.一阶线性微分方程的解法

(1) 一阶线性齐次方程.

$y' + p(x)y = 0$,利用分离变量即可求解

$$\frac{\mathrm{d}y}{y} = -p(x)\,\mathrm{d}x$$

两边积分得

$$\int \frac{\mathrm{d}y}{y} = -\int p(x)\,\mathrm{d}x$$

$$\ln y = -\int p(x)\,\mathrm{d}x + C_1$$

$$y = Ce^{-\int p(x)dx}$$

（2）一阶线性非齐次方程.

形如 $y' + p(x)y = q(x)$，$q(x) \neq 0$，常数变易法求解.

① 先求出 $y' + p(x)y = q(x)$ 所对应的齐次方程的通解

$$y = Ce^{-\int p(x)dx}$$

② 常数 C 变易成函数 $c(x)$（待求）$y = c(x)e^{-\int p(x)dx}$ 代入方程 $y' + p(x)y = q(x)$，得

$$c'(x)e^{-\int p(x)dx} - c(x)p(x)e^{-\int p(x)dx} + p(x)c(x)e^{-\int p(x)dx} = q(x)$$

即

$$c'(x) = q(x)\,e^{\int p(x)dx}$$

所以

$$c(x) = \int q(x)\,e^{\int p(x)dx}dx + C$$

非齐次的通解为

$$y = e^{-\int p(x)dx}\left(\int q(x)\,e^{\int p(x)dx}dx + C\right)$$

8.4.3 常用解题技巧

方程
$$\frac{dy}{dx} + p(x)y = q(x)y^n \qquad (n \neq 0, 1)$$

称为伯努利方程,当 $n = 0$ 或 $n = 1$ 这是线性微分方程.

当 $n \neq 0, n \neq 1$ 时,方程不是线性的,但通过变换,便可把它化成线性的.

将方程 $\dfrac{dy}{dx} + p(x)y = q(x)y^n$ 两边除以 y^n,得

$$y^{-n}\frac{dy}{dx} + p(x)y^{1-n} = q(x)$$

令 $z = y^{1-n}$,那么

$$\frac{dz}{dx} = (1-n)y^{-n}\frac{dy}{dx}$$

用 $(1-n)$ 乘原方程的两端,得

$$\frac{dz}{dx} + (1-n)p(x)z = (1-n)q(x)$$

求出这方程的通解后,以 y^{1-n} 代替 z,便得伯努利方程的通解.

8.4.4 典型题解

例 1 求 $(1+x^2)y' - 2xy = (1+x^2)^2$ 的通解.

原方程可化为

$$y' - \frac{2xy}{1+x^2} = 1+x^2$$

所求通解为

$$y = e^{\int \frac{2x}{1+x^2}dx} \left(\int (1+x^2)e^{-\int \frac{2x}{1+x^3}dx}dx + c \right) =$$

$$(1+x^2)\left(\int (1+x^2)\frac{1}{1+x^2}dx + c \right) = (1+x^2)(x+c)$$

例 2 求 $x^2 y' - y = x^2 e^{x-\frac{1}{x}}$ 的通解.

解 $y' - \frac{1}{x^2}y = e^{x-\frac{1}{x}}$ 所求通解为

$$y = e^{\int \frac{1}{x^2}dx}\left(\int e^{x-\frac{1}{x}}e^{-\int \frac{1}{x^2}dx}dx + c \right) =$$

$$e^{-\frac{1}{x}}\left(\int e^{x-\frac{1}{x}}e^{\frac{1}{x}}dx + c \right) = e^{-\frac{1}{x}}\left(\int e^x dx + c \right) = e^{-\frac{1}{x}}(e^x + c)$$

例 3 求 $xy' + y = e^x, y|_{x=a} = 6$ 的通解.

解 原方程可化为

$$\frac{dy}{dx} + \frac{1}{x}y = \frac{e^x}{x}$$

其通解为

$$y = e^{-\int \frac{1}{x}dx}\left(\frac{e^x}{x}e^{\int \frac{1}{x}dx}dx + c \right) = \frac{1}{x}(e^x + c)$$

以 $y|_{x=a} = 6$ 代入,得 $c = 6a - e^a$ 所求特解为

$$y = \frac{1}{x}(e^x + 6a - e^a)$$

例 4 求 $(1-x^2)y' + xy = 1, y|_{x=0} = 1$ 的解.

解
$$y' + \frac{x}{1-x^2}y = \frac{1}{1-x^2}$$

$$y = e^{-\int \frac{x}{1-x^2}dx}\left(\int \frac{1}{1-x^2}e^{\int \frac{x}{1-x^3}dx}dx + c \right) =$$

$$e^{\frac{1}{2}\ln(1-x^2)}\left[\int \frac{1}{1-x^2}e^{-\frac{1}{2}\ln(1-x^2)}dx + c \right] =$$

$$(1-x^2)^{\frac{1}{2}}\left[\int (1-x^2)^{-\frac{3}{2}}dx + c \right] = x + c\sqrt{1-x^2}$$

因为 $y|_{x=0} = 1$,所以 $c = 1$. 所要求的特解为
$$y = x + \sqrt{1-x^2}$$

8.5 可降阶的高阶微分方程

8.5.1 基本要求

掌握三种可降阶的二阶微分方程.

8.5.2 知识考点概述

(1) 方程 $y'' = f(x,y,y')$ 右端只含有 x

$$y'' = f(x)$$

$f(x)$ 是已知函数,先两边积分,得

$$y' = \int f(x)\,\mathrm{d}x$$

然后再积分,得

$$y = \int \left(\int f(x)\,\mathrm{d}x \right) \mathrm{d}x$$

一般来说,如果 $y^{(n)} = f(x)$ 连续积分 n 次,便可求出 y 来.

(2) 方程 $y'' = f(x, y, y')$ 的右端不显含 y,则

$$y'' = f(x, y')$$

设 $y' = p$,则将 $y'' = \dfrac{\mathrm{d}p}{\mathrm{d}x}$ 代入 $y'' = f(x, y')$,$\dfrac{\mathrm{d}p}{\mathrm{d}x} = f(x, p)$,这就是关于 p 的一阶微分方程.

(3) 方程 $y'' = f(x, y, y')$ 的右端不显含 x,则

$$y'' = f(y, y')$$

令 $y' = p$,但此时将 $y'' = p'$ 代入 $y'' = f(y, y')$,$\dfrac{\mathrm{d}p}{\mathrm{d}x} = f(y, p)$,出现 p, x, y 三个变量,

无法求解,因此作如下变形

$$y'' = \frac{\mathrm{d}p}{\mathrm{d}x} = \frac{\mathrm{d}p}{\mathrm{d}y} \frac{\mathrm{d}y}{\mathrm{d}x} = p \frac{\mathrm{d}p}{\mathrm{d}y}$$

将其代入 $y'' = f(y, y')$,得

$$p \frac{\mathrm{d}p}{\mathrm{d}y} = f(y, p)$$

这只有 p 与 y 两个变量的一阶微分方程,便可解此一阶微分方程.

8.5.3 典型题解

例 1 $y'' = 2y^3$,$y \mid_{x=0} = y' \mid_{x=0} = 1$,求特解.

解 令 $y' = p$,则

$$y'' = p \frac{\mathrm{d}p}{\mathrm{d}y}$$

原方程化为

$$p \frac{\mathrm{d}p}{\mathrm{d}y} = 2y^3,\ 2p\,\mathrm{d}p = 4p^3$$

积分得

$$p^2 = y^4 + c_1$$

因为当 $x = 0$ 时,$y = 1$,$y' = 1$,即 $p = 1$,所以 $1 = 1 + c_1$,$c_1 = 0$. 故 $p = y^2$,即

$$\frac{\mathrm{d}y}{\mathrm{d}x} = y^2, \qquad \frac{\mathrm{d}y}{y^2} = \mathrm{d}x, \qquad -\frac{1}{y} = x + c_2$$

由 $y \mid_{x=0} = 1$,得 $c_2 = -1$,$y = \dfrac{1}{x-1}$,即 $y = \dfrac{1}{x-1}$ 是所求的解.

例 2 $yy''=2(y'^2-y'),y\mid_{x=0}=1,y'\mid_{x=0}=2$,求特解.

解 令 $y'=p$,则

$$y''=p\frac{\mathrm{d}p}{\mathrm{d}y}$$

原方程化为

$$yp\frac{\mathrm{d}p}{\mathrm{d}y}=2(p^2-p)$$

当 $p=0$ 时,$y=c$ 不是原方程的通解,故 $p\neq0$.

$$y\frac{\mathrm{d}p}{\mathrm{d}y}=2(p-1),\quad\frac{\mathrm{d}p}{p-1}=\frac{2}{y}\mathrm{d}y$$

两边积分得

$$\ln(p-1)=2\ln y+\ln c_1$$

即

$$p=c_1y^2+1$$

因为当 $x=0$ 时,$y=1,p=2$,所以 $c_1=1,p=y^2+1$,即 $\dfrac{\mathrm{d}y}{\mathrm{d}x}=1+y^2$,分离变量得

$$\frac{\mathrm{d}p}{1+p^2}=x,\quad\arctan y=x+c_2$$

因为 $y\mid_{x=0}=1$,所以 $c_2=\arctan 1=\dfrac{\pi}{4}$,所以 $\tan\left(x+\dfrac{\pi}{4}\right)$ 是所求的解.

8.6 高阶线性微分方程

8.6.1 基本要求

(1)理解 n 阶线性微分方程的形式.
(2)理解函数的线性无关性.
(3)掌握线性齐次方程解的结构.
(4)掌握线性非其次方程解的结构.

8.6.2 知识考点概述

1. n 阶线性微分方程

$$y^{(n)}+p_1(x)y^{(n-1)}+\cdots+p_{n-1}(x)y'+p_n(x)y=Q(x)$$

其中,$p_1(x)\cdots p_n(x),Q(x)$ 都是已知函数,称为 n 阶线性微分方程.当 $Q(x)\equiv0$ 时,称为 n 阶线性齐次方程.

2. 函数的线性无关

设函数 $f(x)$ 与 $h(x)$ 在区间 I 上有定义,其中一个是另一个的常数倍,则称 $f(x)$ 与 $h(x)$ 在 I 上线性相关;否则称为线性无关,或线性独立.

3. 二阶齐次方程解的结构

$$y''+p_1(x)y'+p_2(x)y=0$$

(1) 解的线性组合仍是解.

如果 y_1 与 y_2 是 $y'' + p_1(x)y' + p_2(x)y = 0$ 的解,则 $y = C_1 y_1 + C_2 y_2$ 仍是 $y'' + p_1(x)y' + p_2(x)y = 0$ 的解(C_1, C_2 为任意常数).

(2) 线性无关解的线性组合是通解.

设 $y_1(x), y_2(x)$ 是方程 $y'' + p_1(x)y' + p_2(x)y = 0$ 在区间 I 上的两个线性无关的特解,则 $C_1 y_1(x) + C_2 y_2(x)$ 是它在 I 上的通解,C_1, C_2 为任意常数.

4. 二阶非齐次方程解的结构

$$y'' + p_1(x)y' + p_2(x)y = Q(x) \quad (Q(x) \neq 0)$$

(1) 非齐解 + 齐解 = 非齐解.

如果 $\bar{y}$ 是 $y'' + p_1(x)y' + p_2(x)y = 0$ 的一个特解,y_1 是 $y'' + p_1(x)y' + p_2(x)y = Q(x)$ 的一个解,则 $y = \bar{y} + y_1$,仍是 $y'' + p_1(x)y' + p_2(x)y = Q(x)$ 的解.

(2) 非齐解 − 非齐解 = 齐解.

y_1, y_2 是 $y'' + p_1(x)y' + p_2(x)y = Q(x)$ 的两个解,则 $y = y_1 - y_2$ 是 $y'' + p_1(x)y' + p_2(x)y = 0$ 的解.

(3) 非齐通解 = 齐次通解 + 非齐次特解.

设 y^* 是 $y'' + p_1(x)y' + p_2(x)y = Q(x)$ 的一个特解,而 y 是相应的齐次方程 $y'' + p_1(x)y' + p_2(x)y = 0$ 的通解,则 $y = y^* + y$ 是非齐次方程的通解.

(4) 非齐方程的线性组合.

y_1 与 y_2 分别是方程 $y'' + p_1(x)y' + p_2(x)y = Q_1(x)$,$y'' + p_1(x)y' + p_2(x)y = Q_2(x)$ 的特解. 则 $\lambda_1 y_1 + \lambda_2 y_2$(其中 λ_1, λ_2 常数)就是方程 $y'' + p_1(x)y' + p_2(x)y = \lambda_1 Q_1(x) + \lambda_2 Q_2(x)$ 的特解.

8.6.3　典型题解

例 1　已知 $y = e^x$ 是方程 $y'' - 2y' + y = 0$ 的解,求此方程的通解.

解　设 $y_1 = e^x u(x)$ 是方程的另一个解,则由 $\frac{y_1}{y} = u(x)$ 知 y_1 与 y 线性无关.

$$y'_1 = (u' + u)e^x, \quad y''_1 = (u'' + 2u' + u)e^x$$

将 y_1, y'_1, y''_1 代入原方程得

$$(u'' + 2u' + u)e^x - 2(u' + u)e^x + ue^x = 0$$

即 $u'' = 0$,积分得

$$u' = c'_1$$
$$u = c'_1 x + c'_2$$

取 $c'_1 = 1, c'_2 = 0$,则 $u = x, y_1 = xe^x$,原方程的通解是

$$y = c_1 e^x + c_2 xe^x = (c_1 + c_2 x)e^x$$

例 2　已知 $y = x$ 是方程 $x^2 y'' + xy' - y = 0$ 的解,求方程的通解.

解　设 $y_1 = xu(x)$ 是原方程的另一个解,则 $y'_1 = xu' + u, y''_1 = xu'' + 2u'$,将 y_1, y'_1, y''_1 代入原方程得

$$x^2(xu'' + u') + x(xu' + u) - xu = 0$$

即

$$x^2 u'' = -3xu', \quad xu'' = -3u'$$

令 $p = u'$，则

$$xp' = -3p, \quad p = \frac{c_1}{x^3}$$

即

$$\frac{\mathrm{d}u}{\mathrm{d}x} = \frac{c_1}{x^2}, u = \frac{c_3}{x^2} + c_4 \quad \left(c_3 = -\frac{c_1}{2}\right)$$

因只要求得一个满足条件的 $u(x)$ 即可，故可取 $c_3 = 1, c_4 = 0, u = \frac{1}{x^2}, y_1 = \frac{1}{x}; y, y_1$ 线性无关，原方程的通解为

$$y = c_1 x + \frac{c_2}{x}$$

8.7 常系数齐次线性微分方程

8.7.1 基本要求

(1) 理解二阶常系数的齐次线性微分方程.
(2) 掌握二阶常系数的齐次线性微分方程的解法.

8.7.2 知识考点概述

1. 二阶常系数齐次线性微分方程

$$y'' + py' + qy = 0 \quad (p, q \text{ 为常数})$$

2. 二阶常系数齐次线性微分方程的解法

二阶常系数齐次线性微分方程的解法，见表 8.1

表 8.1

特征方程 $r^2 + pr + q = 0$，两根为 r_1, r_2	微分方程 $y'' + py' + qy = 0$ 的通解
两个不等的实根 r_1, r_2	$y = C_1 \mathrm{e}^{r_1 x} + C_2 \mathrm{e}^{r_2 x}$
两个相等的实根 $r_1 = r_2$	$y = (C_1 + C_2 x) \mathrm{e}^{r_1 x}$
一对共轭复根 $r_{1,2} = \alpha \pm \mathrm{i}\beta$	$y = \mathrm{e}^{\alpha x}(C_1 \cos \beta x + C_2 \sin \beta x)$

8.7.3 典型题解

例 1 $y'' + y' - 6y = 0$，求通解.

解 特征方程为 $r^2 + r - 6 = 0, (r+3)(r-2) = 0, r_1 = -3, r_2 = 2$，则通解为

$$y = c_1 \mathrm{e}^{-3x} + c_2 \mathrm{e}^{2x}$$

例 2 $y'' + 2y' + 10y = 0$，求通解.

解 特征方程为 $r^2 + 2r + 10 = 0, r_{1,2} = -1 \pm 3\mathrm{i}$，则通解为

$$y = e^{-x}(c_1 \cos 3x + c_2 \sin 3x)$$

例 3　$y'' - 2y + y = 0$，求通解.

解　特征方程为 $r^2 - 2r + 1 = 0, (r-1)^2 = 0, r_1 = r_2 = 1$，则通解为

$$y = (c_1 + c_2 x) e^x$$

例 4　$y'' + 9y = 0, y(0) = 0, y'(0) = 3$，求特解.

解　特征方程为 $r^2 + 9 = 0, r_{1,2} = \pm 3i$，则

$$y = c_1 \cos 3x + c_2 \sin 3x, y(0) = 0 \Rightarrow c_1 = 0, y' = 3c_2 \cos 3x, y'(0) = 3 \Rightarrow c_2 = 1$$

则所求特解为 $y = \sin 3x$.

例 5　$y'' - 8y' + 25y = 0, y(0) = 1, y'(0) = 4$，求特解.

解　特征方程为 $r^2 - 8r + 25 = 0, r_{1,2} = 4 \pm 3i$，则

$$y = e^{4x}(c_1 \cos 3x + c_2 \sin 3x), \quad y(0) = 1 \Rightarrow c_{1=1}$$

$$y' = 4e^{4x}(\cos 3x + c_2 \sin 3x) + (-3\sin x + 3c_2 \cos 3x)e^{4x}, \quad y'(0) = 4 \Rightarrow c_2 = 0$$

则

$$y = e^{4x} \cos 3x$$

8.8　常系数非齐次线性微分方程

8.8.1　基本要求

(1) 理解二阶常系数非的齐次线性微分方程.

(2) 掌握二阶常系数的非齐次线性微分方程的解法.

8.8.2　知识考点概述

1. 二阶常系数的非齐次线性微分方程

$$y'' + py' + qy = f(x) \quad (p, q \text{ 为常数})$$

2. 二阶常系数的非齐次线性微分方程的解法

$$\text{非齐通解} = \text{齐次通解} + \text{非齐次特解}$$

常系数齐次通解上节已经解决,只需求出常系数非齐次特解.

常系数非齐次特解的求法见表 8.2.

表 8.2　$y'' + py' + qy = f(x)$ 的特解形式表

$f(x)$ 的类型	λ 的条件	特解 y^* 的形式
$f(x) = e^{\lambda x} p_m(x)$	λ 不是特征根	$y^* = e^{\lambda x} \varphi_m(x)$
	λ 是单特征根	$y^* = x e^{\lambda x} \varphi_m(x)$
	λ 是重特征根	$y^* = x^2 e^{\lambda x} \varphi_m(x)$
$f(x) = e^{\lambda x}(a\cos wx + B\sin wx)$	$\lambda \pm wi$ 不是特征根	$y^* = e^{\lambda x}(A_1 \cos wx + A_2 \sin wx)$
$(\lambda, w, A, B$ 为常数$)$	$\lambda \pm wi$ 是特征根	$y^* = x e^{\lambda x}(A_1 \cos wx + A_2 \sin wx)$

注:$p_m(x)$ 是已知的 m 次多项式;
　　$\varphi_m(x)$ 是待定的 m 次多项式

特解 $y^* = h(x)$ 与 $f(x)$ 具有相同的结构形式,并将 $h(x)$ 代入方程,如果遇到麻烦(不能确定 $h(x)$ 中的待定系数),则改设特解 $y^* = xh(x)$ 再代入方程,若似遇到麻烦,则再改设特解为 $y^* = x^2 h(x)$,代入方程,必能确定特解.

$f(x) = e^{\lambda x} p_m(x)$ 两个常见的特例:

(1) $f(x) = a e^{\lambda x}$,即 $p_m(x)$ 是零次多项式,此时:

① 当 λ 不是特征方程的根时,可设 $y^* = A e^{\lambda x}$;

② 当 λ 是特征方程的单根时,可设 $y^* = Ax e^{\lambda x}$;

③ 当 λ 是特征方程的重根时,可设 $y^* = Ax^2 e^{\lambda x}$.

(2) $f(x) = p_m(x)$,即 $\lambda = 0$ 时,此时:

① 当 $q \neq 0$,即 $\lambda = 0$ 不是特征方程的根时,可设
$$y^* = a_0 x^m + a_1 x^{m-1} + \cdots + a_m$$

② 当 $q = 0, p \neq 0$ 时,即 $\lambda = 0$ 是特征方程的单根时,可设
$$y^* = x(a_0 x^m + a_1 x^{m-1} + \cdots + a_m)$$

③ 当 $q = 0, p = 0$,即 $\lambda = 0$ 是特征方程的重根时,可设
$$y^* = x^2 (a_0 x^m + a_1 x^{m+1} + \cdots + a_m)$$

8.8.3 典型题解

例1 $y'' + 2y' - 3y = e^{-3x}$,求通解.

解 原方程所对应的其次方程的特征方程为 $r^2 + 2r - 3 = 0$,特征根为 r_1, r_2. 通解为
$$y = c_1 e^x + c_2 e^{-3x} \quad (c_1, c_2 \text{ 为任意常数})$$
可设原方程的一个特解为
$$y^* = Ax e^{-3x}$$
代入原方程,得 $A = -\dfrac{1}{4}$,原方程的通解为
$$y = y + y^* = c_1 e^x + c_2 e^{-3x} - \frac{1}{4} x e^{-3x}$$

例2 $y'' + 2y' + 2y = x + 3$,求通解.

解 原方程所对应的其次方程为 $y'' + 2y' + 4 = 0$,其特征方程是
$$r^2 + 2r + 2 = 0$$
特征根 $r = -1 \pm i$,其通解为
$$y = e^{-x}(c_1 \cos x + c_2 \sin x)$$
设 $y^* = Ax + B$ 是原方程的一个特解,代入原方程得
$$2A + 2(Ax + B) = x + 3$$
故
$$A = \frac{1}{2}, \quad B = 1, \quad y^* = \frac{1}{2} x + 1$$
原方程的通解为
$$y = y + y^* = e^{-x}(c_1 \cos x + c_2 \sin x) + \frac{x}{2} + 1$$

例 3　$y'' + 3y' + 2y = 3\sin x$，求通解.

解　(1) 相应其次方程的通解为

$$y = c_1 \mathrm{e}^{-x} + c_2 \mathrm{e}^{-2x}$$

(2) 设 $y^* = A\cos x + B\sin x$ 是原方程的一个特解，代入原方程可定为

$A = -\dfrac{9}{10}, B = \dfrac{3}{10}$. 原方程的通解为

$$y = y + y^* = c_1 \mathrm{e}^{-x} + c_2 \mathrm{e}^{-2x} - \frac{9}{10}\cos x + \frac{3}{10}\sin x$$

例 4　$y'' + y = x + \cos x$，求通解.

解　(1) 求出原方程所对应的其次方程的通解

$$y = c_1 \cos x + c_2 \sin x$$

(2) 设 $y^* = Ax + B + Cx\cos x + Dx\sin x$ 代入原方程，可得出

$$A = 0, \quad B = 0, \quad C = 0, \quad D = \frac{1}{2}$$

原方程的通解为

$$y = c_1 \cos x + c_2 \sin x + x + \frac{x}{2}\sin x$$

例 5　已知方程 $y'' + 9y = 0$ 的一条积分曲线通过点 $(\pi, -1)$，且在该点和直线 $y + 1 = x - \pi$ 相切，求这条曲线.

解　依题意知，曲线是 $y'' + 9y = 0$ 满足初始条件 $y|_{x=\pi} = -1, y'|_{x=\pi} = 1$ 的特解，特征方程为 $r^2 + 9 = 0$，其根 $r = \pm 3\mathrm{i}$，原方程的通解为

$$y = c_1 \cos 3x + c_2 \sin 3x$$

将上式代入初始条件，解得 $c_1 = 1, c_2 = -\dfrac{1}{3}$，所求曲线方程为

$$y = \cos 3x - \frac{1}{3}\sin 3x$$

单元测试题 8.1

1. 填空题

(1) 微分方程 $y' + \mathrm{e}^{x+y} = 0$ 的通解为_____.

(2) 微分方程 $y'' = \cos x$ 的通解为_____.

(3) $y'' + py' + qy = 0$ 的特征方程为_____.

(4) 若二阶常系数齐次微分方程的特征根为 $r_{1,2} = -1 \pm 2i$，则微分方程通解为_____.

(5) 微分方程 $y'' + 2y' = x^2 + 1$ 的一个特解可设为_____.

(6) 方程 $y' + y\sin x = \mathrm{e}^{\cos x}$ 的通解是_____.

(7) 二阶线性齐次微分方程的两个解 $y = \varphi_1(x), y = \varphi_2(x)$ 成为其基本解组的充要条件是_____.

(8) 方程 $y'' + 4y' + 4y = 0$ 的基本解组是_____.

2. 选择题

(1) 若 y_1,y_2 是某个二阶线性齐次方程的解,则 $c_1 y_1 + c_2 y_2$ 必然是方程的(　　).

A. 通解　　　　　　　B. 特解　　　　　　　C. 解　　　　　　　D. 全部解

(2) $u_1(x) = e^{2x}$,$u_2(x) = xe^{2x}$,则它们满足的微分方程为(　　).

A. $u'' + 4u' + 4u = 0$　B. $u'' - 4u = 0$　　　C. $u'' + 4u = 0$　　　D. $u'' - 4u' + 4u = 0$

(3) 微分方程 $y\ln y\mathrm{d}x + (x - \ln y)\mathrm{d}y = 0$ 是(　　).

A. 可分离变量方程　　　　　　　　B. 线性方程

C. 全微分方程　　　　　　　　　　D. 贝努利方程

(4) 下列方程为线性微分方程的是(　　).

A. $(y'')^2 + 2y + \cos x = 0$　　　　　B. $y'' - y'\sin(xy) + 8 = 0$

C. $y' + \sin(xy') = 0$　　　　　　　D. $y'' + y'\cos x + xy - \cos x = 0$

(5) 微分方程 $y'' + y = 0$ 的特征方程为(　　).

A. $r^2 + 1 = 0$　　　　B. $r^2 - 1 = 0$　　　C. $r^2 + r = 0$　　　D. $r^2 - r = 0$

(6) 微分方程 $y'' - 2y' + y = e^x$ 的特解可设为(　　).

A. $Ax^2 e^x$　　　　　　B. Axe^x　　　　　　C. Ae^x　　　　　　D. $(Ax + B)x^2$

(7) 下列方程中,通解为 $y = c_1 e^{-x} + c_2 xe^{-x}$ 的微分方程为(　　).

A. $y' = y$　　　　　　B. $y' + y = 0$　　　　C. $y'' + 2y' + y = 0$　D. $y'' - 2y' + y = 0$

(8) 微分方程 $y'\sin x + y\cos x = 0$ 是(　　).

A. 齐次方程　　　　　B. 线性方程　　　　　C. 常系数方程　　　D. 二阶方程

(9) 微分方程 $y'' + 2y' + y = x^2 + 1$ 的特解 y^* 可设为(　　).

A. $y^* = Ax^2 + Bx + C$　　　　　　　B. $y^* = e^x(Ax^2 + Bx + C)$

C. $y^* = xe^x(Ax^2 + Bx + C)$　　　　D. $y^* = Ax^3 + Bx^2 + Cx + D$

(10) 微分方程 $y'' - 2y' + y = 0$ 的通解为(　　).

A. $y = c_1 \cos x + c_2 \sin x$　　　　　B. $y = c_1 e^x + c_2 e^{2x}$

C. $y = c_1 e^x + c_2 e^{-x}$　　　　　　D. $y = (c_1 + c_2 x)e^x$

3. 求下列微分方程的通解

(1) $(xy^2 + x)\mathrm{d}x + (y - x^2 y)\mathrm{d}y = 0$.

(2) $x\dfrac{\mathrm{d}y}{\mathrm{d}x} = y(\ln y - \ln x)$.

(3) $(1 - x)\dfrac{\mathrm{d}y}{\mathrm{d}x} + y = x$.

(4) $xy' - y = \dfrac{x}{\ln x}$.

(5) $y'' = 1 + (y')^2$.

(6) $y' + y\cos x = e^{-\sin x}$.

(7) $y' + y = e^{-x}$.

(8) $y' + y = e^x$.

(9) $1 + y' = y$.

(10) $y' + y\tan x = \sin 2x$.

4. **求下列微分方程的特解**

$(1)(1+e^x)y\dfrac{dy}{dx}=e^x,y(0)=1.$

$(2)\left(x+y\cos\dfrac{y}{x}\right)dx-x\cos\dfrac{y}{x}dy,y(1)=0.$

$(3)x\dfrac{dy}{dx}+y=\sin x,y(\pi)=1.$

$(4)y^2dx-(y^2+2xy-x^2)dy=0,y(0)=0.$

$(5)(1-x^2)y''-xy'=0,y(0)=0,y'(0)=1.$

5. **求下列微分方程的通解**

$(1)y''+2y'-3y=0.$ $(2)y''+4y'+4y=0.$

$(3)y''+2y'+y=xe^x.$ $(4)y''+3y'+2y=3\sin x.$

6. **求下列微分方程的特解**

$(1)x''-8x'+25x=0,x(0)=1,x'(0)=4.$

$(2)2(y''+y)=\cos 2x,y(0)=1,y'(0)=1.$

单元测试题 8.2

1. **求下列微分方程的通解**

$(1)y'=1-x+y^2-xy^2.$

$(2)xy'-y=x\tan\dfrac{y}{x}.$

$(3)y'\cos x+y\sin x=1.$

$(4)(x^2+1)y'+2xy=4x^2.$

$(5)xy''=xy'+y'.$

2. **求下列微分方程的特解**

$(1)(x+xy^2)dx-(x^2y+y)dy=0,y(0)=1.$

$(2)xy'=y\left(1+\ln\dfrac{y}{x}\right),y(1)=e^{\frac{1}{2}}.$

$(3)(y^3+xy)y'=1,y(0)=0.$

$(4)y=e^x+\displaystyle\int_0^x y(t)dt.$

$(5)yy''=2(y'^2-y'),y(0)=1,y'(0)=2.$

3. **求下列微分方程的通解**

$(1)3y''-2y'-8y=0.$ $(2)y''+2y'+5y=0.$

$(3)y''+y'-2y=8\sin 2x.$ $(4)y''+y=(x-2)e^{3x}.$

4. **求下列微分方程的特解**

$(1)y''-4y'+13y=0,y|_{x=0}=0,y'|_{x=0}=3.$

$(2)y''+2y'+y=e^{-x}\sin x,y|_{x=0}=y'|_{x=0}=0.$

单元测试题 8.1答案

1.填空题

(1)$e^{-y}=e^x+c(y=-cx)$　(2)$y=-\cos x+c_1 x+c_2$　(3)$r^2+pr+q=0$
(4)$y=e^{-x}(c_1\cos 2x+c_2\sin 2x)$　(5)$y^*=Ax^2+Bx+C$　(6)$y=e^{\cos x}+c$　(7)线性无关　(8)e^{-2x},xe^{-2x}

2.选择题

(1)C　(2)D　(3)B　(4)D　(5)A　(6)A　(7)C　(8)B　(9)A　(10)D

3.求下列微分方程的通解

(1)$\dfrac{1+y^2}{1-x^2}=c$;

(2)$y=xe^{\frac{x}{x}+1}$;

(3)$y=(1-x)\left[\dfrac{1}{1-x}+\ln(1-x)+c\right]$;

(4)$y=cx+x\ln\ln x$;

(5)$y=-\ln\cos(x+c_1)+c_2$;

(6)$y=e^{-\sin x}(x+c)$;

(7)$y=e^{-x}(x+c)$;

(8)$y=e^{-x}(\dfrac{1}{2}e^{2x}+c)$;

(9)$y=ce^x+1$;

(10)$y=c\cos x-2\cos^2 x$.

4.求下列微分方程的特解

(1)$e^{\frac{y^2}{2}}=\dfrac{1}{2}e^{\frac{1}{2}}(1+e^x)$;

(2)$\sin\dfrac{y}{x}=\ln x$;

(3)$y=\dfrac{1}{x}(\pi-\cos x-1)$;

(4)$x=-\dfrac{1}{e}y^2 e^{\frac{1}{y}}+y^2$;

(5)$y=\arcsin x$.

5.求下列微分方程的通解

(1)$y=c_1 e^x+c_2 e^{-3x}$;

(2)$y=(c_1+c_2 x)e^{-2x}$;

(3)$y=(c_1+c_2 x)e^{-x}+\dfrac{1}{4}(x-1)e^x$;

(4)$c_1 e^{-x}+c_2 e^{-2x}+\dfrac{9}{10}\cos x+\dfrac{3}{10}\sin x$.

6. 求下列微分方程的特解

(1) $x = e^{4t} \cos 3t$;

(2) $y = \dfrac{7}{6} \cos x + \sin x - \dfrac{1}{6} \cos 2x$.

单元测试题 8.2 答案

1. 求下列微分方程的通解

(1) $\arctan y = x - \dfrac{x^2}{2} + c$;

(2) $(1 - e^x)^3 = c \tan y$;

(3) $y = c \cos x + \sin x$;

(4) $y = \dfrac{1}{x^2 + 1} \left(\dfrac{4}{3} x^3 + c \right)$;

(5) $y = c_1 e^x (x - 1) + c_2$.

2. 求下列微分方程的特解

(1) $y^2 = 2x^2 + 1$;

(2) $y = x e^{-\frac{1}{2} x}$;

(3) $x = -y^2 - 2 + 2 e^{\frac{y^2}{2}}$;

(4) $y = (1 + x) e^x$;

(5) $y = \tan \left(x + \dfrac{\pi}{4} \right)$.

3. 求下列微分方程的通解

(1) $y = c_1 e^{-\frac{4}{3} x} + c_2 e^{2x}$;

(2) $y = e^{-x} (c_1 \cos 2x + c_2 \sin 2x)$;

(3) $y = c_1 e^x + c_2 e^{-2x} - \dfrac{2}{5} \cos 2x - \dfrac{6}{5} \sin 2x$;

(4) $y = c_1 \cos x + c_2 \sin x + \left(\dfrac{1}{10} x - \dfrac{13}{50} \right) e^{3x}$.

4. 求下列微分方程的特解

(1) $y = e^{2x} \sin 3x$;

(2) $y = (x - \sin x) e^{-x}$.

参考文献

[1]同济大学应用数学系.高等数学[M].5 版 北京:高等教育出版社,2004.

[2]朱志范,王学祥.高等数学[M].哈尔滨:哈尔滨工业大学出版社,2010.

[3]陈文灯.数学复习指南(理工类)[M].北京:世界图书出版社公司,2010.

[4]陈文灯.数学复习指南(经济类)[M].北京:世界图书出版社公司,2010.

[5]葛严麟.考研数学常考知识点[M].北京:中国人民大学出版社,2001.

[6]干晓蓉.大学数学复习指南[M].北京:机械工业出版社,2010.

[7]殷锡鸣.高等数学典型题解题方法与分析[M].上海:华东理工大学出版社,2009.

读者反馈表

尊敬的读者：

您好！感谢您多年来对哈尔滨工业大学出版社的支持与厚爱！为了更好地满足您的需要,提供更好的服务,希望您对本书提出宝贵意见,将下表填好后,寄回我社或登录我社网站(http://hitpress.hit.edu.cn)进行填写。谢谢！您可享有的权益：

☆ 免费获得我社的最新图书书目　　　　☆ 可参加不定期的促销活动

☆ 解答阅读中遇到的问题　　　　　　　☆ 购买此系列图书可优惠

读者信息
姓名_____　□先生　□女士　　　年龄_____　学历_____
工作单位_____　职务_____
E-mail _____　邮编_____
通讯地址_____
购书名称_____　购书地点_____

1. 您对本书的评价

内容质量　　□很好　　　　□较好　　　　□一般　　　　□较差

封面设计　　□很好　　　　□一般　　　　□较差

编排　　　　□利于阅读　　□一般　　　　□较差

本书定价　　□偏高　　　　□合适　　　　□偏低

2. 在您获取专业知识和专业信息的主要渠道中,排在前三位的是：

①_____　　②_____　　③_____

A.网络 B.期刊 C.图书 D.报纸 E.电视 F.会议 G.内部交流 H.其他:_____

3. 您认为编写最好的专业图书(国内外)

书名	著作者	出版社	出版日期	定价

4. 您是否愿意与我们合作,参与编写、编译、翻译图书?

_____

5. 您还需要阅读哪些图书?

_____

网址:http://hitpress.hit.edu.cn

技术支持与课件下载:网站课件下载区

服务邮箱 wenbinzh@ hit.edu.cn　　duyanwell@ 163.com

邮购电话 0451 - 86281013　　0451 - 86418760

组稿编辑及联系方式　赵文斌(0451 - 86281226)　　杜燕(0451 - 86281408)

回寄地址:黑龙江省哈尔滨市南岗区复华四道街 10 号　　哈尔滨工业大学出版社

邮编:150006　传真 0451 - 86414049